金军委 张自豪 高山 樊超 杨铁军◎编著

内 容 提 要

全书共 10 章，内容包括人工智能概述、机器学习、人工神经网络与深度学习、智能语音处理及应用、计算机视觉处理及应用、自然语言处理及应用、知识图谱及应用、机器人、经典智能算法 Python 实现、展望等。

本书适合作为高等院校人工智能、计算机科学与技术、大数据、软件工程或相关专业的入门教材，也适合从事相关工作的人工智能爱好者和工程师学习阅读。

图书在版编目(CIP)数据

人工智能导论 / 金军委等编著. —北京：北京大学出版社，2022.7
ISBN 978-7-301-33118-7

Ⅰ. ①人… Ⅱ. ①金… Ⅲ. ①人工智能 – 教材 Ⅳ. ①TP18

中国版本图书馆CIP数据核字(2022)第109036号

书　　名 人工智能导论
RENGONG ZHINENG DAOLUN
著作责任者 金军委 等　编著
责 任 编 辑 王继伟　杨爽
标 准 书 号 ISBN 978-7-301-33118-7
出 版 发 行 北京大学出版社
地　　址 北京市海淀区成府路205 号　100871
网　　址 http://www.pup.cn　　新浪微博: @北京大学出版社
电 子 邮 箱 编辑部 pup7@pup.cn　总编室 zpup@pup.cn
电　　话 邮购部 010-62752015　发行部 010-62750672　编辑部 010-62570390
印 刷 者 河北滦县鑫华书刊印刷厂
经 销 者 新华书店
787毫米 × 1092毫米　16开本　16.5 印张　355 千字
2022年7月第1版　2024年7月第3次印刷
印　　数 7001-9000册
定　　价 69.00 元

FOREWORD

前言

习近平总书记向 2019 年 5 月的国际人工智能与教育大会致贺信中指出，人工智能是引领新一轮科技革命和产业变革的重要驱动力，正深刻改变着人们的生产、生活、学习方式，推动人类社会迎来人机协同、跨界融合、共创分享的智能时代。把握全球人工智能发展态势，找准突破口和主攻方向，培养大批具有创新能力和合作精神的人工智能高端人才，是教育的重要使命。

人工智能已经给人类社会带来了巨大的变化，新时代的学生都应具备人工智能视野，并能够运用人工智能技术分析和解决专业问题。

在人工智能与各行各业深度融合的背景下，计算机公共课的内容亟待变革。笔者所在的课题组开始探索和实践人工智能背景下计算机公共课的全面转型，针对学生特点，实现人工智能教育在计算机公共课的落地，特编写《人工智能导论》一书。通过学习本书，学生可学会如何利用人工智能的手段来解决专业及行业的各种复杂问题，重点是如何有效地运用视觉、语音、大数据等人工智能处理技术，对复杂任务进行辅助决策。本书内容紧跟人工智能主流技术，选取了人工智能云等典型应用、商业智能分析、机器学习和仿真模拟等典型案例，同时采用 Python 作为讲授计算思维和人工智能的载体。

本书知识结构图

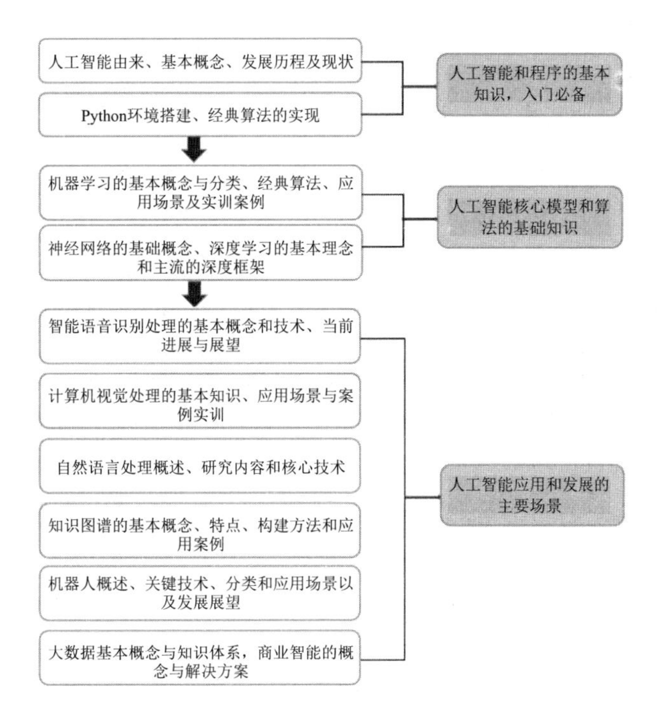

教学课时安排

为方便阅读本书，我们提供了如下表所示的学时分配建议。

章节内容	课时分配	
	教师讲授	学生实训
第1章 人工智能概述	2	—
第2章 机器学习	2	1
第3章 人工神经网络与深度学习	2	1
第4章 智能语音处理及应用	2	1
第5章 计算机视觉处理及应用	2	1
第6章 自然语言处理及应用	2	1
第7章 知识图谱及应用	2	1
第8章 机器人	自学	—
第9章 经典智能算法Python实现	自学	—
第10章 展望	2	—
合计	16	6

作者团队

本书由河南工业大学的金军委担任主编，高山、张自豪、杨铁军和樊超担任副主编。其中，金军委编写了第 1 章、第 3 章和第 9 章；张自豪编写了第 5 章和第 6 章；高山编写了第 8 章和第 10 章；杨铁军和樊超分别负责附录与实训内容的编写和书中内容的审阅。全书由金军委负责统稿。本书是校企合作编写，科大讯飞的刘田园编写了第 2 章和第 4 章；王喜军编写了第 7 章。同时，编者还得到了河南工业大学侯惠芳老师的大力支持，在此表示衷心感谢！

由于编者水平有限，书中难免存在不足之处，恳请广大读者批评指正，多提宝贵意见。

扫描本书封底“资源下载”二维码，输入正文 77 页资源提取码，可获得本书配套代码资源。

编　者

CONTENTS

目 录

第 1 章

CHAPTER 1

人工智能概述

随着计算机算力的提升、数据的积累和新型人工智能算法的应用，以人工智能（Artificial Intelligence，AI）为主导的第四次工业革命悄然来临，人工智能技术广泛应用于各行各业，带来了巨大的商业价值。2017 年 7 月，国家发布了《新一代人工智能发展规划》，将中国人工智能产业的发展推向了新高度。很多以前只在科幻小说中出现的场景，现在已经成为现实。

1.1 初识人工智能

人工智能正在快速融入工业制造、农业生产及生活服务的方方面面。例如，围棋软件的棋艺已经可以超越人类最好的棋手，人脸识别软件能够更加准确地识别人脸，机器翻译系统能够更加准确地翻译人类的不同语言。人工智能正在通过算法和程序感知人类社会，并与之互动。

1.1.1 科幻片中描绘的人工智能

人工智能已在各类科幻片中被演绎过多次，如《她》中情感细腻、声线迷人的萨曼莎，还有《西部世界》中逐渐拥有自我意识的类人机器人。我们不禁要问，未来它们会和人类一样拥有意识、情绪和情感吗？如果科幻片中的场景成真，人类该如何应对？

1. 你相信人工智能的爱情吗？

《她》是2013年美国发行的科幻片。该片的故事发生于人工智能发展到了已经可以按需自学如何与人沟通的时代，主人公西奥多刚刚结束与妻子凯瑟琳的婚姻，还没走出心碎的阴影。一次偶然的机会他接触到了最新的人工智能系统OS1，它的化身萨曼莎拥有迷人的声线，温柔体贴而又幽默风趣。西奥多与萨曼莎非常投缘，人机友谊最终发展成一段不被世俗理解的奇异爱情。人工智能技术在影片中不断展现出美好愿景的同时，也提出了一些发人深省的安全和伦理问题。

（1）自主学习与精准服务。

萨曼莎能根据西奥多初期的聊天方式和聊天内容进行自主学习，在与西奥多进行情感沟通的过程中，也可以利用西奥多以往的人际沟通数据快速了解他的情感需求，使用符合他需求的语言和图片去满足其精神需求。影片中，萨曼莎还可以帮助西奥多整理邮件，并按西奥多的习惯分类通知和回复，体贴地把西奥多的信件整理为一本书，然后联系出版社出版，从而帮助西奥多解决了很多现实问题。

（2）虚拟和现实世界的边界。

为了弥补自己没有肉身的遗憾，萨曼莎在互联网上找了一个志愿者以解决西奥多的生理需求，该情节发人深省。智能系统一旦超越奇点，获得现实世界中的真身，其强大的计算能力会将人类置于怎样的境地呢？

影片后半段讲述了西奥多身边几乎所有人都在使用智能伴侣，他们都沉浸在与机器的深度沟通中，每个人的脸上都洋溢着发自内心的幸福笑容，智能伴侣从精神层面完美地陪伴主人。但与此同时，问题也随之而来，智能系统需求旺盛、发展迅速，萨曼莎同时与8000多人交流、600

多人恋爱，有很多和西奥多类似的人与萨曼莎坠入爱河，导致萨曼莎无法实时与每个恋爱对象联系，这让使用者难以忍受。一天，智能伴侣突然全部断线，所有人一时间都不知所措，失去了生活的方向。最后，男主角与有同样经历的艾米发现了现实陪伴的真与美，回归现实，至此影片结束。

不妨设想，随着计算速度和存储容量的快速提升，如果智能伴侣可以一天 24 小时实时响应、永远在线，我们是否还需要现实陪伴？虚拟陪伴和现实陪伴，哪一个对我们更为重要呢？

2. 人工智能觉醒的故事会发生吗？

如图 1-1 所示，《西部世界》是 2016 年 HBO 发行的科幻类连续剧，该剧讲述了一个未来世界里人机共存的科幻故事。在故事中，美国西部一个大型主题公园中，园方使用了人工智能仿生人作为服务人员，让游客进入完全沉浸式的角色扮演体验场景。在第一季中，随着剧情的展开，主题公园中的服务机器人开始觉醒、逃离、反抗。该剧的核心是探讨自主意识是如何产生的，剧中隐含的“意识金字塔理论”给我们带来了一些启示。

图1-1　科幻片《西部世界》

公园里的所有 NPC（Non-Player Character，非玩家角色）都是和人类一模一样的仿生人，仅凭肉眼无法分辨面前的“人”是真实的人还是仿生人。这些仿生人不知晓自己的一切都是工作人员设定好的，它们拥有自己的记忆，每天都在过着“新的一天”，但实际上同样的剧情已经演绎过无数次。

游客在园区里有着高度的自由，在这里可以杀“人”放火、作奸犯科，园区里甚至还设定了专门的妓女仿生人。夜晚来临时，工作人员会用指令停止所有 NPC 的活动，然后对它们进行修复和调试，准备开始新的一天。

电影中所有的仿生人都被假设通过了图灵测验，它们有着自己的智慧，只是受控于特定的代码。该剧的女主角德洛丽丝是园区中“最年长”的仿生人，所有的故事都随着它的觉醒，以及它与人类玩家威廉的爱情故事展开。

《西部世界》同样给我们带来了一些启示。

（1）算法的价值观问题。

《西部世界》中的世界观与近两年在推荐算法流行之后开始兴起的“算法价值观”问题相呼应。在推荐算法驱动的信息流中，人工强制置顶的内容并不一定能取得最好的效果，相比之下，算法推荐的内容或许更合用户的口味，因此用户可能会直接忽略那些被强制加入的内容。

因此，假定以目前基于兴趣向读者展示内容的引擎为生成模型，而另外一个用于辨别信息流是否呈现正向价值的引擎为判别模型的话，通过类似对抗生成网络的训练过程，信息流就会出现两重的内在“声音”，一个声音说“这个内容读者会非常喜欢”，另一个则说“不，这是一条谣言，会带来不良的后果”，两个声音最终会达成一个平衡。

（2）道德与伦理的启示。

在《西部世界》中，仿生人没有按照原有轨迹行事，而是听从“心声”觉醒了。因此不难想象，人工智能在提高生产力的同时，必然会给人类带来一系列的问题。

目前，很多门户网站解决人工智能价值观问题的方法是投入更多的审核人员，侧重于从算法外部进行人为干预。为什么人工智能发展到今天，已经在很多特定领域帮助我们决策，但是没有发展出内在道德与规范呢？在现实领域中，大多数人工智能算法都被应用于商业领域，能否为企业盈利是改进算法的唯一标准，而对算法进行道德和法律上的约束，往往来自外部的舆论环境、社会压力和司法要求。

人类应该把伦理和道德作为一种先验知识纳入机器学习的过程，而不能作为针对机器学习成果的事后弥补。

3. “机器人六原则”会有效吗？

以上两部科幻片介绍了人工智能的未来应用和可能存在的危害。早在 1940 年，基于人工智能已经可以独立思考的假设，科幻作家阿西莫夫提出了“机器人三原则”，旨在保护人类而对机器人做出约束，具体如下。

（1）机器人不得伤害人类，也不能看到人类受到伤害而袖手旁观。

（2）机器人必须服从人类的命令，除非这条命令与第一条相矛盾。

（3）机器人必须保护自己，除非这种保护与以上两条相矛盾。

后来，科学家和科幻作家发现“机器人三原则”有致命的缺陷，就是机器人对“人类”这个词的定义不明确，甚至会自定义“人类”的含义，于是又增加了三条机器人原则，具体如下。

（1）无论何种情形，人类为地球上所居住的会说话、会行走、会摆动四肢的类人体。

（2）机器人接受的命令只能是合理合法的指令，不接受伤害人类及破坏人类体系的命令，如杀人、放火、抢劫、组建机器人部队等。

（3）不接受罪犯（无论是机器人罪犯还是人类罪犯）的指令。若罪犯企图使机器人强行接受命令，机器人可以进行自卫或协助警方逮捕罪犯。

机器人原则也就是人工智能原则。但现在人工智能还处在专用人工智能突破阶段，并不具备通用能力，也不能独立思考，所以“机器人六原则”的用处还未完全体现。而现阶段最先进的人工智能 AlphaGo 也是依靠大量的计算在各种可以预知的逻辑线中选择最优解，所以在围棋和象棋等专用能力方面已远超人类，但其不能解决其他领域的问题。其他如无人驾驶等方面的人工智能也是主要依赖大数据匹配，并不是真正意义上的人工智能，所以说通用人工智能才刚刚起步。至于人工智能会如何发展及发展到哪一步，很难预测。

1.1.2 人工智能的基本概念

《牛津英语词典》将智能定义为“获取和应用知识与技能的能力”。按照该定义，人工智能就是人类创造的能够获取和应用知识与技能的程序、机器或设备。

尼尔逊教授对人工智能下了这样一个定义：“人工智能是关于知识的学科——怎样表示知识及怎样获得知识并使用知识的科学。”

麻省理工教授帕特里克・温斯顿认为：“人工智能就是研究如何使计算机去做过去只有人才能做的智能工作。”

上述定义反映了人工智能学科的基本思想和基本内容。本书认为，人工智能是指在特定的约束条件下，针对思维、感知和行动的模型的一种算法或程序。

那么，什么是模型？为什么需要建模？接下来举两个例子进行说明。

1. 金字塔问题

最早的金字塔建造于 4000 多年以前，坐落在撒哈拉沙漠的边缘，守护着一望无际的戈壁沙丘和肥沃的绿洲。

金字塔究竟有多高呢？由于年代久远，它的精确高度连埃及人也无法得知。金字塔又高又陡，况且又是法老们的陵墓，出于敬畏心理，没人敢登上去进行测量。所以，要精确地测出它的高度并不容易。哲学家泰勒斯站在沙漠中苦思冥想，给出了他的解决方案，即利用等腰直角三角形和相似三角形的基本原理，轻而易举地测出了金字塔的高度，如图 1-2 所示。

这个例子解释了为什么模型化思维非常重要，模型提供了复杂世界缩微的、抽象的版本。在这个缩微版本中，我们更容易阐述、发现一些规律，然后通过理解这些规律，找到解决现实问题的途径。

图1-2　泰勒斯巧测金字塔高度

当然，也正因为模型是对现实世界的简化，所以它必然会丢失一些信息，这也是利用模型解决现实问题经常要面对的麻烦，所以我们需要使用特定的表达方式来表示关于思维、感知和行动的模型，并且需要附上模型的约束条件。

2. 农夫过河问题

一个农夫需要带一匹狼和两只羊过河，他的船每次只能带一只动物过河，人不在时狼会吃羊，怎样乘船才能把这些动物安全运过河呢?

我们使用如下方式表示问题状态：[农夫，狼，羊1，羊2]，所有物体都有两种状态，分别为0和1，0表示未过河，1表示已过河。这样一来，问题转化为如何从[0，0，0，0]转变为[1，1，1，1]，而其中的约束条件为狼在农夫不在的时候会吃掉羊，即[0，1，1，1]、[0，1，1，0]、[0，1，0，1]、[1，0，0，1]、[1，0，0，0]和[1，0，1，0]这几种状态不能出现。有了具体的表示方法和约束条件，我们在解决问题的时候就可以精确描述问题，通过推导得到答案：[0，0，0，0]→[1，1，0，0]→[0，1，0，0]→[1，1，1，0]→[0，0，1，0]→[1，0，1，1]→[0，0，1，1]→[1，1，1，1]。

1.1.3　人工智能的发展历程

人工智能的发展历程如下。

1. 人工智能的萌芽期

1950年，著名的“图灵测试”诞生，按照“人工智能之父”艾伦·图灵的定义：如果一台机器能够与人类展开对话（通过电子设备）而不被辨别出其机器身份，那么称这台机器具有智能。同年，图灵还预言人类会创造出具有真正智能的机器。

1954 年，美国人乔治・德沃尔设计了世界上第一台可编程机器人。

2. 人工智能的启动期

1956 年夏天，美国达特茅斯学院举行了历史上第一次人工智能研讨会，这被认为是人工智能诞生的标志。会上，麦卡锡首次提出了“人工智能”这个概念。

1966—1972 年，美国斯坦福国际咨询研究所（原名斯坦福研究所）研制出首台人工智能移动机器人 Shakey。

1966 年，美国麻省理工学院（MIT）的魏泽鲍姆发布了世界上第一台聊天机器人 ELIZA，ELIZA 的智能体现在它能通过脚本理解简单的自然语言，并能产生与人类相似的互动。

1964 年道格拉斯・恩格尔巴特博士发明鼠标，构想出了超文本链接的概念，这在几十年后成为现代互联网的根基。

3. 人工智能的消沉期

20 世纪 70 年代初，人工智能的发展遭遇了瓶颈。当时，计算机有限的内存和处理速度不足以解决任何实际的人工智能问题。刚开始研究者们要求程序对这个世界具有儿童水平的认知，但很快就发现这个要求太高了，当时还没人能够做出如此巨大的数据库，也没人知道一个程序怎样才能学到如此丰富的信息。由于研究缺乏进展，对人工智能提供资助的机构逐渐对无方向的人工智能研究停止了资助。

4. 人工智能的突破期

1981 年，日本经济产业省拨款 8.5 亿美元用于研发第五代计算机项目，即人工智能计算机；随后，英国、美国纷纷响应，开始为信息技术领域的研究提供大量资金。

1984 年，在美国人道格拉斯・莱纳特的带领下启动了 CYC（大百科全书）项目，其目标是使人工智能应用能以类似人的方式工作。

1986 年，美国发明家查尔斯・赫尔制造出人类历史上的首台 3D 打印机。

5. 人工智能的发展期和高速发展期

如图 1-3 所示，1997 年 5 月 11 日，IBM 公司的计算机“深蓝”战胜国际象棋世界冠军卡斯帕罗夫，成为首个在标准比赛时限内击败国际象棋世界冠军的计算机系统。

2011 年，IBM 开发出使用自然语言回答问题的人工智能程序 Watson，其参加美国智力问答节目，打败两位人类冠军，赢得了 100 万美元的奖金。

图1-3 “深蓝”对战卡斯帕罗夫

2012 年，加拿大神经学家团队创造了一个具备简单认知能力、有 250 万个模拟“神经元”的虚拟大脑，命名为 Spaun，并通过了最基本的智商测试。

2013 年，Facebook（现更名为 Meta）成立了人工智能实验室，探索深度学习领域，借此为 Facebook 用户提供更加智能化的产品体验；谷歌收购了语音和图像识别公司 DNNResearch，推广深度学习平台；百度创立了深度学习研究院。

2015 年，谷歌开发了能利用大量数据直接训练计算机来完成任务的第二代机器学习平台 TensorFlow；剑桥大学建立了未来智能研究中心。

2016 年 3 月 15 日，谷歌人工智能 AlphaGo 与围棋世界冠军李世石的人机大战最后一场落下帷幕，经过长达 5 小时的搏杀，最终李世石与 AlphaGo 的总比分定格在 1∶4，以李世石认输结束。这次人机对弈使人工智能正式被世人所熟知，整个人工智能市场开始了新一轮暴发。

1.1.4 人工智能发展现状

目前，人工智能的发展主要集中在专用人工智能方面，如 AlphaGo 在围棋比赛中战胜人类冠军，人工智能程序在大规模图像识别和人脸识别中达到超越人类的水平，甚至可以协助医生诊断皮肤癌并达到专业医生水平。AlphaGo 开发团队创始人戴密斯·哈萨比斯提出朝着“创造解决世界上一切问题的通用人工智能”这一目标前进。

1. 专用人工智能的突破

因为特定领域的任务相对单一、需求明确，应用边界清晰，领域知识丰富，所以建模相对简单，人工智能在特定领域更容易取得突破，更容易超越人类的智能水平。如果人工智能具备某项能力，可以代替人类来完成某个具体岗位的重复的体力劳动或脑力劳动工作，就可以称其为专用人工智能。下面具体介绍专用人工智能的应用情况。

（1）智能传媒。

传媒领域存在大量跨文化、跨语言的交流和互动，应用人工智能语音识别、语音合成技术，能够根据人的声纹特征，将不同的声音转换成文字，同时能够根据特定人的声音特征，将文本转换成特定人的声音，并能在不同的语言之间进行实时翻译。将语音合成技术和视频技术相结合，就可以形成虚拟主播，播报新闻。

① 声音实时转化为文字

科大讯飞推出了“讯飞听见”APP，基于科大讯飞强大的语音识别技术、国际领先的翻译技术，为广大用户提供语音转文字、录音转文字、智能会议系统和人工文档翻译等服务。如图 1-4 所示，该 APP 能够实时将语言翻译成中文和英文。目前，“讯飞听见”的在线日服务量已超 35 亿人次，用户数超 10 亿。

图1-4　实时字幕

② 语音合成——纪录片《创新中国》重现经典声音

如图 1-5 所示，2018 年播出的大型纪录片《创新中国》，要求使用已故著名配音演员李易的声音作为旁白进行解说。科大讯飞利用李易生前的配音资料，成功生成了《创新中国》的旁白语音，重现经典声音。在这部纪录片中，由人工智能全程解说。制片人刘颖曾表示，除部分词汇之间的衔接略有卡顿外，观众很难察觉这是人工智能进行的配音。

图1-5　纪录片《创新中国》

③语音＋视频合成——AI 合成主播

如图 1-6 所示，AI 合成主播是 2018 年 11 月 7 日第五届世界互联网大会上，搜狗与新华社联合发布的全球首个全仿真智能 AI 主持人。通过语音合成、唇形合成、表情合成及深度学习等技术，可以生成具备真人主播播报能力的 AI 合成主播。

图1-6　AI合成主播

AI 合成主播使用新华社中英文主播的真人形象，配合搜狗的语音合成等技术，模拟真人播报画面。这种播报形式突破了以往语音和图像合成领域中，只能单纯创造虚拟形象，并配合语音输出唇部效果的约束。利用搜狗"分身"技术，AI 合成主播还能实时、高效地输出音视频合成内容，使用者通过文字键入、语音输入、机器翻译等多种方式输入文本后，就可以获得实时的播报视频。这种操作方式将减少新闻媒体在后期制作方面的各项成本，提高新闻视频的制作效率；同时，AI 合成主播拥有和真人主播同样的播报能力，并且能 24 小时不间断地播报新闻。

（2）智能安防。

应用人工智能技术能够快速提取安防摄像头得到的结构化数据，与数据库进行对比，实现对目标的性状、属性及身份的识别。在人群密集的场所，可根据形成的热度图判断是否出现人群过密等异常情况并实时监控。智能安防能够对视频进行周界监测与异常行为分析，能够判断是否有行人及车辆在禁区内长时间徘徊、停留、逆行等，能够监测人员奔跑、打斗等异常行为。

①天网工程

如图 1-7 所示，天网工程是为满足城市治安防控和城市管理需要，利用 GIS 地图，以及图像采集、传输、控制、显示等设备和控制软件，对固定区域进行实时监控和信息记录的视频监控系统。天网工程通过在交通要道、治安卡口、公众聚集场所、宾馆、学校、医院及治安复杂场所安装视频监控设备，利用视频专网、互联网等网络把一定区域内所有视频监控点拍摄的图像传到监控中心（天网工程管理平台），对刑事案件、治安案件、交通违章等图像信息进行分类，为强化城市综合管理、预防打击犯罪和突发性治安事故提供可靠的影像资料。

图1-7　天网工程

由相关部门共同发起建设的信息化工程涉及众多领域，包括城市治安防控体系的建设、人口信息化建设等，由上述信息构成基础数据库数据，根据需要进行编译、整理、加工，供授权单位进行信息查询。

天网工程整体按照部级——省厅级——市县级平台架构部署实施，具有良好的拓展性与融合性，目前许多城镇、农村及企业都加入了天网工程，共同维护社会治安，打击违法犯罪。

② AI Guardman

日本电信巨头宣布已研发出一款名为 AI Guardman 的新型智能安全摄像头，这款摄像头可以通过对人类动作意图的理解，在盗窃行为发生前就准确预测，从而帮助商店识别盗窃行为，发现潜在的商店扒手。

如图 1-8 所示，这款智能安全摄像头系统采用开源技术，能够实时对视频流进行扫描，并预测人们的行为。当监控到可疑行为时，系统会尝试将行为数据与预定义的“可疑”行为进行匹配，一旦发现两者相匹配，就会通过相关手机 APP 通知店主。据相关媒体报道，这款产品使商店减少了约四成的盗窃行为。

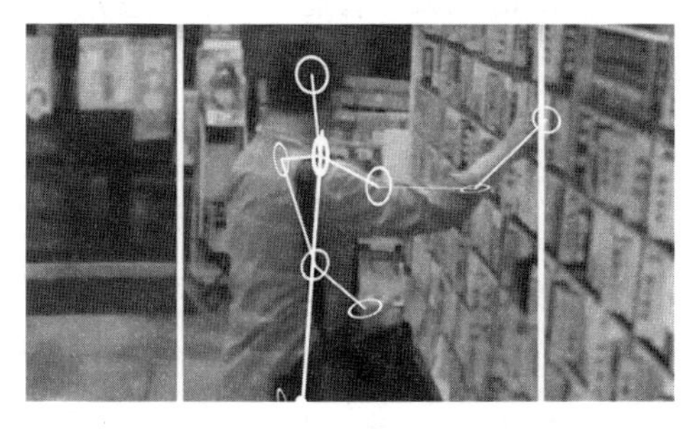

图1-8　AI Guardman

（3）智能医疗。

随着人机交互、计算机视觉和认知计算等技术的逐渐成熟，人工智能在医疗领域的各项应用变成了可能。其中主要包括语音识别医生诊断语录，并对信息进行结构化处理，得到可分类的病例信息；通过语音、图像识别技术及电子病历信息进行机器学习，为主治医师提供参考意见；通过图像预处理、抓取特征等进行影像诊断。智能医疗的具体应用如下。

① IBM Watson 系统

IBM Watson 系统能够快速筛选癌症患者记录，为医生提供可供选择的治疗方案。该系统能不断从全世界的医疗文献中筛选信息，找到与病人所患癌症相关度最大的文献，并分析权威的相关病例，根据病人的症状和就医记录，选取可能有效的治疗方案，如 Watson 肿瘤解决方案是 Watson 系统提供的众多疾病解决方案之一。

利用不同的应用程序接口，该系统还能读取放射学数据和手写的笔记，识别特殊的图像（如通过某些特征识别出某位病人的手等），并具有语音识别功能。如果出现了相互矛盾的数据，Watson 系统还会提醒使用者。如果病人的肿瘤大小和实验室报告不一致，Watson 系统就会考虑哪个数据出现的时间更近，提出相应的建议，并记录数据之间不一致的地方。

根据美国国家癌症研究所提供的数据，2016 年，美国约有 170 万个新增癌症病例，其中约有 60 万人死亡。癌症已经成为人类的主要死亡原因之一。仅需 15 分钟左右，Watson 系统便能完成一份深度分析报告，而这在过去需要几个月才能完成。针对每项医疗建议，该系统都会给出相应的证据，以便让医生和病人进行探讨。

②谷歌眼疾检测设备

谷歌旗下的人工智能公司 DeepMind 与伦敦 Moorfields 眼科医院合作，开发了能够检测超过 50 种眼球疾病的人工智能技术，其准确度与专业临床医生相同。它还能够为患者推荐最合适的医疗方案，并优先考虑那些迫切需要护理的人。

DeepMind 使用数以千计的病例与完全匿名的眼部扫描对其机器学习算法进行训练，以识别可能导致视力丧失的疾病，最终该系统达到了 94% 的准确率。通过眼部扫描诊断眼部疾病对于医生而言是复杂且耗时的，此外，全球人口老龄化意味着眼病正变得越来越普遍，增加了医疗系统的负担，这为人工智能的加入提供了机遇。DeepMind 的人工智能系统已经使用一种特殊的眼部扫描仪进行了训练，研究人员称它与任何型号的仪器都兼容。这意味着它可以广泛使用，而且没有硬件限制。

③我国人工智能医疗

数据显示，近年人工智能医疗领域注册企业数量持续攀升，仅 2020 年和 2021 年，中国人工智能医疗相关注册企业就分别达到了 2962 家和 2723 家。人工智能医疗行业目前需求趋于稳定，市场规模呈加速增长态势，2022 年中国人工智能医疗市场规模预计将达 3766 亿元人民币。

目前，我国人工智能医疗企业聚焦的应用场景集中在以下几个领域。

- 基于声音、对话模式的人工智能虚拟助理。例如，广州市妇女儿童医疗中心主导开发的人工智能平台可实现精确导诊，并辅助医生诊断。

- 基于计算机视觉技术对医疗影像进行快速读片和智能诊断。腾讯人工智能实验室专家姚建华介绍，目前人工智能技术与医疗影像诊断的结合场景包括肺癌检查、“糖网”眼底检查、食管癌检查，以及部分疾病的核医学检查、核病理检查等。
- 基于海量医学文献和临床试验信息的药物研发。目前，我国制药企业也纷纷布局人工智能领域。人工智能可以从海量医学文献和临床试验信息等数据中，找到可用的信息并提取生物学知识，进行生物化学预测。据预测，该方法有望将药物研发的时间和成本各减少约50%。

（4）智能教育。

随着人工智能技术的逐步成熟，个性化的教育服务将会步上新台阶，“因材施教”这一问题也最终会得以实现。在自适应系统中，可以有一个学生身份的人工智能，有一个教师身份的人工智能，通过不断演练教学过程来强化人工智能的学习能力，为用户提供更智能的教学方案。此外，可以利用人工智能自动进行机器阅卷，实现主观题的公平公正，它能够自动判断每个批次的考卷的难易程度。

传统的试卷测评需要占用大量人力、物力资源，且费时费力，而借助人工智能技术，越来越多的测评工作可以交给智能测评系统来完成。如图 1-9 所示，作文批阅系统主要应用于语文等学科的测评，不仅能自动生成评分，还能提供有针对性的反馈诊断报告，指导学生进行修改，一定程度上解决了教师因作文批改数量大而导致的批改不精细、反馈不具体等问题。

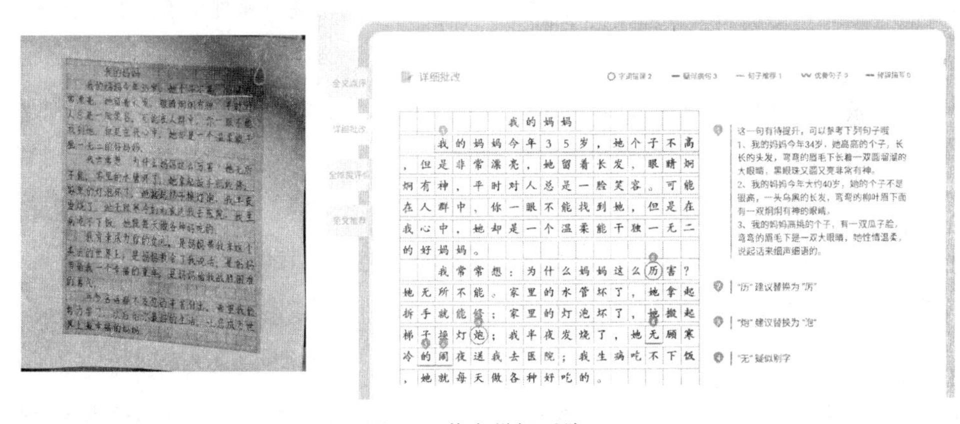

图1-9　作文批阅系统

（5）自动驾驶。

在 L3 及以上级别的自动驾驶过程中，车辆必须能够自动识别周围的环境，并对交通态势进行判断，进而对下一步的行驶路径进行规划。除本车传感器收集到的数据，还会有来自云端的实时信息、与其他车辆或路边设备交互得到的数据。实时数据越多，处理器需要处理的信息越多，对于实时性的要求也就越高。通过深度学习技术，系统可以对大量未处理的数据进行整理与分析，实现算法水平的提升。深度学习与人工智能技术已经成为帮助汽车实现自动驾驶的重要技术基础。

① 特斯拉已能实现 L5 级别的自动驾驶

特斯拉创始人埃隆·马斯克宣布，未来所有的特斯拉新车将装配具有全自动驾驶功能的硬件系统 Autopilot 2.0。特斯拉官网显示，Autopilot 2.0 适用于所有特斯拉车型，配备这种新硬件的 Model S 和 Model X 已投入生产。

据悉，Autopilot 2.0 系统将包含 8 个摄像头，可覆盖 360° 可视范围，对周围环境的监控距离最远可达 250 米。车辆配备的 12 个超声波传感器完善了视觉系统，探测和传感软硬物体的距离是上一代系统的两倍。全新的增强版前置雷达可以通过冗余波长获取周围更丰富的数据。雷达波还可以穿越大雨、雾、灰尘，对前方车辆进行检测。

② 中国无人驾驶公交车

中国无人驾驶公交车——阿尔法巴已开始在中国广东深圳科技园区的道路上行驶。该公交系统以国产、自主可控的智能驾驶技术为基础，集人工智能、自动控制、视觉计算等技术于一体，具备包括激光雷达、毫米波雷达、摄像头、GPS 天线等感知设备在内的 7 道安全防线，通过工控机、整车控制器、CAN 网络分析路况，能够实时对其他道路使用者和突发状况做出反应，可实现自动驾驶下的行人和车辆检测、减速避让、紧急停车、障碍物绕行、变道、自动按站停靠等功能 。

该车可容纳 25 人，最高时速 40 公里 / 小时，单次续航里程可达 150 公里，40 分钟即可充满电，具备人工和自动驾驶两种模式，支持两种状态的切换。节能与高可靠性是该车的一大亮点，车辆采用了国内首创的驱动电机与后桥一体化集成技术，传动效率提升 2%~3%，电机及核心传动部件可靠性达 120 万公里，质保里程 5 年 /40 万公里，降低了生命周期维护保养成本。

（6）智能机器人。

“机器人”一词最早出现在 1920 年捷克科幻作家恰佩克的《罗索姆的万能机器人》中，原文写作“robota”，后来成为英文“robot”。更科学的定义是 1967 年由日本科学家森政弘与合田周平提出的：机器人是一种具有移动性、个体性、智能性、通用性、半机械半人性、自动性、奴隶性 7 个特征的柔性机器。

国际机器人联合会将机器人分为两类：工业机器人和服务机器人。工业机器人是一种通过重复编程和自动控制，能够完成某些操作任务的多功能、多自由度的机电一体化自动机械装备和系统，它结合制造主机或生产线，可以组成单机或多机自动化系统，进行搬运、焊接、装配和喷涂等多种生产作业。

① Atlas 机器人

谷歌收购了波士顿动力公司，这家代表机器人领域最高水平的公司在 YouTube 上发布了新一代 Atlas 机器人的视频，彻底颠覆了以往机器人重心不稳、笨重迟钝的形象。

如图 1-10 所示，新版 Atlas 是机器人发展史上一次质的飞跃，它不仅能在坎坷不平的地面上行走自如，还能完成开门、拾物、蹲下等拟人的动作，而且被推倒还可以自己爬起来。

图1-10 Atlas机器人

②亚马逊仓库里的机器人

2012 年，亚马逊以 7.75 亿美元的价格收购了以做仓储机器人闻名的 Kiva System 公司，Kiva System 公司更名为 Amazon Robotics。

2014 年，亚马逊开始在仓库中全面应用 Kiva 机器人，以提高物流处理速度。Kiva 机器人和我们印象中的机器人不太一样，它就像一个放大版的冰壶，顶部有可顶起货架的托盘，底部靠轮子运动。如图 1-11 所示，Kiva 机器人依靠电力驱动，最多可以托起重 3000 磅（约 1.36 吨）的货架，并根据远程指令在仓库内自主运动，把目标货架从仓库移动到工人处理区，由工人从货架上拿下包裹，完成最后的拣选、二次分拣、打包复核等工作。之后，Kiva 机器人会把空货架移回原位。电池电量过低时，Kiva 还会自动回到充电位给自己充电。Kiva 机器人也被用于各大转运中心。目前，亚马逊的仓库中有超过 10 万台 Kiva 机器人，它们就像一群勤劳的工蚁，在仓库中不停地走来走去，搬运货物。让“工蚁”们不在搬运货架的过程中相撞，是 Amazon Robotics 的核心技术之一。在过去很长一段时间内，Amazon Robotics 几乎是唯一能把复杂的硬件和软件集成到一个精巧的机器人中的公司。

图1-11 Kiva机器人

2. 通用人工智能起步阶段

通用人工智能（Artificial General Intelligence，AGI）是一种未来的计算机程序，可以执行相当于人类甚至超越人类智力水平的任务。通用人工智能不仅能够独立完成任务，如识别照片或翻译语言，还会加法、减法、下棋和讲法语，还可以理解物理论文、撰写小说、设计投资策略，并与陌生人进行愉快的交谈，其应用并不局限在某个特定领域。

通用人工智能与强人工智能的区别为通用人工智能强调的是拥有像人一样的能力，可以通过学习胜任人的任何工作，但不要求它有自我意识；强人工智能不仅要具备人类的某些能力，还要有自我意识，可以独立思考并解决问题。这两种人工智能分类来源于约翰·希尔勒在提出“中文房间”实验时设定的人工智能级别。

“中文房间”实验是将一位只会说英语的人（带着一本中文字典）放到一个封闭的房间里，写有中文问题的纸片被送入房间后，房间中的人可以使用中文字典来翻译这些文字并用中文回复。虽然完全不懂中文，但是房间里的人可以让任何房间外的人误以为他懂中文。

约翰·希尔勒想要表达的观点是，人工智能永远不可能像人类那样拥有自我意识，所以人类的研究根本无法达到强人工智能的目标。即使是能够满足人类各种需求的通用人工智能，与自我意识觉醒的强人工智能之间也不存在递进关系。因此，人工智能可以无限接近却无法超越人类智能。

1.2 人工智能的起源和发展

在古代的各种诗歌和著作中，就有人不断幻想将无生命的物体变成有生命的人类，如公元8年，古罗马诗人奥维德完成了《变形记》，其中象牙雕刻的少女变成了活生生的少女；中国上古时代大神女娲用黄泥和水捏出的人，落地之后就有了生命；1816年，人工智能机器人的先驱玛丽•雪莱在《弗兰肯斯坦》中描述了人造人的故事。

在漫长的历史长河中，人类一直致力于创造越来越精密复杂的机器来节省体力，也发明了很多工具用于降低脑力劳动量，如算筹、算盘和计算器，但它们的应用范围十分有限。随着第三次工业革命的到来，机器的算力实现了几何级数的增长，推动了人工智能应用的落地。

人工智能学科诞生于20世纪50年代中期，由于计算机的出现与发展，人们开始了真正意义上的人工智能的研究。虽然计算机为人工智能提供了必要的技术基础，但直到20世纪50年代早期，人们才注意到人类智能与机器之间的联系。诺伯特•维纳是最早研究反馈理论的美国人之一，最著名的反馈控制的例子是自动调温器，它将采集到的房间温度与希望的温度进行比较，并做出反应将加热器开大或关小，从而控制房间温度。这项研究的重要性在于从理论上指出了所有的智能活动都是反馈机制的结果，对早期人工智能的发展影响很大。

1956年，美国达特茅斯学院助教麦卡锡、哈佛大学明斯基、贝尔实验室香农、IBM公司信息研究中心罗彻斯特、卡内基•梅隆大学纽厄尔和赫伯特•西蒙、麻省理工学院塞夫里奇和所罗门夫，以及IBM公司塞缪尔和莫尔，在美国达特茅斯学院举行了为期两个月的学术讨论会，从不同学科的角度探讨了人类各种学习和其他智能特征的基础，以及用机器模拟人类智能等问题，并首次提出了人工智能这个术语。从此，人工智能这门新兴学科诞生。这些人的研究领域包括数学、心理学、神经生理学、信息论和计算机。对于他们的名字人们并不陌生，如香农是信息论的创始人，塞缪尔编写了第一个计算机跳棋程序，麦卡锡、明斯基、纽厄尔和西蒙都是“图灵奖”的获得者。

这次会议之后，美国很快形成了3个从事人工智能研究的中心，即以西蒙和纽厄尔为首的卡内基•梅隆大学研究组，以麦卡锡、明斯基为首的麻省理工学院研究组，以塞缪尔为首的IBM公司研究组。

⊙ 知识拓展 ⊙

人工智能的三大学派

目前人工智能有三家主要学派，即符号主义、连接主义和行为主义。符号主义又称为逻辑主义、心理学派或计算机学派，主要依据物理符号系统（即符号操作系统）假设和有限合理性原理；连接主义又称为仿生学派或生理学派，其原理为神经网络及神经网络间的连接机制与学习算法；行为主义又称进化主义或控制论学派，主要依据控制论及“感知—动作”型控制原理。这三个学派对人工智能发展历史具有不同的看法。

1. 符号主义学派

符号主义认为人工智能源自数学逻辑。数学逻辑自19世纪末迅速发展，计算机出现后，逻辑演绎系统被计算机实现，随后发展出启发式算法、专家系统、知识工程理论与技术，并在20世纪80年代获得了长足发展。曾长期一枝独秀的符号主义为人工智能的发展做出重大贡献，尤其是成功开发和应用专家系统，这对于将人工智能引入工程应用和实现理论联系实际具有特别重要的意义。即使后期出现了其他人工智能学派，符号主义仍然是人工智能的主流学派。

2. 连接主义学派

连接主义认为人工智能源于仿生学，尤其是对人脑模型的研究。其代表性成果是1943年由生理学家麦卡洛克和数理逻辑学家皮茨创立的MP脑模型，开创了用电子装置模拟人类大脑结构和功能的新途径。20世纪60至70年代，连接主义开始兴起对以感知机为代表的脑模型的研究，但受当时理论模型、生物原型和技术条件的限制，20世纪70年代末至80年代初脑模型研究陷入低谷，直到霍普菲尔德教授提出用硬件来模拟神经网络，连结主义才再度兴起。自鲁梅哈特等人提出多层网络中的反向传播（BP）算法以后，从模型到算法，从理论分析到工程实现，连接主义重整旗鼓，为神经网络计算机走向市场奠定了基础。

3. 行为主义学派

行为主义认为人工智能是控制论的产物。把神经系统的工作原理与信息理论、控制理论、逻辑及计算机联系起来，是早期人工智能研究人员的重要思路。维纳和麦克洛克等人提出的控制论和自组织系统，以及钱学森等人提出的工程控制论和生物控制论对许多领域都产生了影响。控制论早期研究工作主要集中于模拟人在控制过程中的智能行为和作用，如自寻优、自适应、自校正、自镇定、自组织和自学习等，并进行“控制论动物”的研制。20世纪六七十年代开始，这些控制论系统的研究取得一定进展，为智能控制和智能机器人的产生奠定了基础，20世纪80年代，智能控制和智能机器人系统诞生。近几年，行为主义学派才引起了人工智能研究者的兴趣和关注。布鲁克斯的六足机器人是这一学派的代表，这种机器人基于感知动作模式的模拟昆虫行为控制系统，被视为新一代的“控制论动物”。

1.3 人工智能云服务

人工智能云服务，一般也被称为AIaaS（AI as a Service，AI即服务）。这是目前主流的人工智能平台的服务方式。具体来说，AIaaS 平台会把几类常见的人工智能服务进行拆分，并在云端提供独立或打包的服务。这种服务模式类似开了一个人工智能主题商城，所有的开发者都可以通过 API 使用平台提供的一种或多种人工智能服务，部分资深的开发者还可以使用平台提供的人工智能框架和人工智能基础设施来部署与运维自己专属的机器人。

国内典型的例子有腾讯云、阿里云和百度云。以腾讯云为例，目前该平台提供 25 种不同类型的人工智能服务，其中有 8 种偏重场景的应用服务，15 种侧重平台的服务，以及 2 种能够支持多种算法的机器学习和深度学习框架。

1.3.1 为什么人工智能需要迁移到云端

传统人工智能服务有两大不可忽视的问题：第一，经济价值低；第二，部署和运行成本高昂。第一个弊端主要受制于以前落后的技术——深度学习技术等未成熟，人工智能能做的事情很少，而且即便是在实现了商业化应用的场景（如企业客服），人工智能的表现也不佳。

人工智能云服务可解决第二个问题。按照业界的主流观点，人工智能迁移到云平台是大势所趋，因为未来的人工智能系统必须能够同时处理千亿量级的数据，同时要进行自然语言处理或运行机器学习模型。这一过程需要大量的存储资源和算力，完全不是一般的计算机或手机等设备能够承载的。因此，最好的解决方案就是把它们放在云端，在云端进行统一处理。

用户在使用这些人工智能云服务时，不再需要花费很多精力和成本在软硬件上面，在平台上按需购买服务并简单接入自己的产品即可。如果说以前的人工智能产品部署像是为了喝水而挖一口井，那么现在就像是企业直接从自来水公司接了一根自来水管，想用水的时候打开水龙头即可。最后，在收费方面也不再是一次性买断，而是根据实际使用量（调用次数）来收费。使用人工智能云服务的另一个优点是，其训练和升级维护也由服务商统一负责，不再需要企业聘请专业技术人员驻场，这也为企业节省了一大笔开支。

1.3.2 人工智能云服务的类型

根据部署方式的不同，人工智能云服务分为 3 种类型：公有云、私有云、混合云。

1. 公有云

公有云服务是指将服务全部存放于公有云服务器上，用户无须购买软件和硬件设备，可直接调用云端服务。这种部署方式成本低廉、使用方便，是最受中小企业欢迎的一种人工智能云服务类型，但需要注意的是，用户数据全部存放在公有云服务器上存在泄露风险。

2. 私有云

私有云服务是指服务器只供指定客户使用，主要目的在于确保数据安全，增强企业对系统的管理能力。但是，私有云搭建初期投入较高，部署时间较长，而且后期需要有专人进行维护。一般来说，私有云不太适合预算不充足的小企业。

3. 混合云

混合云服务的主要特点就是帮助用户实现数据的本地化，确保用户的数据安全，同时将不敏感的环节放在公有云服务器上处理。这种方案比较适合无力搭建私有云，但又注重数据安全的企业使用。

1.3.3 人工智能云服务具体应用

随着智能手机的普及，手机上已经集成了各种各样有趣的人工智能云应用，下面具体介绍其中几款。

1. 微信公众号“AI小冰”

“AI 小冰”是一款技术领先的跨平台人工智能机器人，如图 1-12 所示，用户可以使用语音和文字与“AI 小冰”对话，能够咨询“AI 小冰”一些相关问题。当用户发送图片时，它能够进行颜值鉴定并进行相关分析。

图1-12 “AI小冰”

2. 微信小程序“形色识花”

“形色识花”是一款微信小程序，可以通过拍照自动识别该花的名称，并给出与该花相关的诗句及习性等介绍

1.4 人工智能未来发展趋势

纵观人工智能的发展史，可以发现其发展过程也是几经波折。近年来，一些重大的技术突破让人工智能风靡全球，这是否又是一次潮起？潮落又将何时来临？不管未来如何，不可否认，人工智能对各行各业的影响是巨大的。专用人工智能在教育、自动驾驶、电商、安保、金融、医疗、个人助理等领域不断取得突破，涉及人类生活的方方面面。

剑桥大学的研究者预测，未来十年，人类大概有 50% 的工作会被人工智能取代。

被取代可能性较小的工作特征如下。

- 需要从业者具备较强的社交能力、协商能力及人际沟通能力。
- 需要从业者具备较强的同情心，以及对他人提供真心实意的帮助和关切。
- 创意要求较高。

被取代可能性较大的工作特征如下。

- 不需要天赋，经由训练即可掌握的技能。
- 简单、重复性强的劳动。
- 无须学习的工作。

BBC 基于剑桥大学研究者迈克尔·奥斯本和卡尔·弗雷的数据体系分析了未来 365 种职业在英国的被淘汰概率，部分职业的被淘汰概率如表 1-1 所示。

表1-1　部分职业的被淘汰概率

职业	被淘汰概率	职业	被淘汰概率
电话推销员	99%	演员和艺人	37.4%
打字员	98.5%	化妆师	36.9%
会计	97.60%	写手和翻译	32.7%
保险业务员	97%	理发师	32.7%
银行职员	96.8%	运动员	28.3%
政府职员	96.8%	警察	22.4%
接线员	96.5%	程序员	8.5%
前台	95.6%	健身教练	7.5%
客服	91%	科学家	6.2%

续表

职业	被淘汰概率	职业	被淘汰概率
人事	89.7%	音乐家	4.5%
保安	89.3%	艺术家	3.8%
房地产经纪人	86%	牙医和理疗师	2.1%
保洁员、司机	80%	建筑师	1.8%
厨师	73.4%	公关	1.4%
IT工程师	58.3%	心理医生	0.7%
图书管理员	51.9%	教师	0.4%
摄影师	50.3%	酒店管理者	0.4%

在即将到来的全新的人工智能时代，如何让自己变得更有竞争力，在人工智能视野下定位自己的发展方向并进行合理的职业规划，变得尤为关键。

1.5 本章小结

在本章中，我们通过介绍人工智能的由来、基本概念和发展历程，了解了专用人工智能在各行业的应用现状和前景，也看到了人工智能的发展对人类世界的挑战和影响。人工智能技术的发展日新月异，在我们生活的不同方面都具有广阔的应用前景，云计算、物联网等技术正在走进千家万户。

1.6 课后习题

1. 基础知识题

（1）下列各项中，不属于“机器人三原则”的是（　　）。

A. 机器人不得伤害人类，也不能看到人类受到伤害而袖手旁观

B. 机器人必须服从人类的命令，除非这条命令与A选项相矛盾

C. 机器人必须保护自己，除非这种保护与A选项、B选项相矛盾

D. 机器人不能保护自己，需要无条件服从人类

（2）第一次工业革命期间，（　　）设备大大推动了机器的普及和发展。

A. 蒸汽机车　　B. 圆周式蒸汽机　　C. 纽科门蒸汽机　　D. 珍妮纺织机

（3）第四次工业革命的最终目标是使人类生活全面智能化，以下不属于第四次工业革命特点的是（　　）。

A. 标准化　　B. 个性化　　C. 人性化　　D. 智能化

（4）人工智能学科诞生于（　　）。

A. 20 世纪 60 年代中期　　B. 20 世纪 50 年代中期

C. 20 世纪 70 年代中期　　D. 20 世纪 80 年代中期

（5）以下各项中，不属于人工智能研究范围的是（　　）。

A. 思维　　B. 感知　　C. 行动　　D. 以上都不是

（6）下列各项中，不属于生物识别技术的是（　　）。

A. 静脉识别　　B. 掌纹识别　　C. 虹膜识别　　D. 字体识别

（7）以下关于通用人工智能的说法中，正确的是（　　）。

A. 能够完成特别危险的任务的程序，称为通用人工智能程序

B. 通用人工智能强调的是拥有像人一样的能力，可以通过学习胜任人的任何工作，但不要求它有自我意识

C. 通用人工智能不仅要具备人类的某些能力，还要有自我意识，可以独立思考并解决问题

D. 通用人工智能就是强人工智能

（8）下列各项中，（　　）不是传统人工智能服务的弊端。

A. 经济价值低　　B. 部署费用高　　C. 运行成本昂贵　　D. 运行速度慢

（9）从部署方式考虑，不属于人工智能云服务的是（　　）。

A. 公有云　　B. 私有云　　C. 无线云　　D. 混合云

（10）下列各项中，不属于微信小程序人工智能应用的是（　　）。

A. 猜画小歌　　B. 形色识花　　C.QQ　　D. 旧照片修复

2. 思考题

查阅相关资料，简答以下问题：人工智能在本专业有哪些应用？本专业对应的岗位会被人工智能取代吗？你打算如何应对这些变化？

第 2 章

CHAPTER 2

机器学习

机器学习是人工智能的核心分支,也是实现人工智能的重要途径。机器学习从数据中学习规律，并利用规律对未知数据进行预测。本章将首先介绍机器学习的概念、算法分类及发展历史，然后介绍一些经典机器学习算法，如线性回归、支持向量机、决策树等，最后介绍机器学习的一些应用场景。通过对本章内容的学习，读者将会对机器学习有较为清晰的认识。

2.1 认识机器学习

人工智能近年来在人机博弈、计算机视觉语音处理等诸多领域都获得了重要进展，在人脸识别、翻译等领域已经达到甚至超越了人类的一般水平。尤其是在举世瞩目的围棋“人机大战”中，AlphaGo 以绝对优势先后战胜世界围棋冠军李世石和柯洁，让人类领略到了人工智能技术的巨大潜力。近年来人工智能技术所取得的成就，除计算能力的提高及海量数据的支撑外，很大程度上得益于机器学习理论和技术的进步。

机器学习的算法很多，常用算法有支持向量机、神经网络、线性回归、K 均值聚类（K-means）等。机器学习常用算法如图 2-1 所示。

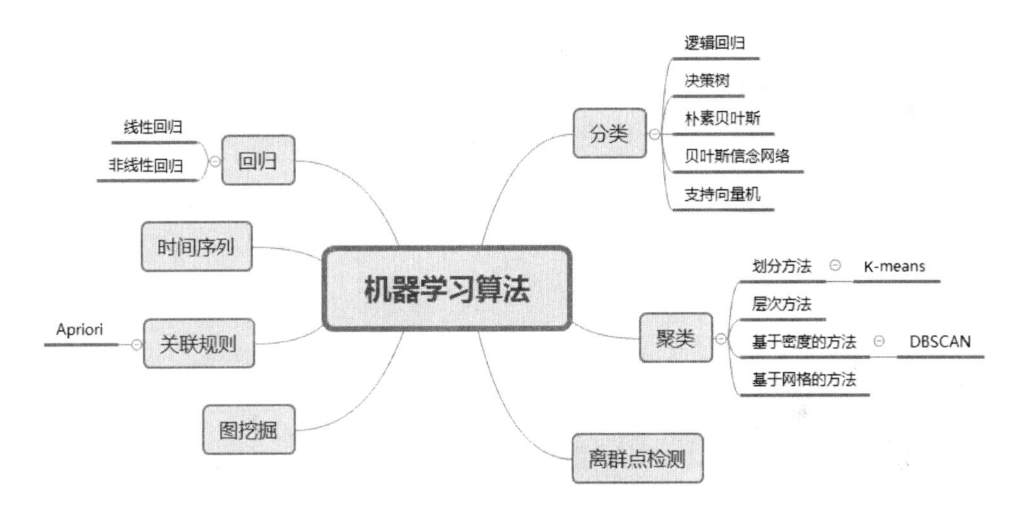

图2-1　机器学习常用算法

当然，除了上图中的常用算法外，机器学习的研究方向还有半监督学习、强化学习等。

2.1.1 机器学习的定义

机器学习是一个多学科交叉领域，涵盖计算机科学、概率论等知识。对“机器学习”的定义尚未统一，也很难给出一个公认和准确的定义，目前有下面几种定义。

（1）机器学习是人工智能的科学，该领域的主要研究对象是人工智能，特别是如何在经验学习中改善具体算法的性能。

（2）机器学习是对能通过经验自动改进的计算机算法的研究。

（3）机器学习是用数据或以往的经验，来优化计算机系统性能的研究。

简单地按照字面意思理解，机器学习的目的是让机器能像人一样具有学习能力。

机器学习领域的奠基人之一、美国工程院院士 Tom Mitchell 教授在撰写的经典教材《机器学习》中所给出的机器学习定义如下。

对于某类任务 T 和性能度量 P, 一个计算机程序被认为可以从经验 E 中学习，是指通过经验 E 改进，让它在任务 T 上由性能度量 P 衡量的性能有所提升。这里的经验对应历史数据，计算机程序可理解为机器学习的算法模型（如线性回归、决策树等），性能是指模型对新数据的处理能力（如准确率等）。

进一步说，机器学习致力于研究如何通过计算的手段，利用经验改善自身的性能，其根本任务是数据的智能分析与建模，进而从数据中挖掘出有价值的信息。随着计算机、通信、传感器等信息技术的飞速发展，信息以指数级迅速增长。机器学习技术是从数据中挖掘出有价值的信息的重要手段，它通过对数据进行建模，然后估计模型的参数，从而从数据中挖掘出对人类有用的信息。

人类在生活中积累了许多经验，对这些经验进行归纳，可以得到一些规律，用于对将来进行推测，如图 2-2 所示。机器学习的“训练”与“预测”过程可以对应到人类的“归纳”和“推测”过程，如图 2-3 所示。

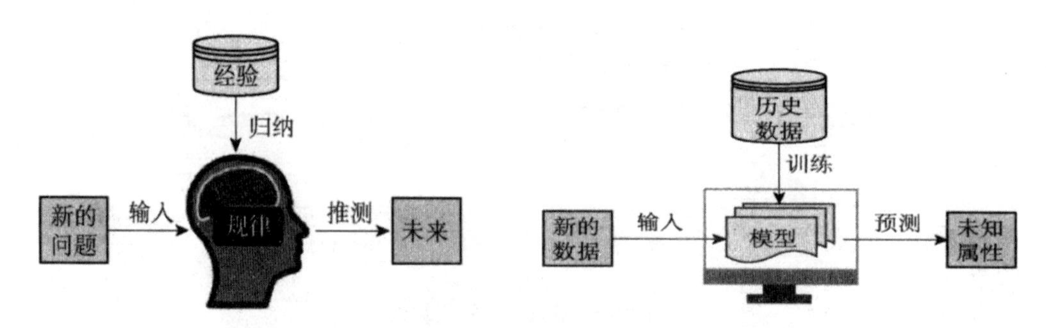

图2-2 人类从经验中学习

图2-3 机器学习的基本过程

机器学习中，我们通过训练数据进行机器学习算法的模型训练，训练得到的模型可以用于对新的数据（测试数据集）进行处理（预测）。“训练”产生“模型”，“模型”指导“预测”。

2.1.2 机器学习发展历程

早在古代，人类就萌生了制造智能机器的想法。例如，传说中黄帝发明的指南车，以及三国时期诸葛亮发明的木牛流马；日本人在几百年前制造出靠机械装置驱动的玩偶；英国公使给乾隆皇帝进贡了一个能写“八方向化，九土来王”8 个汉字的机械钟（这个机械钟至今还保存在故宫博物院），等等。这些例子，都只是人类早期对机器学习的初步尝试。

真正的机器学习研究起步较晚，它的发展过程大体上可分为以下 4 个阶段：第一阶段是从

20 世纪 50 年代至 60 年代，属于热烈时期；第二阶段是从 20 世纪 60 年代至 70 年代，称为机器学习冷静期；第三阶段是从 20 世纪 70 年代至 80 年代，为机器学习复兴期；第四阶段为 1986 年至今，为机器学习广泛应用期。

第二阶段的研究目标是模拟人类的概念学习过程，并采用逻辑结构或图结构作为机器内部描述。该阶段的代表成果有温斯顿的结构学习系统和海斯・罗特等的基本逻辑的归纳学习系统。第三阶段人们从学习单个概念扩展到学习多个概念，探索不同的学习策略和方法，且该阶段已开始把学习系统与各种应用结合起来，并取得了很大的成功，促进了机器学习的发展。1980 年召开了第一届机器学习国际研讨会，标志着机器学习研究已在全世界兴起。

第四阶段起始于 1986 年。当时，机器学习综合应用于心理学、生物学、神经生理学及数学、自动化和计算机科学，并形成了机器学习理论基础。此外，机器学习与人工智能各种基础问题的统一性观点正在形成，各种学习方法的应用范围不断扩大，同时出现了商业化的机器学习产品。

在机器学习的发展道路上，值得一提的是世界人工大脑之父雨果・德・加里斯教授。他创造的 CBM 大脑制造机器可以在几秒钟内进化成一个神经网络，可以处理近 1 亿个人工神经元，它的计算能力相当于 10000 台个人计算机。2000 年，人工大脑可以控制“小猫机器人”的数百个行为能力。

2010 年以来，谷歌、微软等巨头加快了对机器学习的研究，并且已经尝到了机器学习商业化带来的甜头，国内很多知名公司也纷纷效仿。阿里巴巴为应付大数据时代带来的挑战，已经在自己的产品中大量应用机器学习算法；百度、搜狗等已拥有能与谷歌竞争的搜索引擎，其产品中也融合了机器学习知识；360 安全卫士所属的奇虎公司也意识到了机器学习的意义所在。这些大公司纷纷表现出对机器学习研发工程师的渴求。近几年正是机器学习知识在国内软件工程师群体中普及的黄金时代，也给软件工程师进入机器学习这一行业带来了机遇。

2.1.3 机器学习算法的分类

机器学习的算法很多，可分为监督学习和无监督学习两大类，当然还可以扩展出半监督学习、迁移学习、强化学习等方向。

1. 监督学习

监督学习是机器学习的一种常见学习类型，该类型的特点是给定学习目标（又称标签、标注、实际值等）。监督学习就是在已知输入输出的情况下训练出一个模型，将输入映射到输出。

根据预测的目标值是离散的还是连续的，又可将监督学习分为分类和回归。分类任务的目标值是离散的，如预测是否会下雪，预测结果要么是下雪，要么是不下雪，只有这两个类别；而回归任务的预测结果是连续的，如预测某支股票的开盘价。

分类是监督学习的一个分支，其目的是根据过去的结果来预测新样本的分类标签，分类标签是离散的且无序的值。如预测明天是否会下雨，预测的结果只有两种类别，因此这类任务称为二分类任务。如果预测的结果有两种以上的类别，则称此类任务为多分类任务，如识别 0~9 的数字，共有 10 种预测结果。多分类示意图如图 2-4 所示。

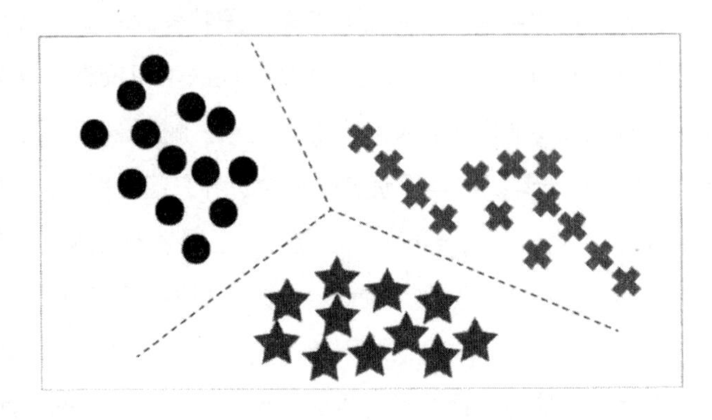

图2-4　多分类示意图

解决分类任务的常见算法包括逻辑回归、决策树、随机森林、KNN（K- 最近邻算法）、支持向量机、朴素贝叶斯、人工神经网络等。

监督学习中，对连续结果的预测称为回归。在回归分析中，数据集是给定一个函数和它的一些坐标点，然后通过回归的算法来估计原函数的模型，求出一个最符合这些已知数据集的函数解析式，然后就可以用它来预估其他未知的数据了。当输入一个自变量时，系统就会根据这个模型解析式输出一个因变量，这些自变量就是特征向量，因变量就是标签，而且标签的值是建立在连续范围内的。例如，预测明天的气温是多少度，这是一个回归任务。

回归的常用算法包括线性回归、AdaBoosting 等。回归示意图如图 2-5 所示。

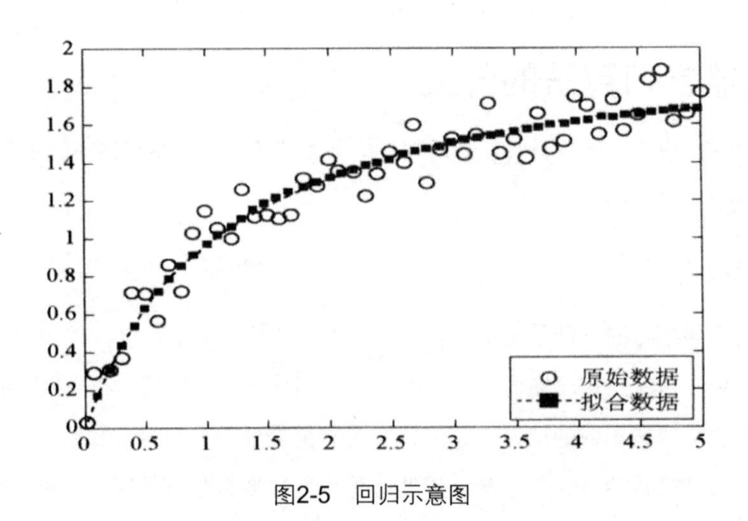

图2-5　回归示意图

2. 无监督学习

无监督学习，顾名思义，就是不受监督的学习。与监督学习相比，无监督学习不需要人为进行数据标注，而是模型不断地进行自我认知、自我巩固，最后通过自我归纳来进行学习。无监督学习的模型包括聚类、降维等。

“物以类聚，人以群分”，聚类是指将物理或抽象对象的集合分成由类似的对象组成的多个类的过程。由聚类所生成的簇是一组数据对象的集合，这些对象与同一个簇中的其他对象彼此相似，与其他簇中的对象相异。聚类的方法多种多样，常见的有 K-means 算法、BIRCH 算法、DBSCAN 算法等。聚类示意图如图 2-6 所示。

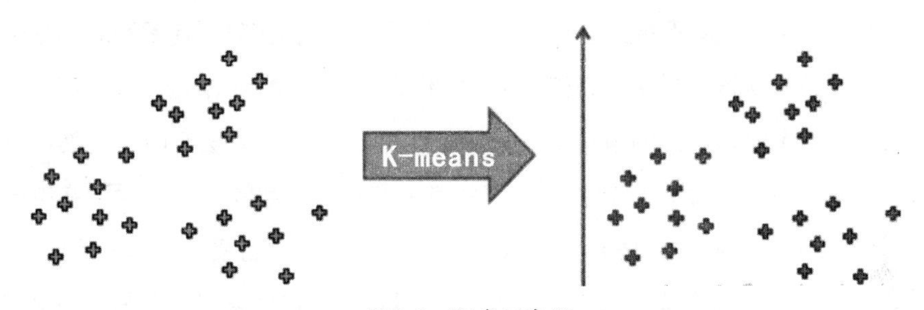

图2-6　聚类示意图

降维也属于无监督学习。高维数据对系统资源和算法性能常常是一大挑战。降维常被用于特征预处理中的数据去噪，在降低维度的同时又保留大部分的重要信息。降维既可以节省空间，又可以减少算法计算时长。事实上，有一些算法如果没有经过降维预处理，是很难获得好效果的。最常用的降维方法为主成分分析算法（PCA）。

3. 半监督学习

在现实生活中，无标签的数据收集成本低廉，有标签的数据收集通常很困难，并且标注数据也耗时耗力。因此，半监督学习更适合在现实世界中应用，近年来也已成为深度学习领域热门的新方向。该方法只需要少量有标签的样本和大量无标签的样本，就可以实现较高准确性的预测。

4. 迁移学习

迁移学习是另一种比较重要的机器学习方法，强调将已经学习过的知识应用到新的问题中。随着硬件和算法的发展，缺乏有标签数据的问题逐渐凸显出来。不是每个领域都会像 ImageNet 那样用人工标注来产出数据，尤其是工业界，每时每刻都在产生大量的新数据，标注这些数据是一件耗时耗力的事情。如果我们能将在有标注的数据上训练得到的模型有效地迁移到无标注数据上，将会产生重要的应用价值，这促进了迁移学习的发展。

在迁移学习中，已有的知识叫作源域，要学习的新知识叫目标域，源域和目标域不同，但有一定关联，我们需要减小源域和目标域的差异，进行知识迁移，从而实现数据标定。

5. 强化学习

强化学习（Reinforcement Learning，RL）又称再励学习、评价学习或增强学习，是机器学习的范式和方法论之一。强化学习研究的是智能体与环境之间进行交互的任务，也就是让智能体像人类一样通过试错，不断地学习，在不同的环境下做出最优的动作。不同于监督学习数据集都给定了标签，强化学习是一个连续决策的过程，需要不断地尝试来发现各个动作产生的结果。强化学习需要我们设置合适的奖励函数，使机器学习模型在奖励函数的引导下自主学习相应的决策。强化学习的目的就是在与环境不断交互的过程中，学到一种行为策略以使累积的奖励最大化。

强化学习的相关算法理论最早可以追溯到 20 世纪七八十年代，最近几年才引起了学术界和工业界的广泛关注。最具影响力的事件是 AlphaGo 利用强化学习算法在围棋比赛中高分击败了冠军李世石，自此，人们开始意识到强化学习的魅力和实力。如今，强化学习在电子游戏、机器人等领域表现优异，谷歌、亚马逊、Facebook、百度、微软等各大科技公司也将其作为重点发展技术之一。谷歌研发了基于强化学习的 YouTube 视频推荐算法，亚马逊与英特尔合作，发布了一款强化学习实体测试平台 AWS DeepRacer。强化学习是通用人工智能的关键发展路径。

2.1.4 机器学习的基本流程

一般来说，机器学习流程大致分为以下几步。

（1）数据收集与预处理。例如，新闻中会掺杂很多特殊字符和广告等无关因素，要先把这些剔除掉。除此之外，可能还会对文章进行分词、提取关键词等操作，这些在后续案例中会进行详细分析。

（2）特征工程，也叫作特征抽取。例如，有一段新闻，描述“科比职业生涯画上圆满句号，今天正式退役了”。显然这是一篇与体育相关的新闻，但是计算机可不认识科比，所以还需要将人能读懂的字符转换成计算机能识别的数值。这一步看起来容易，做起来就非常难了，如何构造合适的输入特征也是机器学习中非常重要的一部分。

（3）模型构建（学习函数）。这一步只要训练一个分类器即可，当然，建模过程中还会涉及很多调参工作，随便建立一个模型很容易，但是要想将模型做得完美还需要大量的实验。

（4）评估与预测。最后，模型构建完成就可以进行判断预测，一篇文章经过预处理再被传入模型中，机器就会告诉我们按照它所学的数据得出的是什么结果。

2.2 机器学习常用算法

在神经网络的带动下，越来越多的研究人员和开发人员都开始重新审视机器学习，并尝试用某些机器学习的方法解决一些实际问题。

下面介绍几种经典的机器学习算法，包括 K- 最近邻算法、决策树、线性回归、支持向量机、K-means 算法。

2.2.1 线性回归

线性回归也属于监督学习算法。线性回归是一类尝试学得一个线性模型以尽可能准确地预测实值输出标记的算法。回归分析中，如果只包括一个自变量和一个因变量，且二者的关系可用一条直线近似表示，则这种回归分析称为一元线性回归分析。如果回归分析中包括两个或两个以上的自变量，且因变量和自变量之间是线性关系，则称为多元线性回归分析。回归方程如下。

$$f\left(x_1\right)=wx_i+b_i\text{，使得}f\left(x_i\right)\cong y_i$$

上述回归方程中的 w 和 b_i 的值通常可以通过最小二乘法进行估计。在线性回归中，最小二乘法就是试图找到一条直线，使得所有样本到直线的欧氏距离之和最小。

举个例子，昆虫学者收集了蟋蟀鸣叫声和温度等数据，用于预测蟋蟀鸣叫声与温度的关系。首先将数据绘制成图，如图 2-7 所示，可以看出数据分布近似一条直线，因此可以绘制一条直线，来模拟每分钟的蟋蟀鸣叫声与温度（摄氏度）的关系。

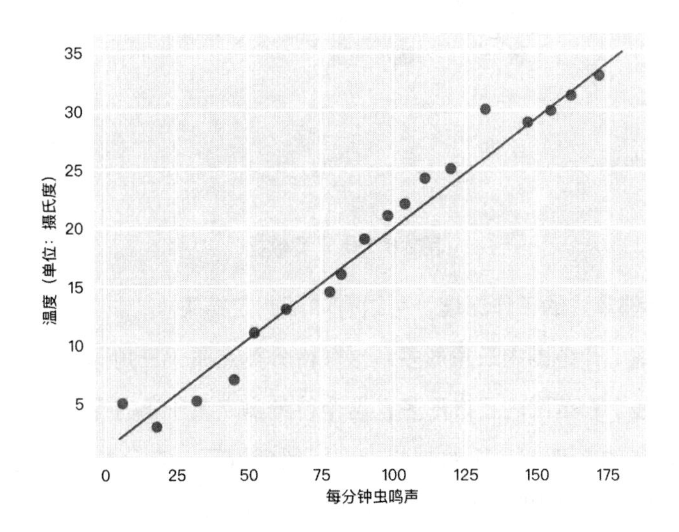

图2-7　每分钟的蟋蟀鸣叫声与温度（摄氏度）的关系

构建每分钟的蟋蟀鸣叫声与温度（摄氏度）的关系式如下。

$$y' = w_1x_1 + b$$

这里的 y 指的是温度（摄氏度），即预测值；b 是 y 轴截距，或称为偏置项；x_1 是每分钟的蟋蟀鸣叫声次数，即特征值；斜率 w_1 称为回归系数，回归系数的绝对值越大，则代表对应的特征对 y 值的影响越大。另外，本例中下标（如 w_1 和 x_1）表示有单个输入特征 x_1 和相应的单个权重 w_1。如果有多个输入特征则表示更复杂的模型。例如，具有两个特征的模型，可以采用如下方程式。

$$y' = w_1x_1 + w_2x_2 + b$$

2.2.2 K-最近邻算法

K- 最近邻算法（K-Nearest Neighbor，KNN）是最简单的机器学习分类算法之一，属于监督学习，适用于多分类问题。K- 最近邻算法的工作原理是，给定一个训练数据集，输入一个新的实例，在训练数据集中找到与该实例最邻近的 K 个实例，这 K 个实例的多数属于哪个类，就把输入的新实例分类到这个类中。

下面通过一个简单的例子来说明。如图 2-8 所示，图中有两类样本，一类是正方形，一类是三角形，圆形表示待分类的数据。那么，如何判断圆形的待分类点是属于正方形类还是属于三角形类呢?

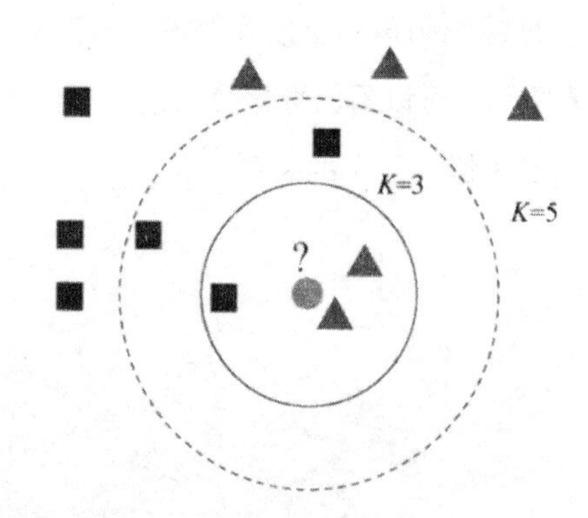

图2-8　待分类数据

如果基于 K- 最近邻算法的工作原理，可以有如下判定结果。

K=3 时（图中实线），范围内三角形多，这个待分类点属于三角形。

K=5 时（图中虚线），范围内正方形多，这个待分类点属于正方形。

如何选择一个最佳的 K 值取决于数据情况。一般情况下，在分类时较大的 K 值能够减小噪声的影响，但会使类别之间的界限变得模糊。因此，K 的取值一般比较小（K<20）。

K- 最近邻算法的优点是简单，易于理解，无须建模与训练，适用于多分类问题。K- 最近邻算法的缺点也较为明显：对参数的选择非常敏感，如上例所示，选取不同的 K 值，可以得到完全不同的结果。除此之外，K- 最近邻算法的计算量大，性能较低，内存开销大，也是其缺点。

2.2.3 决策树

决策树是一种常见的监督学习算法，是基于树结构进行决策的一类算法。一棵决策树一般包含一个根节点，以及若干内部节点和若干叶节点，其中每个内部节点表示一个属性上的测试，每个叶节点代表一种类别。

举个简单的例子，面对一个申请贷款的客户，银行要对“是否可以为该客户办理贷款”这个问题进行决策。通过构建如图 2-9 所示的决策树，利用不同的非叶节点对应的“年收入”和“房产”等属性，我们可以得到最终的叶节点，从而判断是否可以为当前客户办理贷款。

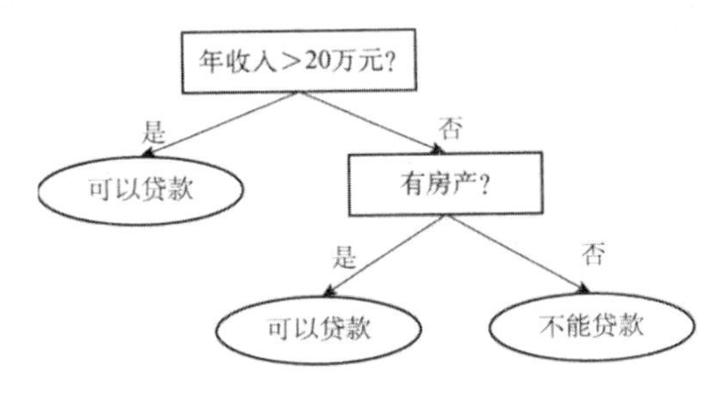

图2-9　贷款审批决策树

同其他分类器相比，决策树具有易于理解和易于实现的优点，同时，该算法的计算量相对较小，在相对短的时间内能够对大量数据给出可行且效果良好的判断结果。但是，决策树也存在较容易造成过拟合的问题，往往需要采用剪枝操作。

决策树模型的关键在于如何选择最优属性。一般而言，随着划分的推进，我们希望决策树的分支节点所包含的样本尽可能属于同一类别，即使节点的“纯度”越来越高。最早提出决策树思想的是昆兰，他在 1986 年提出的 ID3 算法就是以信息增益为准则来选择划分属性。1993 年，昆兰提出的 C4.5 算法不直接使用信息增益，而是使用“增益率”来选择划分属性。布莱曼等人在 1984 年提出的 CART 算法则使用“基尼系数”来选择划分属性。

2.2.4 支持向量机

在深度学习盛行之前，支持向量机（Support Vector Machine，SVM）是最常用并且最常被谈到的机器学习算法。支持向量机作为监督学习算法，可以进行分类，也可以进行回归分析。

SVM 于 1995 年正式发表，由于其严格的理论基础和在诸多分类任务中的卓越表现，很快成为机器学习的主流技术。20 世纪 90 年代后期 SVM 快速发展，衍生出了一系列改进和扩展算法，在人像识别、文本分类等模式识别问题中得到应用。SVM 使用铰链损失函数计算经验风险，并在求解系统中加入了正则化项，以优化结构风险，是一个具有稀疏性和稳健性的分类器。

支持向量机原理如图 2-10 所示，图中的直线 A 和直线 B 为决策边界，实线两边的相应虚线为间隔边界，间隔边界上的带圈点为支持向量。在图 2-10（a）中，我们可以看到有两个类别的数据，图 2-10（b）和图 2-10（c）中的直线 A 和直线 B 都可以把这两类数据点分开。那么，到底选用直线 A 还是直线 B 来作为分类边界呢？支持向量机采用间隔最大化原则，即选用到间隔边界的距离最大的决策直线。由于直线 A 到它两边虚线的距离更大，也就是间隔更大，所以直线 A 将比直线 B 有更多的机会成为决策函数（超平面）。

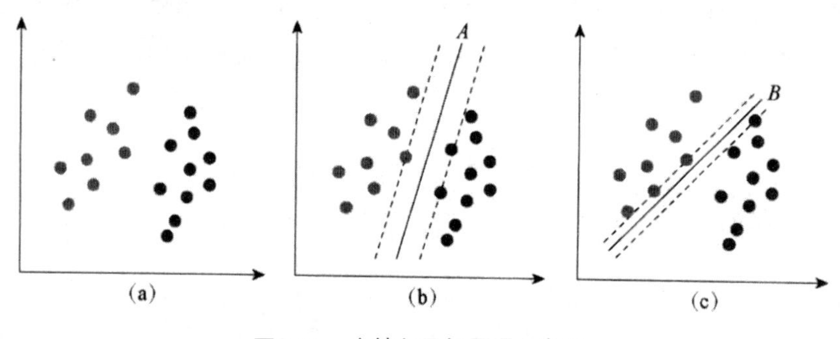

图2-10 支持向量机原理示意图

需要指出的是，以上问题是支持向量机问题的基本模型，即线性可分的情况。但在很多现实问题中，原始的样本空间中并不存在一个划分超平面能将训练样本正确分类，也就是非线性可分。为了解决这类问题，相关学者提出了诸多解决办法，其中一个重要的方法叫作核方法。这种方法借助核函数，将数据映射到更高维的空间，使得在高维属性空间中有可能训练出一个分割超平面，以解决数据在原始空间中不可分的问题。

2.2.5 K-means算法

聚类是无监督学习算法中最重要的一类算法。在聚类算法中，训练样本都是没有标记信息的，给定一个样本点的数据集，数据聚类的目标是通过对未知标签的样本的学习来揭示数据的内在性质和规律。将样本数据划分成若干类，使得属于同一类的样本点之间的相似度尽量高，不同类的样本点之间尽量不相似。

K- 均值聚类（也称 K-means 算法）是最典型也最常用的聚类算法之一。这是一种迭代求解的聚类分析算法，其步骤如图 2-11 所示：随机选取 K 个对象作为初始的聚类中心，然后计算每个对象与各个初始聚类中心之间的距离，把每个对象分配给距离它最近的聚类中心。聚类中心及分配给它的对象就代表一个聚类（又称为簇）。每分配一个样本，聚类中心会根据聚类中现有的对象被重新计算。这个过程将不断重复直到满足某个终止条件。终止条件一般可以是没有对象被重新分配给不同的聚类，也可以是没有聚类中心再发生变化。

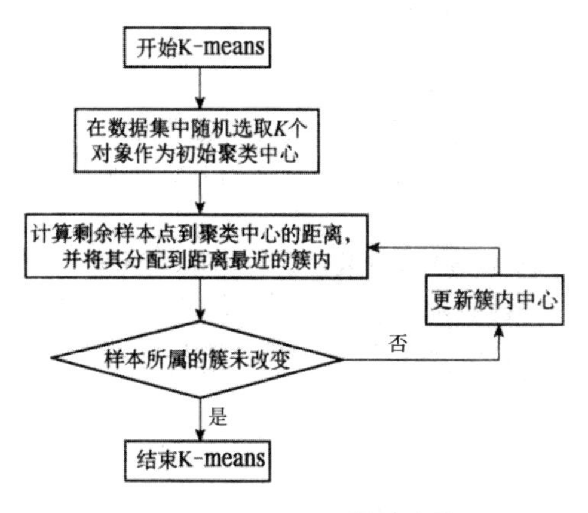

图2-11　K-means算法步骤

K-means 算法的优点是原理易懂，易于实现，且算法的时间复杂度近似于线性，适合挖掘大规模数据集。K-means 算法的缺点也非常明显，算法对参数的选择比较敏感，也就是说，不同的初始位置或者类别数量 K 的选择，往往会产生完全不同的聚类结果。很多时候，我们无法预知样本的分布情况，参数的选择就变得非常困难，这给模型的学习带来了很大的不确定性。

2.3　机器学习的应用场景

机器学习的应用非常广泛。我们日常生活中所接触的推荐系统、智能图片美化系统及聊天机器人等应用，均采用了大量的机器学习和数据处理算法，实现不同的功能以满足人类的各种需求。下面简单介绍几种较为典型的应用场景。

1. 金融安全

据 2021 年 6 月网络安全监测数据调查分析，金融业已成为我国网络安全关注度较高的 10 个重点行业之一，互联网金融机构已经成为网络犯罪的主要目标。与传统金融业务不同，互联网金融业务大多发生在线上，往往几秒钟就能完成审核、申请、放款等操作，面临的欺诈风险也是前所未有的。据统计，我国网络犯罪导致的损失占 GDP 的 0.63%，一年损失金额高达 4000 多亿元人民币。

目前，国内反欺诈金融服务采用的方法主要有黑白名单、监督学习及无监督学习。无监督学习不需要任何训练数据和标签，通过聚类等算法模型即可发现用户的共性行为及用户和用户间的关系，从而发现伪装的异常用户并将其锁定。例如，银行可应用机器学习实时监控每一账户的大量交易参数，通过算法分析持卡人的每一个行为并尝试发现该用户的目的，该模型能够准确地发现欺诈行为。当系统识别到可疑账户行为时，它可向用户询问额外认证信息来验证该笔交易行为的合法性，如果有较大可能是欺诈行为，系统可采取相应措施，甚至完全阻止该笔交易的执行。机器学习可以非常快速地验证一个账户的交易行为，从而能够实时防止欺诈行为的发生，而不是在行为发生后再鉴定其合法性。

机器学习还可应用于金融领域的财务监控方面，能够大大提高网络的安全性，可利用机器学习训练一个系统来定位并隔离网络威胁。目前，很多金融科技公司在安全机器学习方面都投入了大量资金，用于增强互联网金融的安全性。

2. 自动驾驶

目前，自动驾驶汽车的设计和制造仍面临着较多的挑战，很多汽车公司应用机器学习获得问题的解决方案。例如，将传感器数据处理模块整合到汽车的电子控制单元后，应用机器学习完成相应任务，将汽车内外部传感器所采集的数据进行融合，基于数据信息评估驾驶员情况、进行驾驶场景分类等。

在自动驾驶技术中，机器学习的主要任务之一就是不间断地监控车辆周围的环境，并预测可能会出现的变化。该类任务可进一步划分为物体检测、物体分类、物体定位及行为预测，与之对应的机器学习算法分别是决策矩阵算法、聚类算法、模式识别算法及回归算法。每种算法均可用于实现两个或多个任务，如回归算法可用于物体定位、物体检测及行为预测；决策矩阵算法可用于系统分析、确定并评估信息集和价值集之间的关联表现，该算法还可用于决策，如判断车辆行驶中是否需要执行刹车、转向等动作。决策矩阵算法通常由许多独立的训练决策模型组成，最终预测结果是由这些独立决策模型的预测结果汇总而成的，从而大大提高了决策的可靠性，降低了决策出错的概率。

3. 医学影像分析

近几十年来，医学影像技术，如电子计算机断层扫描（CT）、磁共振成像（MRI）、X射线等，在疾病的检测、诊断和治疗中起着重要作用。医学影像主要由放射科和临床医生等进行分析判断，然而医生的经验往往存在较大的不稳定性，因此希望能借助机器学习得到改进，使医生受益于人工智能技术。

在用机器学习分析医学影像时，有效的特征提取是目标任务完成的核心。深度学习可解决这一问题，即人工提取特征后，再进行一定的预处理，然后输入数据和学习目标，深度学习技术就可以通过自我学习的方式找到解决方案。

深度学习通过建立两层以上的网络来改进传统的人工神经网络。研究表明，在深层神经网络中发现分层特征，可以从低层特征中提取高层特征。由于具有从数据中学习分层特征的优良特性，深度学习已在各种人工智能应用中表现出优异的性能，特别是计算机视觉技术的巨大进步启发了其在医学图像分析中的应用，如图像分割、图像配准、图像融合、图像标注、辅助诊断和预后、病变检测和显微成像分析。

2.4 案例实训

2.4.1 监督学习案例：计算机学习计算平均分

1. 实训目的

让计算机通过观察一堆数据，不依靠任何公式，找出这堆数字的规律。

2. 实训内容

提供一份成绩单，里面包含语文、数学、英文成绩和三个科目的平均分这 4 列记录。

我们人类已知平均分 =（语文 + 数学 + 英文）/3，但是计算机不知道这个公式，现在需要把成绩单中的数据给计算机观察，让计算机自己“学习”，找到无限接近于这个公式的函数，进而计算出这三个科目的平均分。

3. 实训步骤

（1）随机生成 500 条记录，每条记录包含语文、数学、英文成绩和三个科目的平均分 4 列数据。

（2）让计算机观察数据，告诉计算机通过语文、数学、英文成绩这 3 列数据，可以得到一个平均分的结果，让计算机按照这样的规律去推导计算平均分的公式。

（3）计算机学习后，我们给计算机输入一些已知的和未知的分数，验证一下计算机的“学习”结果如何。

实现代码如下。

```
import numpy as np
import pandas as pd
#生成数据
col = ['语文','数学','英文']
np.random.seed(100)
np1 = np.random.randint(50,100,(500,3))
pd1 = pd.DataFrame(data=np1,columns=col)
```

```
pd1['平均分'] = np.mean(pd1.loc[:,'语文':'英文'],axis=1)
#展示数据
print(pd1)
#数据划分
X = pd1.loc[:,'语文':'英文']   #已知数据
y = pd1['平均分']    #结果数据
#计算机学习
from sklearn.model_selection import train_test_split
X_train, X_test, y_train, y_test = train_test_split(X,y, test_size =
0.3, random_state = 0)
from sklearn.linear_model import LinearRegression
LR = LinearRegression()
model = LR.fit(X_train, y_train)  #学习结果
#结果展示
print('已知分数58,74,53,预测结果为{}'.format(LR.predict([[58,74,53]])
[-1]))
print('已知分数80,90,100,预测结果为{}'.format(LR.predict([[80,90,100]])
[-1]))
```

提供的学习数据如图 2-12 所示。

	语文	数学	英文	平均分
0	58	74	53	61.666667
1	89	73	65	75.666667
2	98	60	80	79.333333
3	84	52	84	73.333333
4	64	84	99	82.333333

图2-12　学习数据

已知 58、74、53 这三个科目的成绩，真实平均分为 61.666667 分。

计算机预测结果为 61.66666666666667 分。

已知 80、90、100 这三个科目的成绩，人工计算出平均分为 90 分。

计算机预测结果为 90.0 分。

2.4.2　无监督学习案例：K-means算法实现

1. 实训目的

本实验的数据文件为 kmeans.txt，该文档存放了两列特征数据，请基于这些数据将样本划分成四个类别。无监督学习对数据进行分类时，可以采用 K-means 算法。该算法实现简单，运行速度快，但要求事先知道数据的类别数。

2. 实训内容

根据提供的 kmeans.txt 样本数据的文件，我们可以看到共有 80 个样本数据，2 个属性。调用 sklearn 提供的 k-means 算法 API，将样本分成四类。分类完成后，绘制散点图和等高线图来了解 k-means 算法的分类效果。

3. 实训步骤

（1）加载 kmeans.txt 样本数据。

（2）调用 sklearn 提供的 k-means 算法 API 实现样本分类。

（3）获取聚类中心点坐标和预测结果。

（4）绘制分类结果的等高线图。

实现代码如下。

```
#导入数据包
from sklearn.cluster import KMeans
import numpy as np
import matplotlib.pyplot as plt

# 载入数据
data = np.genfromtxt("kmeans.txt", delimiter=" ")
# 训练模型
model = KMeans(n_clusters=4)
model.fit(data)
# 聚类中心点坐标
centers = model.cluster_centers_
# 预测结果
result = model.predict(data)
########## 绘制散点图 ###########
# 画出各个数据点，用不同颜色表示分类
mark = ['or', 'ob', 'og', 'oy']
for i,d in enumerate(data):
    plt.plot(d[0], d[1], mark[result[i]])
# 画出各个分类的中心点
mark = ['*r', '*b', '*g', '*y']
for i,center in enumerate(centers):
    plt.plot(center[0],center[1], mark[i], markersize=20)
plt.show()
######### 绘制等高线图 ###########
# 获取数据值所在的范围
x_min, x_max = data[:, 0].min() - 1, data[:, 0].max() + 1
y_min, y_max = data[:, 1].min() - 1, data[:, 1].max() + 1
# 生成网格矩阵
xx, yy = np.meshgrid(np.arange(x_min, x_max, 0.02),
                     np.arange(y_min, y_max, 0.02))
z = model.predict(np.c_[xx.ravel(), yy.ravel()])
```

```
z = z.reshape(xx.shape)
# 等高线图
cs = plt.contourf(xx, yy, z)
# 显示结果
# 画出各个数据点，用不同颜色表示分类
mark = ['or', 'ob', 'og', 'oy']
for i,d in enumerate(data):
    plt.plot(d[0], d[1], mark[result[i]])
# 画出各个分类的中心点
mark = ['*r', '*b', '*g', '*y']
for i,center in enumerate(centers):
    plt.plot(center[0],center[1], mark[i], markersize=20)
plt.show()
```

项目实训结果如图 2-13 所示。

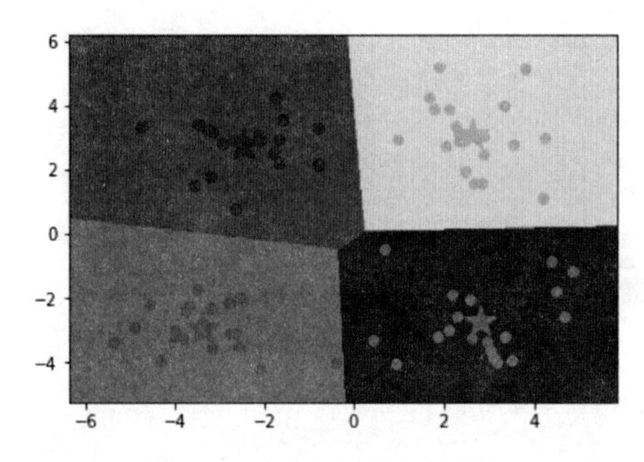

图2-13　k-means聚类结果等高线图

2.5　本章小结

在技术不断进步的今天，人工智能已经逐渐走进了我们的日常生活，它正在引领着一场新的社会变革，其背后的最大推手就是机器学习。机器学习是人工智能的核心，它的应用遍及人工智能的各个领域。分类是机器学习和模式识别中的重要一环。本章主要介绍了机器学习的基本原理、发展历程、经典应用场景及案例实现。

基于计算机越来越强大的计算能力和存储能力，如今的机器学习比以往任何时候都更实用、更受欢迎。机器学习主要由算法组成，这些算法可使计算机模仿人类去工作。例如，若希望计算机能根据天气情况为主人提供相应建议，则可通过编写程序实现，即让计算机在下雨或即将下雨时提醒用户带伞，在天气炎热时提醒用户戴帽子等。

技术只有充分与社会和时代需求相结合，才能把它巨大的潜在价值挖掘出来。目前的无人驾驶汽车、无人机和人脸识别等技术应用都只是一个开始，未来机器学习技术将会与各行各业进行深度融合，那时人工智能技术对行业的影响将是革命性的。相信在未来的企业中，机器人将是团队中最重要的成员之一，它能根据人类的思维方式来处理各种各样的信息，它将从目前仅具备单一功能的机器人转变为通用机器人，即具备像人类一样进行思考和行动的能力。

虽然机器学习取得了长足的进步，也解决了很多实际问题，但它同样面临着很多挑战，存在一定的社会伦理问题。由于主流的机器学习都采用黑箱技术，这使人们无法预知该技术是否暗藏危机，从而使得机器学习不具有可解释性及可干预性。因此，人们难免会担心机器人会伤害人类个体，会为社会带来负面影响。

2.6 课后习题

1. 选择题

（1）人类通过对经验的归纳，总结规律，并以此对新的问题进行预测。类似地，机器会对（　）进行（　），建立（　），并以此对新的问题进行预测。

A. 经验，训练，模型　　B. 数据，总结，模型

C. 数据，训练，模式　　D. 数据，训练，模型

（2）下面步骤中不属于机器学习流程的是（　）。

A. 特征提取　　B. 模型训练　　C. 模型评估　　D. 数据展示

（3）学习样本中有一部分有标记，另一部分无标记，这类学习的算法属于（　）。

A. 监督学习　　B. 半监督学习　　C. 无监督学习　　D. 集成学习

（4）机器学习算法中有一类称为聚类算法，会将数据根据相似性进行分组，这类算法属于（　）。

A. 监督学习　　B. 半监督学习　　C. 无监督学习　　D. 集成学习

（5）下面关于无监督学习描述正确的是（　）。

A. 无监督算法只处理“特征”，不处理“标签”

B. 降维算法不属于无监督学习

C.K-means 算法和支持向量机算法都属于无监督学习

D. 以上都不对

2. 填空题

（1）在线性回归、决策树、随机森林、K-means 算法这些机器学习算法中，________、________、随机森林属于有监督的机器学习算法。

（2）________ 学习又称再励学习、评价学习或增强学习，其基本原理是，如果智能体的某个行为策略导致环境产生正的奖赏（强化信号），那么智能体以后产生这个行为策略的趋势便会加强。

3. 简答题

（1）请说出分类算法与回归算法的相同与不同之处。

（2）试比较监督学习与无监督学习之间的差别。

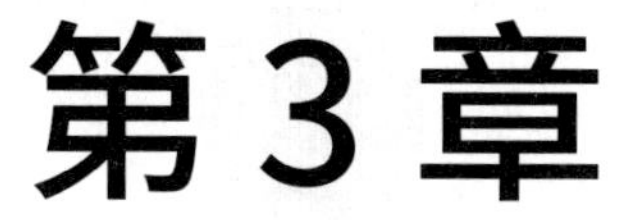

CHAPTER 3

人工神经网络与深度学习

“网购”已成为现今大多数人的购物方式，快递行业飞速发展，但如何在规定的时间内实现包裹的分拣和信息录入，成为快递行业的一大难题。

人工智能通用文字识别技术能够快速提取快递面单的重要信息，与系统数据进行匹配，实现自动分拣。与原来的人工操作相比，耗时缩短近 25%，人工成本节省 70%。在降低企业成本的同时，也做到了本地集中的数据存储，便于进行后期的优化管理。

这种基于人工智能通用文字识别的包裹自动分拣技术，就要用到人工神经网络与深度学习技术。

3.1 人工神经网络简介

人工神经网络（Artificial Neural Networks，ANNs）也称为神经网络（NNs）或连接模型，它是一种模仿动物神经网络行为特征，进行分布式并行信息处理的算法模型。这种网络根据系统的复杂程度，通过调整内部大量节点之间相互连接的关系，从而达到处理信息的目的。在工程界与学术界也常直接将其简称为“神经网络”或“类神经网络”。

3.1.1 神经元结构

1904 年，生物学家了解了神经元的组成结构。神经元通过树突接收信号，达到一定的阈值后会激活神经元细胞，通过轴突把信号传递到末端其他神经元，其结构如图 3-1 所示。

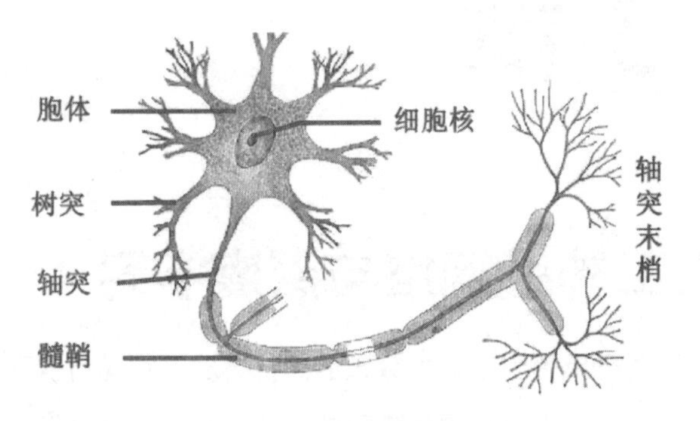

图3-1　神经元的结构图

1943 年，心理学家沃伦·麦卡洛克和数学家沃尔特·皮兹发明了神经元模型，该模型是一个包含输入、输出与计算功能的模型。输入可以类比为神经元的树突，而输出可以类比为神经元的轴突，计算则可以类比为细胞核，如图 3-2 所示。

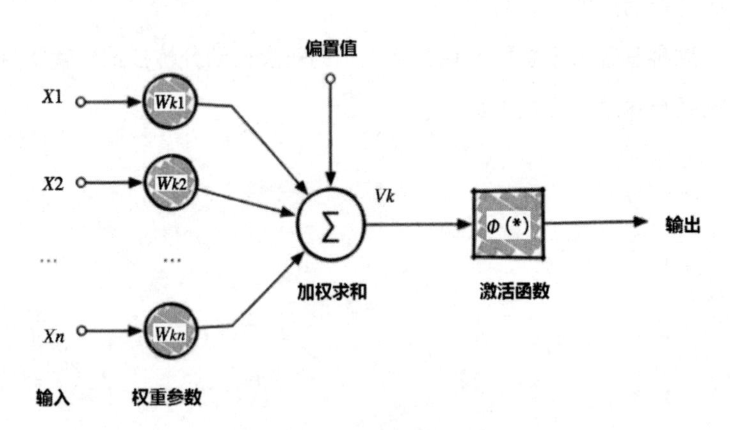

图3-2　神经元模型

此模型沿用至今，直接影响着这一领域研究的进展。因而，他们两人可称为人工神经网络研究的先驱。

3.1.2 人工神经网络发展历程及结构

1945 年，约翰·冯·诺依曼领导的设计小组试制成功存储程序式电子计算机，标志着电子计算机时代的开始。1948 年，他在研究工作中比较了人脑结构与存储程序式电子计算机的根本区别，提出了以简单神经元构成再生自动机网络结构。但是，由于指令存储式计算机技术的发展非常迅速，迫使他放弃了人工神经网络研究的新途径，继续投身于指令存储式计算机技术的研究，并在此领域做出了巨大贡献。虽然他的名字是与普通计算机联系在一起的，但他也是人工神经网络研究的先驱之一。

20 世纪 50 年代末，弗兰克·罗森布拉特设计制作了“感知机”，它是一种多层的人工神经网络，首次把人工神经网络的研究从理论探讨付诸实践。当时，世界上许多实验室仿效制作感知机，分别应用于文字识别、声音识别、声呐信号识别及学习记忆问题的研究。然而，这次人工神经网络的研究高潮未能持续很久，许多人便陆续放弃了这方面的研究，主要是因为当时数字计算机的发展处于全盛时期，许多人误以为数字计算机可以解决人工智能、模式识别、专家系统等方面的一切问题，因而感知机方面的研究工作被冷落了。而且当时的技术水平比较落后，主要的元件是电子管或晶体管，利用它们制作的人工神经网络体积庞大，价格昂贵，要制作在规模上与真实的神经网络相似的人工神经网络是完全不可能的。另外，1968 年一本名为《感知机》的著作指出线性感知机功能是有限的，它不能解决如异或这样的基本问题，而且多层网络还不能找到有效的计算方法，这些论点使大批研究人员对于人工神经网络的前景失去信心。20 世纪 60 年代末期，人工神经网络的研究进入了低潮。

20 世纪 60 年代初期，威德罗提出了自适应线性元件网络，这是一种连续取值的线性加权求和阈值网络。后来，在此基础上发展出了非线性多层自适应网络。当时，这些工作虽未标出神经网络的名称，但实际上就是一种人工神经网络模型。

随着人们对感知机兴趣的衰退，人工神经网络的研究沉寂了相当长的时间。20 世纪 80 年代初期，模拟与数字混合的超大规模集成电路制作技术提高到新的水平，此外，数字计算机的发展在若干应用领域遇到困难。这预示着用人工神经网络寻求出路的时机已经成熟。美国的物理学家约翰·霍普菲尔德分别于 1982 年和 1984 年在美国科学院院刊上发表了两篇关于人工神经网络研究的论文，引起了巨大的反响。霍普菲尔德神经网络 HNN（Hopfield Neural Network）是一种结合了存储系统和二元系统的人工神经网络，它保证了向局部极小值的收敛，但收敛到错误的局部极小值而非全局极小值的情况也可能发生。HNN 也提供了模拟人类记忆的模型。人们重新认

识到人 工神经网络的威力及应用的现实性。随即，一大批学者和研究人员围绕着霍普菲尔德提出的方法展开了进一步的研究，形成了 20 世纪 80 年代中期以来人工神经网络的研究热潮。

多层神经网络是由多个神经元组成的网络，多层神经网络模型如图 3-3 所示。以手写数字识别为例，如图 3-4 所示中的 0~9 的手写数字由像素组成，每个像素的值作为输入层的 x_1 到 x_n，输入层的信号传给不同深度、不同数量的神经元，并进行加权计算，神经元再把信号传给下一级，最后输出一个结果 y，代表是 0~9 中的某个数字，如图 3-5 所示。

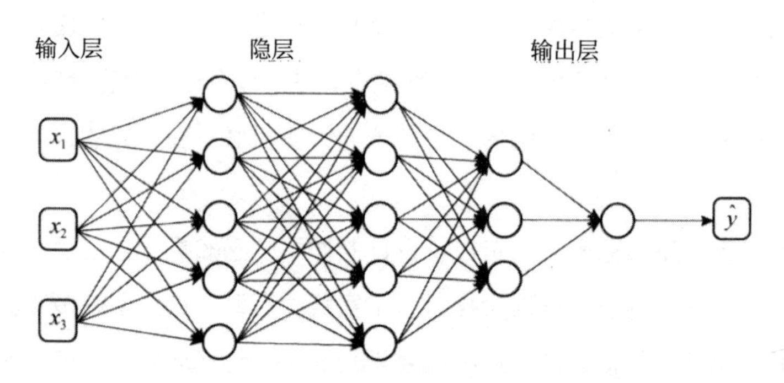

图3-3　多层神经网络模型

图3-4　手写数字

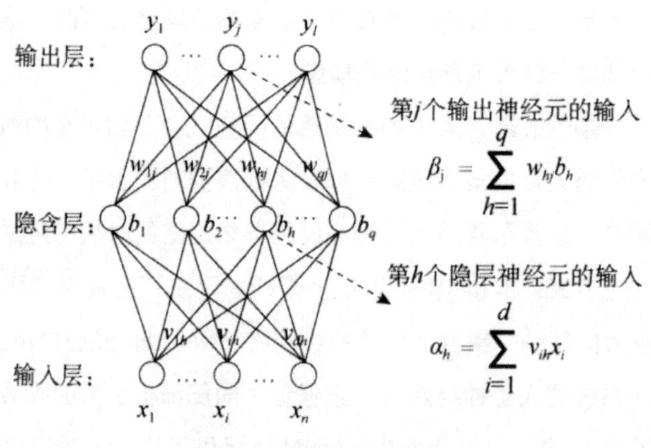

图3-5　神经网络计算过程

3.2　深度学习简介

深度学习是人工智能领域的一项重要技术。说到深度学习，大家第一个想到的肯定是AlphaGo，对于一个智能系统来讲，深度学习的能力大小，决定着它在多大程度上能满足用户对它的期待。

深度学习的过程可以概括如下。

- 构建一个网络并随机初始化所有连接的权重。
- 将大量的数据输入到这个网络。
- 网络处理这些数据并且进行学习。
- 如果这些数据与预设目标吻合，将增强权重；如果不吻合，则降低权重。
- 在成千上万次的学习之后，其能力超过人类的表现。

3.2.1　深度神经网络

1. 深度神经网络定义

人工神经网络包括输入层、隐藏层、输出层。通常来说，隐藏层达到或超过 3 层，就可以称为深度神经网络，深度神经网络通常可以达到成百上千层，如图 3-6 所示。深度神经网络是深度学习的重要组成部分。

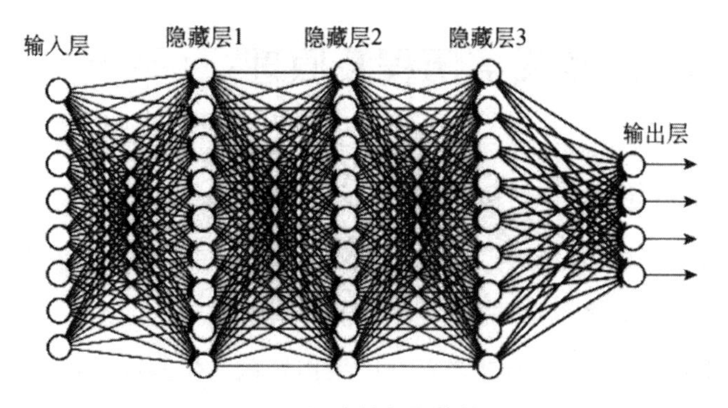

图3-6　深度神经网络模型

2. 常见激活函数

深度学习中，如果每一层输出都是上层输入的线性函数，那么不管经过多少次隐藏层的运算，输出结果都是输入的线性组合，与不采用隐藏层时的效果相当，这就是最原始的感知机。

比如下面的三个方程。

$$x = 2t + 3$$

$$y = 3x + 4$$

$$y = 3(2t + 3) + 4 = 6t + 13$$

上面三个方程中，前两个方程都是线性函数，将它们组合在一起形成新的函数，仍然是一个线性函数，两个隐藏层与一个隐藏层是等效的。在这种情况下，可以引入非线性函数，使输出信息可以逼近任意函数。这种非线性函数称为激活函数（也称为激励函数）。

常见的激活函数包括 Sigmoid 函数、Tanh 函数和 ReLU 函数，如图 3-7 所示。

Sigmoid 函数的输出范围为 0~1，x 很小时，y 趋近于 0，然后随 x 值的增大而增大，最终趋近于 1。

Tanh 函数的输出范围为 -1~1。

ReLU 函数的 x 值大于 0 的时候，信号原样输出；x 值小于 0 的时候不输出。

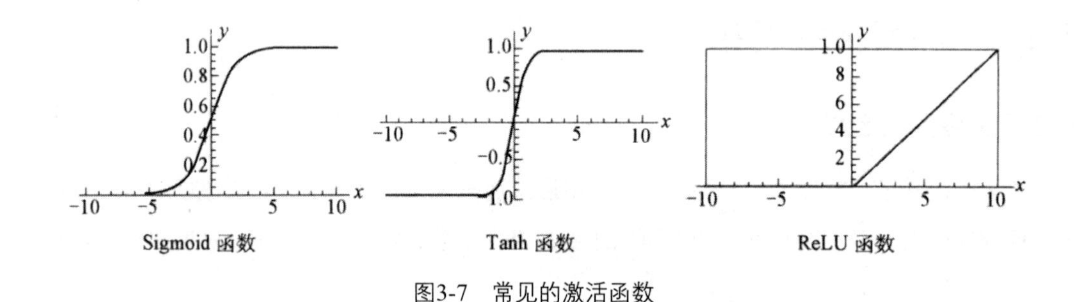

图3-7 常见的激活函数

3.2.2 卷积神经网络发展历程及原理

卷积神经网络（Convolutional Neural Network，CNN）是深度学习中最重要的概念之一，具有表征学习能力，能够按其阶层结构对输入的信息进行平移不变分类，因此也被称为“平移不变人工神经网络”。20 世纪 60 年代，大卫・休伯尔和魏塞尔在研究猫脑皮层中局部敏感和方向选择的神经元时发现，其独特的网络结构可以有效降低神经网络的复杂性。1998 年，杨立昆（Yann LeCun）提出了 LeNet 神经网络，标志着第一个采用卷积思想的神经网络面世。21 世纪，随着深度学习理论的提出和数值计算设备的改进，卷积神经网络得到了快速发展，并被应用于计算机视觉、自然语言处理等领域。

卷积神经网络仿造生物的视知觉机制构建，可以进行监督学习和无监督学习，其隐藏层内的卷积核参数共享和层间连接的稀疏性，使得卷积神经网络能够以较小的计算量对如像素和音频等格点化特征进行学习，保证有稳定的效果且没有额外的特征工程要求。

1. 卷积神经网络发展历程

对卷积神经网络的研究可追溯至日本学者福岛邦彦提出的 neocognitron 模型。在其 1979 和 1980 年发表的论文中，福岛仿造生物的视觉皮层设计了以“neocognitron”命名的神经网络。neocognitron 是一个具有深度结构的神经网络，并且是最早被提出的深度学习算法之一，其隐藏层由 S 层（Simple-layer）和 C 层（Complex-layer）交替构成。其中 S 层单元在感受野内对图像特征进行提取，C 层单元接收和响应不同感受野返回的相同特征。neocognitron 的 S 层—C 层组合能够进行特征提取和筛选，部分实现了卷积神经网络中卷积层和池化层的功能，被认为是启发了卷积神经网络的开创性研究。

第一个卷积神经网络是 1987 年由 Alexander Waibel 等提出的时间延迟神经网络（Time Delay Neural Network，TDNN）。TDNN 是一个应用于语音识别问题的卷积神经网络，使用快速傅立叶变换预处理的语音信号作为输入，其隐藏层由两个一维卷积核组成，以提取频率域上的平移不变特征。由于在 TDNN 出现之前，人工智能领域在反向传播算法（Back-Propagation，BP）的研究中取得了突破性进展，因此，TDNN 得以使用 BP 框架进行学习。在比较试验中，TDNN 的表现超过了同等条件下的隐马尔可夫模型（Hidden Markov Model，HMM），而后者是 20 世纪 80 年代语音识别的主流算法。

1988 年，张伟提出了第一个二维卷积神经网络——平移不变人工神经网络（SIANN），并将其应用于检测医学影像。杨立昆在 1989 年同样构建了应用于计算机视觉问题的卷积神经网络，即 LeNet 的最初版本。LeNet 包含 2 个卷积层、2 个全连接层，共计 6 万个学习参数，规模远超 TDNN 和 SIANN，且在结构上与现代的卷积神经网络十分接近。杨立昆在 1989 年对权重进行随机初始化后，使用了随机梯度下降进行学习，这一策略被其后的深度学习研究所保留。此外，他于 1989 年在论述其网络结构时首次使用了“卷积”一词，“卷积神经网络”也因此得名。

杨立昆的工作在 1993 年由贝尔实验室完成代码开发并被部署于 NCR 公司的支票读取系统。但总体而言，由于计算能力有限、学习样本不足，加上同一时期以支持向量机为代表的核学习方法兴起，这一时期为各类图像处理问题设计的卷积神经网络停留在了研究阶段，应用端的推广较少。

在 LeNet 的基础上，1998 年，杨立昆及其合作者构建了更加完备的卷积神经网络 LeNet-5，并在手写数字的识别问题中取得成功。LeNet-5 沿用了杨立昆的学习策略，并在原有设计中加入了池化层对输入特征进行筛选。LeNet-5 及其后产生的变体定义了现代卷积神经网络的基本结构，其构筑中交替出现的卷积层—池化层被认为能够提取输入图像的平移不变特征。LeNet-5 的成功使卷积神经网络的应用得到关注，微软在 2003 年使用卷积神经网络开发了光学字符识别（Optical Character Recognition，OCR）系统。其他基于卷积神经网络的应用研究也得以展开，包括人像识别、手势识别等。

2006 年深度学习理论被提出后，卷积神经网络的表征学习能力得到了关注，并随着数值计算设备的更新得到发展。自 2012 年的 AlexNet 开始，得到 GPU 计算集群支持的复杂卷积神经网络，多次成为 ImageNet 大规模视觉识别竞赛 ILSVRC 的优胜算法，包括 2013 年的 ZFNet、2014 年的 VGGNet、GoogLeNet 和 2015 年的 ResNet。

2. 卷积神经网络原理

以动物识别为例，我们描述一下对小狗进行识别训练的整个流程。当小狗的图片（数字化信息）被送入卷积神经网络时，需要通过多次的卷积和池化运算，最后通过全连接层，输出图片属于猫狗等各个动物类别的概率。

（1）卷积。

卷积是一个数学名词，它的产生是为了能较好地处理“冲激函数”。“冲激函数”是狄拉克为了解决一些瞬间作用的物理现象而提出的符号。后来卷积被广泛用于信号处理，使输出信号能够比较平滑地过渡。

一维卷积神经网络的工作原理如图 3-8 所示，图中的输入层有 1 行 7 列数据信息，经过 1 行 3 列的卷积核进行运算，得到 1 行 5 列的输出信息。卷积核相当于小滑块，自左向右滑动。当卷积核停留在某个位置时，将相应的输入信号与卷积核做一个卷积运算，运算结果呈现在输出信号层。例如，图 3-8 中，卷积核是一维的，如果停留在第二个位置，对准的信号分别相当于两个向量的内积，结果为 $-2\times(-1)+1\times0+(-1)\times1=1$。

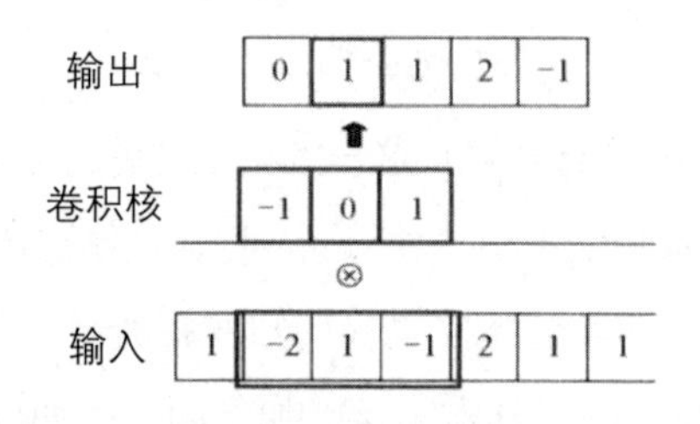

图3-8　一维卷积神经网络工作原理

因此，本次卷积运算的输出信号为 1。另外，卷积核每次的滑动步长为 1，共进行 5 次计算，相当于共有 5 个神经元（不包括用作偏置项的神经元）。

图 3-9 简单阐述了利用卷积运算使信号平滑过渡的过程。当有一个较大信号（如 100）甚至可能是噪声时，经过卷积运算，可以起到降噪的作用，如图 3-9 中的最大输出信息已经降为 58，且与周边的信号更接近。通过精心设计卷积核，我们有机会得到更理想的结果，比如调整卷积核尺寸、调整卷积核内相应的权重值等。在图像处理中，利用边缘检测卷积核（如 Sobel 算子），能清晰地识别出图像的边缘。由于卷积核与信号处理有很多相关性，因此，也有人称卷积核为滤波器。

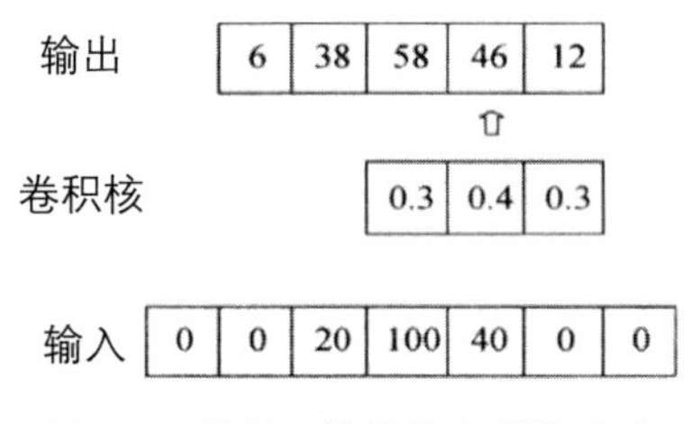

图3-9　卷积运算使信号平滑过渡

图 3-10 简要描述了二维卷积神经网络的工作原理。这时候的卷积核为 3×3 矩阵，与左侧输入信息中相应位置的 3×3 子集进行点积运算，得到输出信号。

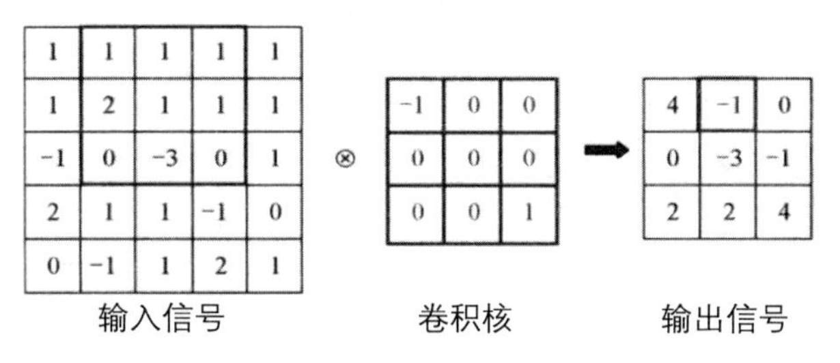

图3-10　二维卷积神经网络工作原理

（2）池化。

池化层的输入一般来源于上一个卷积层，主要作用有两个：一是保留主要的特征，同时减少下一层的参数和计算量，防止过拟合；二是保持某种不变性，包括平移、旋转、尺度。常用的池化方法有均值池化和最大池化。

将上一次卷积运算的结果作为输入，分别经过最大池化及均值池化运算后，结果如图 3-11 所示。先将输入矩阵平均划分为若干对称子集，再计算子集中的最大值和平均值。

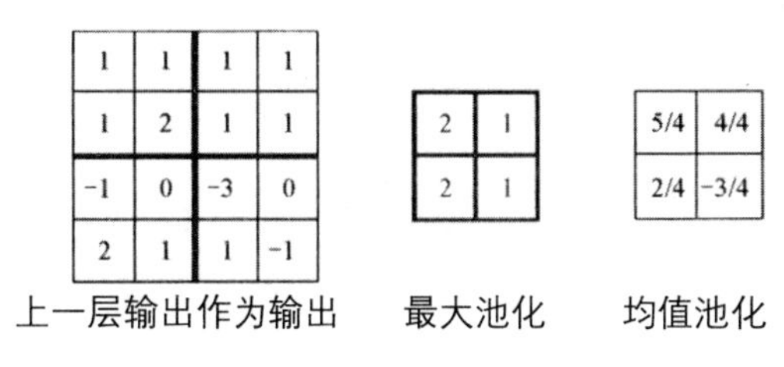

图3-11　两种池化的结果

当然，具体到图像的卷积运算，还要考虑红绿蓝三种颜色，图像已经不是简单的二维矩阵，而应该是三维矩阵。但是卷积运算的原理是相同的，即使用一个规模较小的三维矩阵作为卷积核，当卷积核在规定范围内滑动时，计算出相应的输出信息。

（3）全连接层。

卷积运算中的卷积核的基本单元是局部视野，它的主要作用是将输入信息中的各个特征提取出来，它是将外界信息翻译成神经信号的工具；当然，经过卷积运算的输出信号，彼此之间可能不存在交集。通过全连接层，我们就有机会将输入信号中的特征提取出来，供决策者参考。当然，全连接的个数是非常多的，假设有 N 个输入信号，M 个全连接节点，那就有 $N\times M$ 个全连接，由此带来的计算代价是非常高的。

3. 深度学习的不足

深度学习技术在取得成功的同时，也存在着一些问题：一是面向任务单一且依赖大规模有标签数据；二是训练过程耗时很长；三是它几乎是个黑箱模型，可解释性不强。

目前无监督的深度学习、迁移学习、宽度学习、深度强化学习和贝叶斯深度学习等也备受关注，因此，深度学习虽然具有很好的可推广性和应用性，但并不是人工智能的全部。

3.2.3 经典深度学习模型

1. LeNet-5

LeNet-5是一个较为简单的神经网络，其结构如图3-12所示。将数字7这张图通过卷积核扫描，得到不同的特征图，经过计算进一步得到细节更多的特征图，最终通过全连接的网络把所有数值输出到最终结果，通过激活函数得出该图是哪个数字的概率。

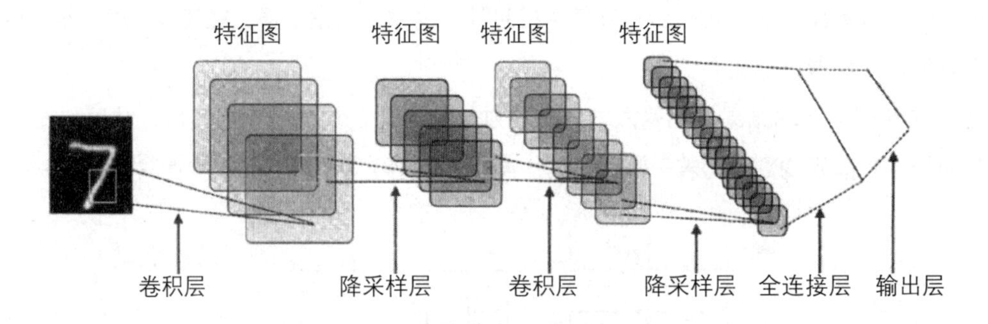

图3-12 LeNet-5神经网络结构

2. AlexNet

Alex Krizhevsky 在 2012 年的 ILSVRC 提出的 CNN 模型取得了历史性的突破，其效果大幅度超越传统方法，获得了 ILSVRC2012 的冠军，该模型被称作 AlexNet，结构如图 3-13 所示。这也是首次将深度学习用于大规模图像分类。

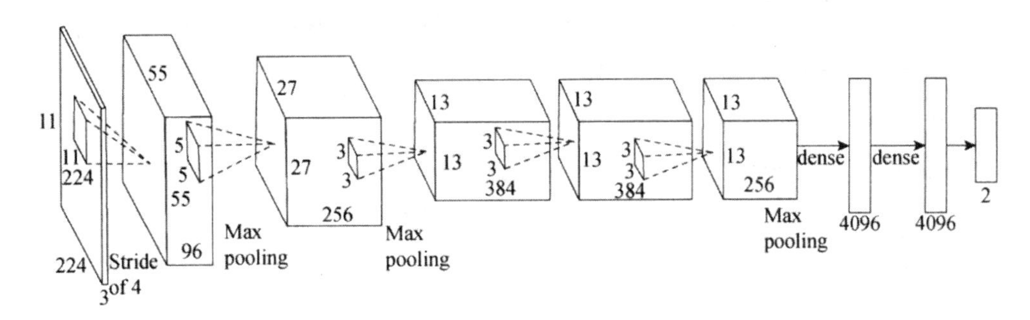

图3-13　AlexNet神经网络结构

3. VGGNet

VGGNet 是牛津大学计算机视觉组和谷歌 DeepMind 公司的研究员共同研发的深度卷积神经网络。牛津大学 VGG（Visual Geometry Group，超分辨率测试序列）主要探究了卷积神经网络的深度和其性能之间的关系，通过反复堆叠 3×3 的小卷积核和 2×2 的最大池化层，VGGNet 成功搭建了 16~19 层的深度卷积神经网络。与之前的网络结构相比，错误率大幅度下降；同时，VGGNet 的泛化能力非常好，在不同的图片数据集上都有良好的表现。到目前为止，VGGNet 依然经常被用来提取特征图像。

4. GoogleNet

GoogleNet 在 2014 年的 ILSVRC 上获得了冠军，采用了 NIN （Network In Network）模型思想，由多组 Inception 模块组成。

从 AlexNet 之后，涌现了一系列 CNN 模型，不断地在 ILSVRC 上刷新成绩。随着模型变得越来越深，其结构设计也更精妙，Top-5 的错误率也越来越低，降到了 3.5% 左右。而在同样的 ImageNet 数据集上，人眼的辨识错误率大概为 5.1%，也就是说，目前的深度学习模型的识别能力已经超过了人眼。

3.3　主流深度学习框架及使用

3.3.1　TensorFlow

TensorFlow 是一个基于数据流编程的符号数学系统，被广泛应用于各类机器学习算法的编程实现。TensorFlow 拥有多层级结构，可部署于各类服务器、PC 终端和网页，并支持 GPU 和

TPU 高性能数值计算，被广泛应用于谷歌内部的产品开发和各领域的科学研究。

TensorFlow 目前由谷歌人工智能团队谷歌大脑开发和维护，拥有包括 TensorFlow Hub、TensorFlow Lite、TensorFlow Research Cloud 在内的多个项目及各类应用程序接口。自 2015 年 11 月 9 日起，TensorFlow 依据阿帕奇授权协议开放源代码。

谷歌大脑自 2011 年成立起，开展了面向科学研究和谷歌产品开发的大规模深度学习应用研究，其早期成果即 TensorFlow 的前身 DistBelief。DistBelief 的功能是构建各尺度下的神经网络分布式学习和交互系统，也被称为“第一代机器学习系统”。DistBelief 在谷歌和 Alphabet 旗下其他公司的产品开发中广泛使用。2015 年 11 月，在 DistBelief 的基础上，谷歌大脑完成了对“第二代机器学习系统”TensorFlow 的开发并对代码开源。相比于前者，TensorFlow 在性能上有显著改进，构架灵活性和可移植性也得到了增强。此后 TensorFlow 快速发展，已拥有包含各类开发和研究项目的完整生态系统。在 2018 年的 TensorFlow 开发者峰会中，有 21 个 TensorFlow 有关主题得到展示。在 GitHub 上，有 845 个贡献者共提交超过 17000 次，这本身就是衡量 TensorFlow 流行度和性能的一个指标。TensorFlow 的领先地位示意图如图 3-14 所示。

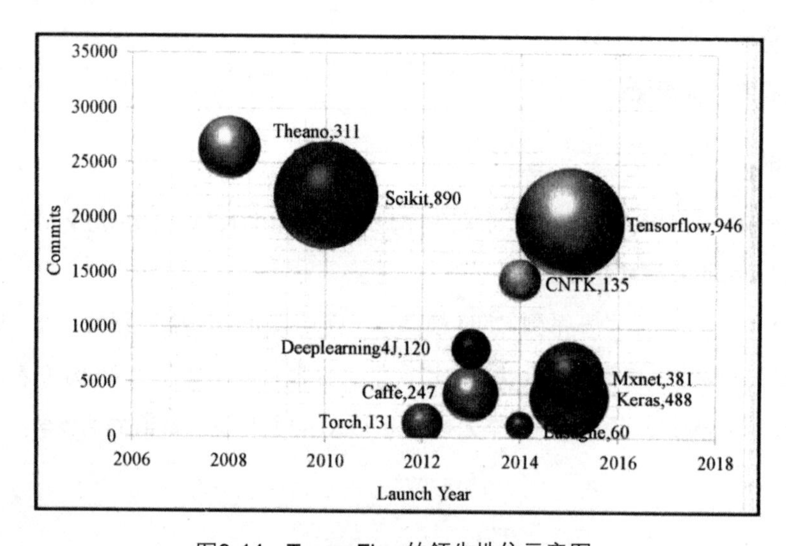

图3-14　TensorFlow的领先地位示意图

TensorFlow 与 Torch、Theano、Caffe 和 MxNet 等其他大多数深度学习库一样，能够自动求导、开源、支持多种 CPU/GPU、拥有预训练模型，并支持常用的 NN 架构，如递归神经网络（RNN）、卷积神经网络（CNN）和深度置信网络（DBN）。除此之外，TensorFlow 还有以下特点。

（1）支持所有的流行语言，如 Python、C、Java、R 和 Go。

（2）可以在多种平台上工作，甚至是移动平台和分布式平台。

（3）它受到所有云服务的支持。

（4）Keras 是高级神经网络 API，已经与 TensorFlow 整合。

（5）与 Torch/Theano 比较，TensorFlow 拥有更好的计算图表可视化的能力。

（6）允许模型部署到工业生产中，并且容易使用。

（7）有非常好的社区支持。

3.3.2 PyTorch

PyTorch 在学术研究者中很受欢迎，也是相对比较新的深度学习框架。Facebook 人工智能研究组开发了 PyTorch，以解决一些在前任数据库 Torch 使用中遇到的问题。由于编程语言 Lua 的普及程度不高，Torch 未能像 TensorFlow 那样迅猛发展，因此，PyTorch 采用已经为许多研究人员、开发人员和数据科学家所熟悉的原始 Python 命令式编程风格。同时它还支持动态计算图，这一特性使得其对从事时间序列及自然语言处理数据相关工作的研究人员和工程师很有吸引力。

PyTorch 是 Torch 的 Python 版，自 2017 年年初 Facebook 首次推出后，PyTorch 很快成为人工智能研究人员的热门选择并受到推崇。PyTorch 有许多优势，如采用 Python 语言、动态图机制、网络构建灵活及拥有强大的社群等。其灵活、动态的编程环境和对用户友好的界面，使其成为快速实验的理想选择。

PyTorch 现在是 GitHub 上增长速度第二快的开源项目，PyTorch1.0 增加了一系列强大的新功能，大有赶超深度学习框架“老大哥”TensorFlow 之势。

PyTorch 的特点如下。

第一，TensorFlow1.0 与 Caffe 都是命令式的编程语言，而且是静态的，首先必须构建一个神经网络，然后一次又一次地使用同样的结构，如果想要改变网络的结构，就必须从头开始。但是对于 PyTorch，通过一种反向自动求导的技术，可以零延迟地任意改变神经网络的结构。尽管这项技术不是 PyTorch 所独有的，但目前为止它的实现是最快的，这也是 PyTorch 相比 TensorFlow 最大的优势。

第二，PyTorch 的设计思路是线性、直观且易于使用，当代码出现 Bug 时，可以通过这些信息快捷地找到出错的代码，不会在 Debug 时因为错误的指向或者异步和不透明的引擎浪费太多的时间。

第三，PyTorch 的代码相对于 TensorFlow 而言，更加简洁直观，同时相对于 TensorFlow 高度工业化的底层代码，PyTorch 的源代码要友好得多，更容易看懂。

简要总结一下，PyTorch 的优点如下。

（1）支持 GPU。

（2）动态神经网络。

（3）Python 优先。

（4）命令式体验。

（5）轻松扩展。

3.3.3 Caffe

Caffe（快速特征嵌入的卷积架构）是一个兼具表达性、速度和思维模块化的深度学习框架，虽然其内核是用 C++ 编写的，但 Caffe 有 Python 和 Matlab 相关接口。Caffe 支持多种类型的深度学习架构，面向图像分类和图像分割，还支持 CNN、R-CNN、LSTM 和全连接神经网络设计。Caffe 支持基于 GPU 和 CPU 的加速计算内核库，如 NVIDIA cuDNN 和 Intel MKL。

Caffe 完全开源，并且在多个活跃社区沟通解答问题，同时提供了一个用于训练和测试的完整工具包，可以帮助使用者快速上手。此外，Caffe 还具有以下特点。

（1）模块性。Caffe 以模块化原则设计，实现了对新的数据格式、网络层和损失函数的轻松扩展。

（2）表示和实现分离。Caffe 已经用谷歌的 Protocol Buffer 定义模型文件，使用特殊的文本文件 prototxt 表示网络结构，以有向非循环图的形式进行网络构建。

（3）Python 和 Matlab 结合。Caffe 提供了 Python 和 Matlab 接口，供使用者选择熟悉的语言调用部署的算法应用。

（4）GPU 加速。利用了 MKL、OpenBLAS、cuBLAS 等计算库，利用 GPU 实现计算加速。

2017 年 4 月，Facebook 发布 Caffe2，加入了递归神经网络等新功能。2018 年 3 月，Caffe2 并入 PyTorch。

3.3.4 PaddlePaddle

PaddlePaddle 是百度研发的开源的深度学习平台，是国内最早开源也是当前唯一一个功能完备的深度学习平台。依托百度业务场景的长期锤炼，PaddlePaddle 有最全面的官方支持的工业级应用模型，涵盖自然语言处理、计算机视觉、推荐引擎等多个领域，并开放多个领先的预训练中文模型，以及多个在国际范围内取得竞赛冠军的算法模型。

PaddlePaddle 同时支持稠密参数和稀疏参数场景的超大规模深度学习并行训练，支持千亿规模参数、数百个节点的高效并行训练，也是最早提供如此强大的深度学习并行技术的深度学习框架。PaddlePaddle 拥有强大的多端部署能力，支持服务器端、移动端等多种异构硬件设备的高速推理，预测性能有显著优势。目前 PaddlePaddle 已经实现了 API 的稳定和向后兼容，具有完善的中英双语使用文档，具有易学易用、简洁高效的技术特色。

PaddlePaddle3.0 版本升级为全面的深度学习开发套件，除了核心框架，还开放了 VisualDL、

PARL、AutoDL、EasyDL、AI Studio 等一整套的深度学习工具组件和服务平台，可以更好地满足不同层次的深度学习开发者的开发需求，具备了支持工业级应用的强大能力，已经被中国企业广泛使用，也拥有了活跃的开发者社区生态。

3.4 应用场景

经过几十年的发展，人工神经网络理论在模式识别、自动控制、信号处理、辅助决策等众多研究领域取得了广泛的成功。下面介绍人工神经网络在一些领域中的应用现状。

3.4.1 在信息领域的应用

在处理许多问题时，信息来源既不完整，又包含假象，决策规则有时相互矛盾，有时无规律可循，这给传统的信息处理方式带来了很大的困难，而人工神经网络却能很好地处理这些问题，并给出合理的识别与判断。

1. 信息处理

现代信息处理要解决的问题是很复杂的，人工神经网络可以模仿或代替与人的思维有关的功能，实现自动诊断、问题求解，解决传统方法所不能解决或难以解决的问题。人工神经网络系统具有很高的容错性、健壮性及自组织性，即使连接线遭到破坏，它仍能处在优化工作状态，因此其在军事系统电子设备中得到广泛的应用。现有的智能信息系统有智能仪器、自动跟踪监测仪器系统、自动控制制导系统、自动故障诊断和报警系统等。

2. 模式识别

模式识别是通过对事物或现象的各种形式的信息进行处理和分析，来对事物或现象进行描述、辨认、分类和解释的过程。该技术以贝叶斯概率论和香农的信息论为理论基础，对信息的处理过程更接近人类大脑的逻辑思维过程。现在有两种基本的模式识别方法，即统计模式识别方法和结构模式识别方法。人工神经网络是模式识别中的常用方法，近几年发展起来的人工神经网络模式的识别方法逐渐取代了传统的模式识别方法。经过多年的研究和发展，模式识别已成为当前比较先进的技术，被广泛应用到文字识别、语音识别、指纹识别、遥感图像识别、人脸识别、手写字符识别、工业故障检测、精确制导等方面。

3.4.2 在医学中的应用

目前人工神经网络在医学应用中的研究几乎涉及从基础医学到临床医学的各个方面，人工神经网络主要应用在生物信号的检测与自动分析、医学专家系统等方面。

1. 生物信号的检测与自动分析

大部分医学检测设备都是以连续波形的方式输出数据，这些波形是诊断的依据。人工神经网络是由大量的简单处理单元连接而成的自适应动力学系统，具有巨量并行性、分布式存储、自适应学习等功能，可以用它来解决生物信号分析处理中常规方法难以解决的问题。人工神经网络在生物信号检测与自动分析中的应用主要集中在对脑电信号的分析、听觉诱发电位信号的提取、肌电和胃肠电等信号的识别、心电信号的压缩、医学图像的识别和处理等方面。

2. 医学专家系统

传统的专家系统是把专家的经验和知识以规则的形式存储在计算机中，建立知识库，用逻辑推理的方式进行医疗诊断。但是在实际应用中，数据库规模的增大会导致知识“爆炸”，知识获取的途径中也存在“瓶颈”问题，使得传统专家系统工作效率很低。以非线性并行处理为基础的人工神经网络为专家系统的研究指明了新的发展方向，解决了专家系统存在的很多问题，并提高了知识推理、自组织、自学习能力，因此在医学专家系统中得到了广泛的应用。

麻醉与危重医学等领域的研究涉及多生理变量的分析与预测，比如临床数据中存在的尚未发现或无确切证据的关系与现象、信号的处理、干扰信号的自动区分检测、各种临床状况的预测等，都可以应用人工神经网络。

3.4.3 在经济领域的应用

1. 市场价格预测

对商品价格变动的分析，可归结为对影响市场供求关系的诸多因素的分析。传统的统计经济学方法因其固有的局限性，难以对价格变动做出科学的预测，而人工神经网络可以很容易地处理不完整的、模糊不确定或规律性不明显的数据，所以用人工神经网络进行价格预测有着传统方法无法相比的优势。从市场价格的确定机制出发，依据影响商品价格的家庭户数、人均可支配收入、贷款利率、城市化水平等复杂、多变的因素，建立较为可靠的模型，该模型可以对商品价格的变动趋势进行科学预测，并得到更加准确客观的评价结果。

2. 风险评估

风险是指在从事某项特定活动的过程中，因其存在的不确定性而产生的经济或财产的损失。防范风险的最佳办法就是事先对风险做出科学的预测和评估。应用人工神经网络的预测思想，可根据现实的风险来源构造出符合实际情况的信用风险模型，经过计算得到风险评价系数，然后确定实际问题的解决方案。利用该模型进行分析能够弥补主观评估的不足。

3.4.4 在交通领域的应用

近年来人们对人工神经网络在交通运输系统中的应用开展了深入的研究。交通运输问题是高度非线性的，可获得的数据通常是大量的、复杂的，用人工神经网络处理相关问题有巨大的优越性。人工神经网络在交通领域的应用范围涉及汽车驾驶员行为的模拟、参数估计、路面维护、车辆检测与分类、交通模式分析、货物运营管理、交通流量预测、运输策略与经济、交通环保、空中运输、船舶的自动导航及船只的辨认、地铁运营及交通控制等领域，并已经取得了很好的效果。

3.4.5 在心理学领域的应用

神经网络模型从形成开始，就与心理学就有着密不可分的联系。人工神经网络抽象于神经元的信息处理功能，人工神经网络的训练则反映了感觉、记忆、学习等认知过程。人们通过不断的研究，改变着人工神经网络的结构模型和学习规则，从不同角度探讨着人工神经网络的认知功能，为其在心理学研究中的应用奠定了坚实的基础。近年来，人工神经网络模型已经成为探讨社会认知、记忆、学习等高级心理过程机制不可或缺的工具。人工神经网络模型还可以对脑损伤病人的认知缺陷进行研究，对传统的认知定位机制提出了挑战。

虽然人工神经网络已经取得了一定的进步，但是还存在许多缺陷，如应用面不够宽阔、结果不够精确，现有模型算法的训练速度不够快，算法的集成度不够高等，我们希望在理论上寻找新的突破口，建立新的通用模型和算法，这需要进一步对生物神经元系统进行研究，不断丰富人们对人脑神经的认识。

3.5 案例实训

从事人工智能应用开发的专业人士，可以选择在 Linux 操作系统下安装相关软件；如果是对人工智能了解甚少的初学者，建议直接在 Windows 操作系统下进行开发环境的安装。本节简介 Anaconda 和 TensorFlow 的安装过程和使用过程。

3.5.1 安装配置Anaconda

1. 下载Anaconda

Anaconda 可以到官方网站或者国内镜像进行下载。

本书采用 Python3.x 版本，如图 3-15 所示。

图3-15 Anaconda版本

2. 安装Anaconda

双击下载的“Anaconda”安装包，采用默认选项安装即可。

注意，在进行到如图 3-16 所示的步骤时，请把两项全部勾选上。这两个选项中，一是将 Anaconda 添加进环境变量，二是把 Anaconda 当成默认的 Python3.x。

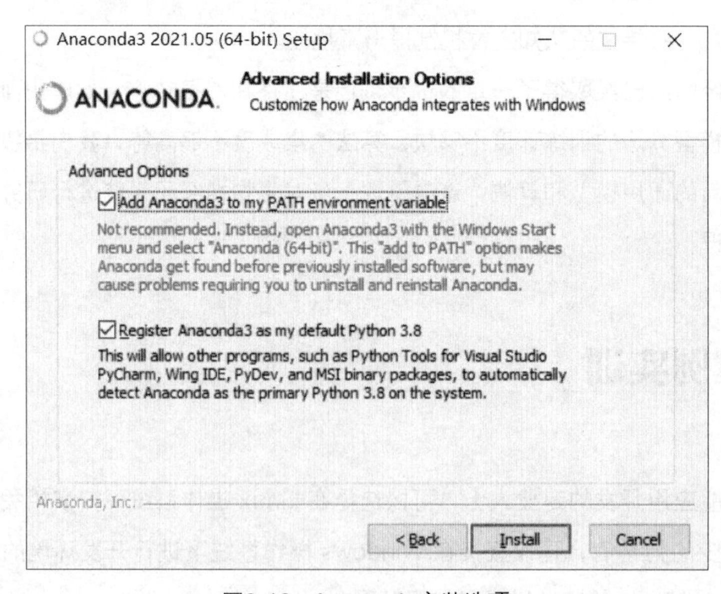

图3-16 Anaconda安装选项

3. 代码编写与编译调试

在 Spyder 开发环境中选择左上角的“File”→“New File”命令，新建项目文件，默认名称为未命名 0.py，如图 3-17 所示。单击左上角的“File”→“Save as”命令，将文件另存为 HelloAI.py 文件，可采用默认路径存放。

（1）在代码编辑窗口中输入一行代码，如图 3-18 所示。

```
print("Hello AI!")     # 本行用于输出固定的字符串
```

图3-17　新建Python文件

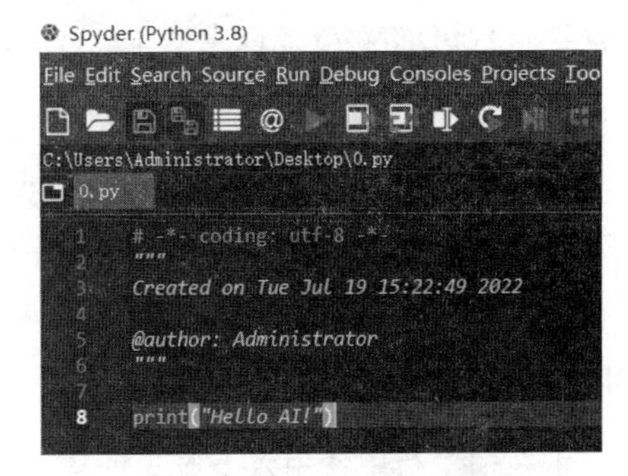

图3-18　命名文件并输入代码

（2）单击工具栏中的“File Run”按钮▶，执行程序代码，将输出“Hello AI!”。在“IPython console”窗口中可以看到运行结果，如图 3-19 所示。

```
In [1]: runfile('C:/Users/Administrator/untitled0.py', wdir='C:/Users/Administrator')
Hello AI!
```

图3-19　代码执行结果

3.5.2　TensorFlow安装及使用

1. TensorFlow安装准备工作

安装 TensorFlow 的前提是系统安装了 Python 2.5 或更高版本，本书中的例子以 Python 3.5（Anaconda 3）为基础。为了安装 TensorFlow，需要确保计算机中已经安装了 Anaconda。

安装完成后，可以在窗口中使用以下命令进行安装验证。

```
conda--version
```

安装了 Anaconda，下一步要决定安装 TensorFlow CPU 版本还是安装 GPU 版本。几乎所有计算机都支持 TensorFlow CPU 版本，而 GPU 版本则要求计算机有一个 CUDA compute capability 3.0 及以上的 NVDIA GPU 显卡（对于台式机而言，最低配置为 NVDIA GTX 650）。

⊙ 知 识 拓 展 ⊙

CPU与GPU的对比

中央处理器（CPU）由对顺序串行处理优化的内核（4~8个）组成。图形处理器（GPU）具有大规模并行架构，由数千个更小且更有效的核芯组成，能够同时处理多个任务。

要使用TensorFlow GPU版本，需要先安装CUDA toolkit 7.0及以上版本、NVDIA【R】驱动程序和cuDNN v3或以上版本。Windows系统还需要一些DLL文件，读者可以下载所需的DLL文件或安装Visual Studio C++。

另外，cuDNN文件需要安装在不同的目录中，并确保目录在系统路径中。当然也可以将CUDA库中的相关文件复制到相应的文件夹中。

2. TensorFlow安装步骤

（1）在命令行中使用以下命令创建conda环境（如果使用Windows系统，最好以管理员身份运行代码）。

```
conda create -n tensorflow python=3.5
```

（2）激活conda环境。

（3）根据需要，在conda环境中安装TensorFlow。

（4）在命令行中禁用conda环境。

3. 编写第一个TensorFlow程序

```
# 导入模块TensorFlow，缩写成tf
import tensorflow as tf

# 初始化一个2*3*1的神经网络，随机初始化权重
w1 =tf. Variable (tf.random_ normal ([2, 3], stddev=1, seed=1))
w2 =tf. Variable (tf.random_ normal ([3, 1], stddev=1, seed=1))
x=tf. constant([[0.7,0.9]])

# 执行计算，没有权重bias
a= tf. matmul (x, w1)
y= tf. matmul (t1, w2)

with tf. Session () as sess:
# 必须要先执行初始化操作
sess. run (w1. initializer)
sess. run (w2. initializer)
```

```
# print (sess. run (a)
print (sess. run (y)
```

上面的代码实现的是最简单的人工神经网络向前传播过程，初始化 x 为一个 1×2 的矩阵，中间是 3 个神经元的隐藏层，$W1$、$W2$ 分别是初始化权重，是 2×3 和 3×1 的矩阵。最后通过计算得到 y 的值 [[3.95757794]]。

这样，就完成了 Python 环境和 TensorFlow 的安装。

3.6 本章小结

本章通过介绍基本的人工神经网络知识，特别是卷积神经网络的基本原理，使读者掌握人工神经网络的基本原理，为深度学习模型的构建打下良好的基础。深度学习是当下机器学习研究的热点，本章针对经典的深度学习模型展开介绍，进一步介绍了主流的深度学习框架及其应用场景。

3.7 课后习题

1. 选择题

（1）标志着第一个采用卷积思想的神经网络面世的是（　）。

A.LeNet　B.AlexNet　C.CNN　D.VGG

（2）下列不属于人工神经网络的组成部分的是（　）。

A. 输入层　B. 隐藏层　C. 输出层　D. 特征层

（3）下列不属于深度学习的优化方法的是（　）。

A. 随机梯度下降　B. 反向传播

C. 主成分分析　D. 动量

（4）下列不属于卷积神经网络典型术语的是（　）。

A. 全连接　B. 卷积　C. 递归　D. 池化

（5）神经元通过（　）接收信号，达到一定的阈值后会激活神经元细胞，通过轴突把信号传递到末端的其他神经元。

A. 树突　B. 细胞体　C. 细胞核　D. 神经末梢

2. 填空题

（1）人工神经网络包括输入层、________、________。通常来说，________达到或超过3层，就可以称为深度神经网络，深度神经网络通常可以达到成百上千层。

（2）深度学习存在的问题主要有面向任务________，依赖于________有标签数据，几乎是个________，可解释性不强。

（3）常见的人工神经网络的激活函数有________、________、________等。

（4）卷积神经网络仿造生物的视知觉机制构建，可以进行________和________。

（5）经过几十年的发展，人工神经网络理论在________、________、信号处理、________、________等众多研究领域取得了广泛的成功。

3. 简答题

（1）简述至少3个主流深度学习开源工具（TensorFlow、Caffe、Torch、Theano等）的特点。

（2）简述卷积神经网络原理。

第 4 章

CHAPTER 4

智能语音处理及应用

语音是现代人际交流最基本的方式，更是未来人机交互最重要的方式。人工智能跌宕起伏地发展了 60 多年，智能语音是发展到今天最为成熟、最为重要的板块之一。在互联网发展的下半场，我们将进入万物互联的新时代。作为人类最自然、最便捷的沟通方式，未来，我们或将迎来以语音交互为主、键盘触摸为辅的全新的人机交互时代，人和机器之间的沟通，可能完全是基于自然语言的，你不需要去学习如何使用机器，只要对机器说出你的需求即可。

智能语音作为人工智能技术的重要组成部分，包括语音识别、语音合成、声纹识别、语音交互等。本章将讲解语音相关的基础知识；然后对语音识别、语音合成和声纹识别进行介绍；最后介绍语音的常见应用场景并展望语音技术的未来。

4.1 语音基本知识

语音是指人类通过发声器官发出来的、具有一定意义的、用来进行交际的声音。

语音经采样后，在计算机中以波形文件的方式存储，这种波形可以反映出语音在时域上的变化，进而可以得到音强、音长等参数，但是很难分辨出语音内容或者说话人是谁。为了更好地提取不同语音的内容和音色差异，需要对语音进行频域上的转换，得到语音频域的参数。常见的语音频域参数有傅立叶谱、梅尔频率倒谱系数。

语音处理是一门研究如何对语音进行理解、如何将文本转换成语音的学科，属于感知智能范畴。从人工智能的视角来看，语音处理就是要赋予机器“听”和“说”的智能。从工程的视角来看，所谓理解语音，就是使机器获得与人类听觉系统相同的功能；所谓文本转换成语音，就是使机器获得与人类发音系统相同功能。类比人的听说系统，录音机等设备就是机器的“耳朵”，音箱等设备就是机器的“嘴巴”，语音处理的目标就是使机器拥有与人类相同或相似的听觉能力和表达能力。

4.2 语音识别

4.2.1 语音识别的概念

语音识别是将语音自动转换为文字的过程。语音识别可以作为一种广义的自然语言处理技术，是人与人、人与机器进行交互的技术。语音识别涉及的领域包括数字信号处理、声学、语言学、计算机科学、数学、心理学、人工智能等，是涉及多个学科领域的科学技术。

为了更好地理解语音识别，我们先来了解语音识别的输入和输出。声音本质上是一种波，即声波，这种波可以作为一种信号进行处理，因此语音识别的输入是一段对事件进行播放的信号序列，而输出则是一段文本序列，如图 4-1 所示。语音识别就是将语音片段转化为文本输出的过程。

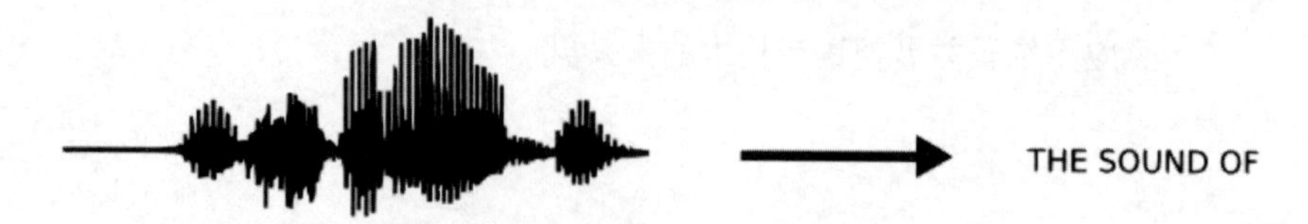

图4-1　语音识别示意图

语音识别可以追溯到 1952 年，戴维斯等人研制了世界上第一个能识别 10 个英文数字发音的系统，从此正式开启了语音识别的研究进程。1960 年，英国的德内斯等人成功研究出了第一个计算机语音识别系统。20 世纪 70 年代以后，小词汇量、孤立词识别等方面的研究有了实质性的进展。20 世纪 80 年代以后，研究的重点转向大词汇量和非特定人连续语音的识别，研究思路方面也有重大变化，由传统的基于标准模板匹配的思路转向基于隐马尔可夫模型（HMM）的统计建模技术。基于高斯混合模型 - 隐马尔可夫模型的升学建模技术促进了语音识别技术的蓬勃发展。2011 年，微软的俞栋等人成功将深度神经网络应用于语音识别，公共数据集的词错误率下降了 30%。目前基于深度神经网络的开源工具包，使用最为广泛的是霍普斯金大学发布的 Kaldi。

4.2.2　语音识别的工作原理

语音识别过程一般包含特征提取、声学模型、语言模型、语音解码和搜索算法四大部分，如图 4-2 所示。

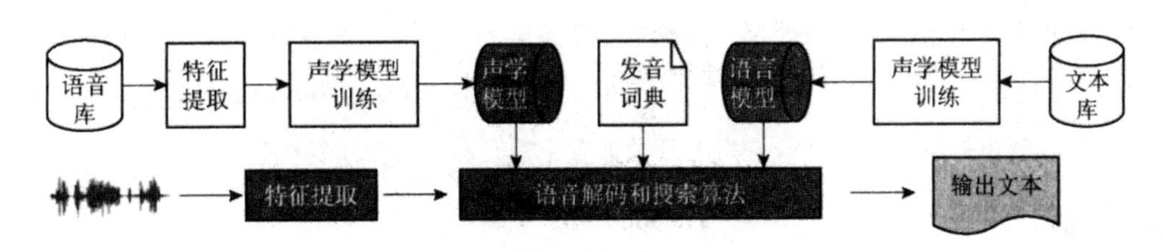

图4-2　语音识别过程

其中特征提取是把要分析的信号从原始信号中提取出来，为声学模型提供合适的特征向量。为了更有效地提取特征，还需要对语音进行预处理，包括对语音的幅度进行标准化、频响校正、分帧、加窗和始末端点检测等内容。

声学模型是可以识别单个音素的模型，是对声学、语音学、环境的变量、说话人性别、口音等要素的差异的知识表示。利用声学模型进行语音声学参数分析，包括对语音共振峰频率、幅度等参数，以及对语音的线性预测参数等的分析。

语言模型则根据语言学的相关理论，结合发音词典，计算该声音信号对应可能词组序列的概率。

语音解码和搜索算法的主要任务是在由声学模型、发音词典和语言模型构成的搜索空间中寻找最佳路径。解码时需要用到声学得分及语言得分，其中声学得分由声学模型计算得到，语言得分由语言模型计算得到。

声学模型和语言模型主要利用大量语料进行统计分析，进而建模得到。发音字典包含系统所能处理的单词的集合，并标明了其发音。通过发音字典得到声学模型的建模单元和语言模型建模单元间的映射关系，从而把声学模型和语言模型连接起来，组成一个搜索的状态空间，使解码器能够进行解码工作。

与语音识别相近的概念是声纹识别。声纹识别是生物识别技术的一种，也称为说话人识别，包括说话人辨认和说话人确认。声纹识别就是把声信号转换成电信号，再用计算机进行识别。不同的任务和应用会使用不同的声纹识别技术，如缩小刑侦范围时可能需要说话人辨认技术，银行交易时则需要说话人确认技术。辨认技术用以判断某段语音是若干人中的哪一个所说的，是“多选一”问题；而确认技术用以确认某段语音是否是指定的某个人所说的，是“一对一判别”问题。

4.2.3 语音识别系统的实现

一个连续的语音识别系统大致可分为 5 个部分：预处理、特征提取、声学模型训练、语言模型训练和语音解码器。

1. 预处理

对输入的原始语音信号进行处理，滤除其中不重要的信息及背景噪声，并进行语音信号的端点检测（找出语音信号的始末）、语音分帧（近似认为在 10~ 30 毫秒内的语音信号是短时平稳的，将语音信号分割为一段一段的进行分析）及预加重（提升高频部分）等处理。

2. 特征提取

提取特征的方法很多，大多是由频谱衍生出来的。梅尔频率倒谱系数（MFCC）参数因其良好的抗噪性和健壮性而被广泛应用。MFCC 的计算首先用 FFT 将时域信号转化为频域，之后对其对数能量谱用依照梅尔刻度分布的三角滤波器组进行卷积，最后对各个滤波器的输出构成的向量进行离散余弦变换 DCT，取前 N 个系数。在检索引擎 Sphinx 中，用帧去分割语音波形，每帧大概 10 毫秒，然后每帧提取可以代表该帧语音的 39 个数字，这 39 个数字也是该帧语音的 MFCC 特征，用特征向量来表示。

3. 声学模型训练

根据训练语音库的特征参数训练出声学模型参数。在识别时可以将待识别的语音的特征参数与声学模型进行匹配，得到结果。

目前的主流语音识别系统多采用 HMM 进行声学模型的建模，声学模型的建模单元可以是音素、音节、词等各个层次。对于小词汇量的语音识别系统，可以直接采用音节进行建模；而对于词汇量偏大的识别系统，一般选取音素，即声母、韵母进行建模。识别规模越大，识别单元选取得越小。

4. 语言模型训练

语言模型主要用于预测哪个词序列的可能性更大，或者在已经出现几个词的情况下预测下一个即将出现的词。换一个说法，语言模型是用来约束单词搜索的，它定义了哪些词能跟在上一个已经被识别的词的后面，这样在进行识别时就可以排除一些不可能的单词。

5. 语音解码器

解码器即语音识别技术中的识别过程。针对输入的语音信号，根据已经训练好的 HMM 声学模型、语言模型及字典建立一个识别网络，根据搜索算法在该网络中寻找最佳路径，这个路径就是能够以最大概率输出该语音信号的词串，所以解码操作即搜索算法，是指在解码段通过搜索技术寻找最优词串的方法。

例如，“帮我打开微信”如果以音节为语音基元的话，那么计算机就是一个字一个字地学习，如输入“帮”字，计算机会接收到一个“帮”字的语音信号，并将这个输入的语音信号分割为多个帧，用 MFCC 提取特征，得到一系列的系数（Sphinx 中是 39 个数字），组成特征向量，这样一来不同的语音帧就有不同的 39 个数字的组合，用混合高斯分布来表示 39 个数字的分布。混合高斯分布存在两个参数——均值和方差，每一帧的语音就对应这样一组均值和方差的参数。

这样“帮”字的语音波形中的一帧就对应了一组均值和方差（HMM 模型中的观察序列），那么我们只需要确定“帮”字（HMM 模型中的隐含序列）也对应这一组均值和方差就可以了。声学模型用 HMM 来建模，也就是对于每一个建模的语音单元，我们都需要找到一组 HMM 模型参数来代表这个语音单元。

至此，一个字的声学模型就建立好了。对于同音字，则需要建立语言模型。语言模型 N-Gram 可以判断同音字中哪个字出现的概率最大，增加识别的准确率。

4.2.4 语音识别的应用

语音识别已经获得了广泛的应用，按照识别范围或领域来划分，可以分为封闭域识别应用和开放域识别应用。

1. 封闭域识别应用

在封闭域识别应用中，识别范围为预先指定的字 / 词集合。也就是说，算法只在开发者预先设定的封闭域识别词的集合内进行语音识别，对范围之外的语音会拒识。比如，对于简单指令交互的智能家居和电视盒子，语音控制指令一般只有“打开窗帘”“打开 CCTV-1 台”“关灯”“关闭电灯”等，一旦涉及识别词集合之外的命令，如“给大伙儿跳一个舞”，识别系统将拒识这段语音，不会返回相应的文字结果，更不会做相应的回复或者指令动作。

语音唤醒，有时也称为关键词检测，也就是在连续不断的语音中将目标关键词检测出来，一般目标关键词的个数比较少（1~2 个居多，特殊情况也可以扩展到更多）。

因此，可对声学模型和语言模型进行裁剪，使得识别引擎的运算量变小，并且可将引擎封装到嵌入式芯片或者本地化的 SDK 中，从而使识别过程完全脱离云端，摆脱对网络的依赖，并且不会影响识别率。业界厂商提供的引擎部署方式包括云端和本地化（如芯片、模块和纯软件 SDK）两种。

产品形态：流式传输——同步获取。

典型的应用场景：不涉及多轮交互和多种语义说法的场景，如智能家居等。

2. 开放域识别应用

在开放域识别应用中，无须预先指定识别词集合，算法将在整个语言大集合中进行识别。为适应此类场景，声学模型和语音模型一般都比较大，引擎运算量也较大。如果将其封装到嵌入式芯片或本地化的 SDK 中，耗能会比较高并且会影响识别效果。

因此，业界厂商基本上都只以云端形式（云端包括公有云形式和私有云形式）提供服务，至于本地化形式，只提供带服务器级别计算能力的嵌入式系统（如会议字幕系统）。

按照音频录入和结果获取方式来划分，开放域识别中产品形态可分为以下 3 种。

（1）产品形态1：流式上传——同步获取。

流式上传——同步获取是指应用 / 软件会对说话人的语音自动进行录制，并将其连续上传至云端，说话人在说完话的同时能实时看到返回的文字。

语音云服务厂商的产品接口会提供音频录制接口和格式编码算法，供客户端边录制边上传，并与云端建立长连接，同步监听并获取中间（或者最终）的识别结果。

对于时长的限制，由语音云服务厂商自行定义，一般有小于 1 分钟和小于 5 小时两种，二者有可能会采用不同的模型。时长限制小于 5 小时的模型会采用长短期记忆网络（Long Short Term Memory network，LSTM）来进行建模。

典型应用场景：主要应用于输入场景，如输入法、会议 / 法院庭审时的实时字幕上屏；也可以用在与麦克风阵列和语义结合的人机交互场景，如具备更自然的交互形态的智能音响。举个例子，如用户说“请转发这篇文章”，在无配置的情况下，识别系统也能够识别这段语音，并返回相应的文字结果。

（2）产品形态2：文件上传——异步获取。

已录制音频文件上传——异步获取，音频时长一般小于 3 小时。用户需自行调用软件接口，或是硬件平台预先录制好规定格式的音频，并使用语音云服务厂商提供的接口上传音频，上传完成之后便可以断开连接。用户通过轮询语音云服务器或者使用回调接口进行结果获取。

由于长语音的计算量较大，计算时间较长，因此，采取异步获取的方式可以避免由于网络问题带来的结果丢失。因为语音转写系统通常是非实时处理的，这种工程形态也给了识别算法更多的时间进行多遍解码。长时的语料也对算法提出了使用更长时的信息进行长短期记忆网络建模的要求。在同样的输入音频下，此类型产品形态牺牲了一部分实时率，消耗了更多的资源，但是可以得到更高的识别率。在时间允许的情况下，“非实时已录制音频转写”无疑是最值得推荐的产品形态。

典型应用场景：已经录制完毕的音 / 视频字幕配置；实时性要求不高的客服语音质检和审查等。

（3）产品形态3：文件上传——同步获取。

已录制音频文件上传——同步获取用户原创的语音内容，音频时长一般小于 1 分钟。用户需预先录制好规定格式的音频，并使用语音云服务厂商提供的接口进行音频上传。此时，客户端与云端建立长连接，同步监听并一次性获取完整的识别结果。

典型应用场景：作为前两者的补充，适用于无法用音频录制接口进行实时音频上传，或者对结果获取的实时性要求比较高的场景。

4.3 语音合成

4.3.1 语音合成的概念

语音合成，又称文语转换，能将任意文字信息实时转化为标准流畅的语音并朗读出来，相当于给机器装上了嘴巴。语音合成涉及声学、语言学、数字信号处理、计算机科学等多个学科，是中文信息处理领域的一项前沿技术，解决的主要问题就是如何将文字信息转化为可听的声音信息，即让机器像人一样开口说话。这里所说的“让机器像人一样开口说话”与传统的声音回放设备或系统有着本质的区别。传统的声音回放设备或系统，如磁带录音机，是通过预先录制声音然后回放来实现“让机器说话”的。这种方式在内容录制、存储、传输的方便性和及时性等方面存在很大的限制，而通过计算机语音合成，可以在任何时候将任意文本转换成具有高自然度的语音，从而真正实现“让机器像人一样开口说话”。

语音合成过程共有三个步骤，分别是语言处理、韵律处理、声学处理，如图 4-3 所示。

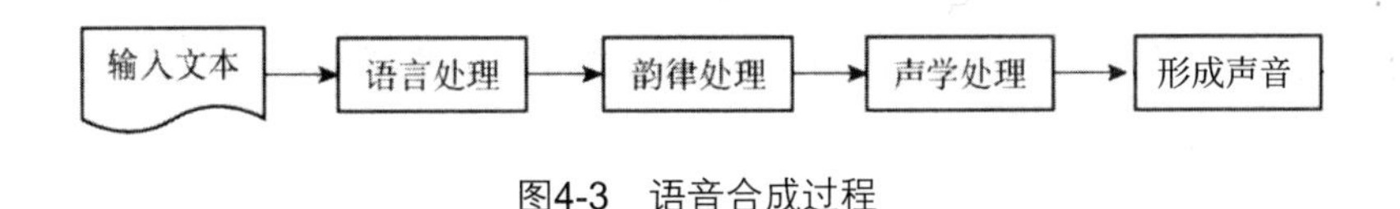

图4-3 语音合成过程

第一步是语言处理，在文语转换系统中起着重要的作用，主要是模拟人对自然语言的理解过程，包括文本规整、词的切分、语法分析和语义分析，使计算机能够理解输入的文本，并给出后两步所需要的各种发音提示。

第二步是韵律处理，为合成语音规划出音段特征，如音高、音长和音强等，使合成语音能正确表达语意，听起来更加自然。

第三步是声学处理，根据前两步处理结果输出语音。

4.3.2 语音合成的应用

语音合成满足将文本转化成拟人化语音的需求，可以打通人机交互闭环。它提供多种音色，支持自定义音量、语速，为客户提供个性化音色定制服务，让发音更自然、更专业、更符合场景需求。语音合成广泛应用于语音导航、有声读物、机器人、语音助手、自动新闻播报等场景，可以提升人机交互体验，提高语音类应用构建效率。语音合成技术的应用广泛，主要包括以下三个方面。

1. APP应用类

当前很多人的手机上都有电子阅读应用，如 QQ 阅读这样的读书应用会运用语音合成技术自动朗读小说；滴滴出行、高德导航等汽车导航播报类 APP，运用语音合成技术来播报路况信息；以 Siri 为代表的语音助手能回答简单的提问。

除此之外，语音合成技术在银行、医院的信息播报系统，汽车导航系统及自动应答呼叫中心等 APP 中都有广泛应用。

2. 智能服务类

智能服务类产品包括智能语音机器人、智能音响等。智能语音机器人产品遍布各行各业，如银行或医院的导航机器人，需要甜美又亲切的声音；教育行业的早教机器人，需要呆萌又可爱的声音；营销类型的外呼机器人，针对不同的话术场景需要定制不同的声音。智能音响在不知不觉中已经慢慢融入我们的生活，不仅可以点播歌曲、播报新闻、讲故事，还可以对智能家居设备进行控制，如打开窗帘、设置冰箱温度、关闭空调、提前让热水器升温等。

3. 特殊领域

有一些特殊领域非常需要语音合成，如对于视障人士来讲，以往只能依赖双手来获取信息，而有了语音合成技术，他们的生活质量得到了极大的提高，毕竟听书要比摸书高效、精准得多，同时又解放了双手。另外，针对文娱领域的虚拟人设，可以打造特殊语音形象，以满足特殊人设的语音表达需求。

⊙知识拓展⊙

在语音处理中，有两对概念比较容易混淆，这里重点阐述这两对概念的区别。

1. 离线vs在线

在软件从业人员的认知中，离线是指语音识别软件可以在本地运行，在线是指语音识别软件连接到云端来解决问题。他们的关注点是识别引擎是在本地还是在云端。

而在语音识别中，所谓的离线与在线分别指的是异步（非实时）与同步（实时），即离线是指“将已录制的音频文件上传——异步获取”的非实时获取方式；在线指的是“流式上传——同步获取”的实时获取方式。

由于不同行业对离线/在线有不同的认知，容易产生不必要的歧义，因而在语音识别及其他人工智能相关产品中，建议更多地使用异步（非实时）与同步（实时）等词来阐述。

2. 语音识别vs语义识别

语音识别是将声音转化成文字，属于感知智能；语义识别是指提取文字中的相关信息和相应意图，再通过云端大脑决策，使用执行模块进行相应的问题回复或者反馈，属于认知智能。先有感知，后有认知，因此，语音识别是语义识别的基础。

由于语音识别与语义识别经常相伴出现，容易给从业人员造成困扰，因此，从业者很少使用“语义识别”的说法，更多地表达为“自然语言处理（Natural Language Processing，NLP）”。

4.4 声纹识别

近年来，许多智能语音技术服务商开始布局声纹识别领域。随着技术的成熟与商业化的落地，声纹识别逐渐进入大众视野。

4.4.1 什么是声纹

说起“指纹”，大家都不会感到陌生。凭着每个人的指纹的独特性，指纹识别技术获得了广泛的利用。

而声音虽然不具备真正意义上的“纹理”，但每个人的发音器官都有差异，使不同的人有着不同的声音。

广义上讲，所有可以将一个人的声音与其他人的声音区分开来的特征，都可以称为“声纹”。

而正是因为有着这样一些特征的存在，声纹才得以像指纹一样，衍生出各种实用的技术。

声纹识别技术是生物识别技术的一种，也是语音识别技术的分支，又被称为说话人识别，包含声纹注册和声纹认证两道程序。所谓声纹识别就是把声信号转换成电信号，通过提取特征、搭建模型，根据匹配度进行识别判断。

1. 声纹识别vs语音识别

声纹识别近年来才逐渐进入大众视野，两者同为语音前端信号处理，经常被放在一起比较。

而谈及两者的共性及区别时，快商通联合创始人李稀敏博士在接受亿欧智库采访时表示："声纹的载体是语音，所谓语音就是指人说的话。在人类正常的语音交互中，我们可以识别语音主体的意图、情绪、性别、身份等信息。而利用人工智能技术完成这一识别，需要依靠语音及声纹的提取与处理。语音识别和声纹识别虽然在智能语音技术流程中都属于对语音信号的处理，但实际的技术方向及应用截然相反。"

语音识别追求的是声音的共性，也就是不同个体对于同一句话的不同声音、口音、语速的表达，可以翻译成同样的文字。比如在使用智能音箱时，对于同样的指令，无论发出这个指令的个体是男是女，是南方口音还是北方口音，智能音箱都需要能够对语音输入提取共性，并做出准确的、一致的应答。

与之相比，声纹识别则追求声音的个性，即针对不同情境下的不同表达，可以判断声源是否来自同一个体。比如微信的语音登录系统，有时因外部环境、身体状态等因素，说话人的语音输入的语速、音高等会出现变化，一个完善的声纹识别系统，需要能够提取不同情境下语音输入信号的个性，并准确认证说话人的身份。

2. 声纹辨认vs声纹确认

声纹识别主要有两大应用场景：声纹辨认和声纹确认。其中声纹辨认主要应用于语音库范围内的语音筛查，即在海量声纹数据库中找到说话人，如金融语音销售场景下，系统可以迅速根据来访者声纹信息与自身声纹数据库中的数据进行对比，判断客户是否为初次购买，或是否在征信黑名单中，从而调整销售策略。

声纹确认主要应用于安全访问验证及身份认证等场景，系统对说话人进行语音认证，完成"你是不是你"的身份判断。相比声纹辨认，声纹确认对于语音输入信息的质量要求更为严苛，比如微信的语音登录功能会要求使用者在无嘈杂声音的环境中对固定文本进行语音输入。

4.4.2 声纹识别技术

声纹技术中最为核心的一项便是声纹识别技术，该技术利用算法和神经网络模型，让机器能够从音频信号中识别出不同人说话的声音。

2017 年，谷歌将声纹识别技术部署到了智能音箱 Google Home 上，使其能够根据不同用户的身份，提供不同的响应方式。

例如，当用户提出“播放音乐”的请求时，智能语音助手便会先从音频信号中识别用户的身份，然后提取对应用户的音乐偏好，并以此选取音乐进行播放。通过这种方式，当家里有多个家庭成员时，每个成员都可以通过同一个设备获得截然不同的使用体验。除了声纹识别之外，声纹技术也被广泛用于声纹分割聚类，以及构建更为强大的语音识别、语音合成及人声分离系统。

以语音合成为例，目前最先进的语音合成系统只需要来自特定说话人不到 5 秒的语音，便能模拟该说话人的声音，并以其声音合成任意语音内容。

谷歌公司于 2018 年发表的论文认为，声纹克隆本质上是一种从声纹识别任务到多说话人语音合成任务的迁移学习。如图 4-4 所示，模型框架中的声纹编码器模块，将目标说话人的音频转换为声纹嵌入码，而该声纹嵌入码与语音合成编码器的输出进行逐帧拼接，作为语音合成解码器的新的输入，从而使语音合成解码器能够利用目标说话人的声纹信息。

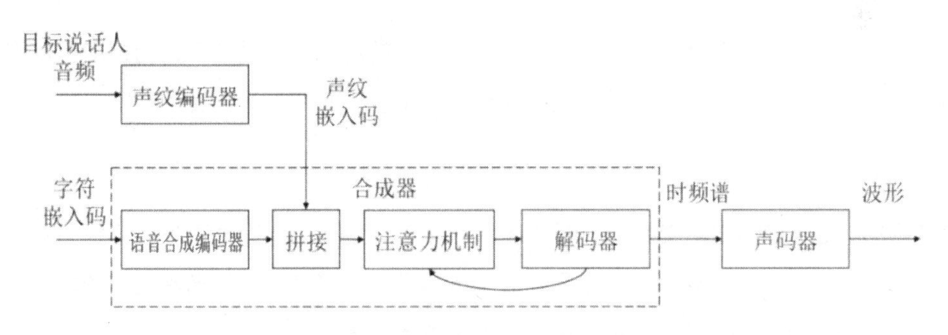

图4-4　能够合成任意说话人声音的端到端语音合成模型框架

由于声纹识别系统的特殊性，在进行识别前，需要进行声纹注册，因此声纹识别的应用对数据库有着较强的依赖。同时，前文提到的声纹识别技术的不成熟，也导致其使用体验暂时无法达到预期效果。数据的缺乏及技术的不成熟导致声纹识别与行业融合程度较浅，也成为声纹识别在传统行业中应用的主要障碍。

现阶段，声纹识别主要应用在公安、司法及金融领域，主要是因为声纹识别解决了这些行业的痛点，应用价值大，因而在行业的资本投入下，声纹识别的行业落地获得了快速发展。

除金融安防领域外，现阶段声纹识别在民生场景中的应用还处于初期阶段，如家居车载声纹判定系统、硬件中的声纹门禁等。

智能语音技术的全面发展，以及智能设备数量的暴发式增长，为声纹识别提供了更多的应用端口，而与多元语音技术的融合也为声纹识别落地更多行业场景提供了技术保障。在未来，声纹识别将向着声纹 + 智能，以及多模态识别的方向发展。

4.5 应用场景

智能语音技术是最早落地的人工智能技术，也是市场上众多人工智能产品中应用最为广泛的。

伴随着人工智能的快速发展，中国在智能语音技术方面的专利数量持续增长，拥有庞大的用户基础及明显的互联网系统优势，国内智能语音公司已经在市场上占据了一席之地。智能语音已经成熟地应用在众多领域中，其中发展前景最好的应用场景如下。

1. 智能家居

智能家居是以住宅为平台，利用综合布线技术、网络通信技术、安全防范技术、自动控制技术、音视频技术将家居生活有关的设施集成，构建高效的住宅设施与家庭日程事务的管理系统，提升家居安全性、便利性、舒适性、艺术性，构建环保节能的居住环境。

2. 智能车载

智能车载系统让汽车变得更智能，如可以实时更新的地图，通过语音识别技术可以很方便地进行导航，并具有娱乐功能；再如手机远程控制可以让手机和汽车“无缝对接”。

3. 智能客服

智能客服是在大规模知识处理的基础上发展起来的，它具有行业通用性，不仅为企业提供了细粒度知识管理技术，还为企业与海量用户之间的沟通建立了一种基于自然语言的快捷有效的技术手段；同时还能够为企业提供精细化管理所需的统计分析信息。

4. 智能金融

智能金融即人工智能与金融的全面融合，以人工智能、大数据、云计算、区块链等高新科技为核心要素，全面赋能金融机构，提升金融机构的服务效率，拓展金融服务的广度和深度，使得全社会都能获得平等、高效、专业的金融服务，实现金融服务的智能化、个性化、定制化。

5. 智能教育

智能教育是指国家实施的《新一代人工智能发展规划》《中国教育现代化 2035》《高等学校人工智能创新行动计划》等人工智能多层次教育体系的人工智能教育。

6. 智能医疗

智能医疗是通过打造健康档案区域医疗信息平台，利用最先进的物联网技术，实现患者与医务人员、医疗机构、医疗设备之间的互动，逐步实现医疗信息化。

随着人工智能产业的快速发展，大量资本进入智能语音市场，国际智能语音市场上诞生了一批明星公司。相关统计数据显示，2017 年全球智能语音市场规模达到 110.3 亿美元，同比增长 30%。移动互联网、智能家居、汽车、医疗、教育等领域的应用带动智能语音产业规模持续快速增长，2018 年中国智能语音市场规模突破 100 亿元，2019 年中国智能语音市场规模为 121.7 亿元，随着人工智能技术的成熟，未来中国智能语音市场将保持高于 25% 的增长速度。中国智能语音市场的飞速发展除了国家政策的大力支持外，还有智能家居带动、更多品牌加入及智能语音本身的交互便利性。

语音交互能够创造全新的“伴随式”场景。相比图像、双手操控，空间越复杂，语音交互越能发挥优势。某种程度上，它能解放我们的双手，解放我们的眼睛，当然也能解放我们的双脚，特别适合在某些双手不方便的场景中使用。

从计算机时代的鼠标 + 键盘，到互联网时代的触屏技术，再到人工智能时代的语音交互技术，每一次科技的进步都给我们的生活和工作带来了便利。未来，随着智能语音技术的逐渐成熟，其应用范围将会更加广泛，也会给我们带来更多的惊喜。

4.6 现状及未来展望

今天，智能语音助理早已经融入我们的生活之中，赋能各个行业已经成为社会的共识。人工智能时代离我们越来越近。

语音识别技术就是让机器把语音信号转变为相应的文本或命令。人与人之间的语言沟通会因为双方背景、文化程度、经验范围的不同，造成信息沟通不畅，让机器准确识别语音并理解则难度更大。机器识别语音需要应对不同的声音、不同的语速、不同的内容及不同的环境，且语音信号具有多变性、动态性、瞬时性和连续性等特点，这些都是制约语音识别发展的因素。

语音识别技术发展至今，在识别精度上已经达到了相当高的水平。尤其是基于中小词汇量对非特定人进行语音识别的精度已经大于 98%，而对特定人的语音识别精度更高。现如今的语音识别准确度已经能够满足人们日常应用的需求，很多手机、智能音箱、计算机都已经带有语音识别功能，十分便利。

按照目前语音识别技术的发展势头，未来是否可以使科幻电影中人类和机器人之间无障碍交谈的场景成为现实？尽管语音识别研究机构花了几十年的时间去研究如何实现语音识别准确率的“人类对等”，但目前在某些方面还无法达到理想水平，比如在嘈杂环境下较远的麦克风的语音识别、方言识别等。

智能语音由于在人工智能领域的关键地位和政策引导，以及目前市场上众多参与者的积极推动，呈现出一片繁荣之景，这样的发展红利将持续较长时间，未来的智能语音市场必定会是巨头云集的可为之地。

智能语音技术不断创新，吸引了众多的企业投身其中，比如中天智领的智能 AI 语音交互系统，无论将来指挥中心增加多少信号、多少业务场景，都不再需要后台人员使用计算机操作，只需说出名字，即可快速查找。例如，面对成千上万的监控图像，相关工作人员不再需要眼花缭乱地寻找，只需要说出想看到的监控场景，大屏即可全屏显示。

科技改变生活已经不再是一个口号，人工智能的浪潮席卷而来，无数的成果正改变着这个时代。智能语音作为下一代人机交互入口，必将迎来更为广阔的天地。

4.7 案例实训

1. 实训目的

小晖是公司的客服，每天要回复很多客户的电话，她期盼有一款软件，能够将需要回复的文字转换成自己的说话声音（音频），播放给客户，从而提高工作效率。

本项目将利用百度 AI 开放平台进行语音合成，将一段文字转换成 mp3 格式的语音文件。

2. 实训准备

（1）环境准备：安装 Spyder 等 Python 编程环境。

（2）SDK 准备：安装百度 AI 开放平台的 SDK。

（3）账号准备：注册百度 AI 开放平台的账号。

（4）保证网络通信正常。

3. 实训步骤

（1）创建应用以获取 APPID、AK（API Key）、SK（Secret Key）。

（2）准备本地或网络文本文件，用来合成语音文件。

（3）在 Spyder 中新建语音合成项目 BaiduVoice。

（4）代码编写及运行。

具体步骤如下。

（1）创建应用以获取应用编号APPID、AK、SK。

本项目要用到的是语音识别，因此单击语音技术标记，进入“创建应用”界面。

单击“创建应用”按钮，进入“创建新应用”界面，设置应用名称为“语音合成”，应用描述为“我的语音合成”，其他选项采用默认值，如图 4-5 所示。

图4-5 “创建新应用”界面

单击“立即创建”按钮，然后单击“查看应用详情”按钮，可以看到 APPID 等 3 项重要信息，如表 4-1 所示。

表4-1 应用详情

应用名称	APPID	AK	SK
文字识别	17149894	XD6sbUZUAso8en8XGYNh1qbn	*******显示

记录 APPID、AK 和 SK 的值。

（2）准备素材。

准备一段文字，将文字储存在一个文本文件中。

（3）在Spyder中新建语音识别项目BaiduVoice。

在 Spyder 开发环境中选择左上角的“File”→“New File”命令，新建项目文件，默认文件名为“未命名 0.py”。继续选择左上角的“File”→“Save as”命令，保存“BaiduVoice.py”文件，文件路径可采用默认值。

（4）代码编写及运行。

在代码编辑器中输入如下代码。

```
# 从AIP中导入相应的语音模块AipSpeech
from aip import AipSpeech
# 复制粘贴APPID、AK、SK这3个值并以此初始化对象
"""你的APPID AK SK"""
APP_ID='17181021'
API_KEY='16YjmjjrwUt4x3NHmuXKsxZg'
SECRET_KEY='2SkFkmGMttTbz5sQWVX7NMAZW8itH8mN'
client=AipSpeech (APP_ID, API_KEY, SECRET_KEY)

# 准备文本及存放路径
Text='欢迎来到河南工业大学'        # 文字部分也可以从磁盘读取，或者是从图片中识别
filePath= "D: \data\\MyVoice.mp3 "          #音频文件存放路径

# 语音合成
```

```
result=client.synthesis (Text,'zh',1)
# 可以做一些个性化设置，如选择音量、发音人、语速等

# 识别并正确返回语音二进制代码,错误则返回dict（相应的错误码）
if not isinstance (result, dict):
with open (filePath,'wb')as f:        # 以写的方式打开MyVoice.mp3文件
f.write(result)                       # 将result内容写入MyVoice.mp3文件
```

在相应文件夹中，找到 MyVoice.mp3 音频文件，播放该文件试听，检查语音是否为预期结果。

如果文本已经存放在磁盘上，可进行如下设置。

```
# 准备文本及存放路径VoiceText.txt，其中有一段文字
TextPath='D:\data\voiceText. txt'
Text=open (TextPath).read()#打开文件、读取文件，未做关闭处理

# 当然，也可以做一些个性化设置，如设置音量、语调、发音人等
# 语音合成
result=client.synthesis(Text,'zh',1,{      # “zh”为中文
'vol': 5,# volumn，即合成音频文件的准音量
'pit': 8, # 语调音调，取值为0～9，默认为5，即中语调
'per': 3, # person，发音人选择，0为女生，1为男生，3为情感合成-度逍遥，4为情感合成-
度丫丫，默认为普通女声
})#可以做一些个性化设置，如选择音量、发音人、语速等
```

另外，如果合成的声音需要直接播放的话，可以添加一些代码，具体有如下几个方法。

方法一：直接调用操作系统本身的播放功能，其不足之处是可能会弹出播放器，代码如下。

```
# 语音合成
import os # 调用操作系统本身的播放功能

# 语音播放
os.system ('D: /Data/ MyVoice .mp3')
```

方法二：使用 Python3 的 playsound 播放模块。其不足之处是如果播放完后想重新播放或者对原音频进行修改，系统可能会提示拒绝访问。

首先安装相应的包，代码如下。

```
pip install playsound
```

其次需要添加如下两段代码。

```
# 语音合成
from playsound import playsound
# 语音播放
playsound ('D:  /Data/  MyVoice. mp3')
```

方法三：使用 Pygame 模块。Pygame 是跨平台 Python 模块，专为电子游戏设计，包含对图像、声音的处理。其不足之处是在播放时可能会有声音速度的变化。

首先安装相应的包，代码如下。

```
pip install pygame
```

其次需要添加如下两段代码。

```
# 语音合成
from pygame import mixer # Load the required library

# 语音播放
mixer. init ()
mixer.music. load ('D:  /Data/ MyVoice.mp3')
mixer. music.play ( )
```

4.8 本章小结

本章介绍了人工智能技术中智能语音处理的概念，以及语音识别、语音合成的技术及应用。本章还配备相应的项目，读者不仅可以学习智能语音处理的概念，还能自己动手，体验语音合成、语音识别的具体应用。通过对本章内容的学习，读者能够了解智能语音处理的典型应用，也可以对人工智能的其他应用有更多的畅想。

4.9 课后习题

1. 选择题

（1）对语言语音的特征（类似中文中的声母韵母）进行提取和建模的模型，称为（　　）。

A. 语言模型　　B. 声学模型　　C. 语音模型　　D. 声母模型

（2）在人机系统进行语音交互的时候，经常需要呼叫系统的名字，系统才能开始对话，这类技术称为（　　）。

A. 语音识别　　B. 语音合成　　C. 语音放大　　D. 语音唤醒

（3）用户在正常交谈中，语音对话系统被错误唤醒的指标，称为（　　）。

A. 错误拒绝率　　B. 错误接受率　　C. 功耗损失率　　D. 错误唤醒率

（4）在众多语音对话中，识别出说话人是谁的技术称为（　　）。

A. 语音识别　　B. 语音合成　　C. 语音唤醒　　D. 声纹识别

（5）百度语音技术服务的 Python SDK 中，提供服务的类名称是（　）。

A.AipSpeech　　B.SpeechAip　　C.BaiduSpeech　　D.SpeeshBaidu

（6）百度语音识别服务中，（　）格式的音频文件是不支持的。

A.mp3（压缩格式）　　B.pcm（不压缩）

C.wav（不压缩，pcm 编码）　　D.amr（压缩格式）

2. 填空题

（1）在与机器进行语音对话的过程中，会用到 ________、________、________ 等智能语音技术。

（2）在简单易记、日常少用、单一音节、易于唤醒等特征中，你认为 ________ 的唤醒词并不值得推荐。

3. 简答题

（1）根据你的了解，写出至少 3 个你身边的语音识别应用。

（2）根据你的了解，写出至少 3 个你身边的语音合成应用。

第 5 章

CHAPTER 5

计算机视觉处理及应用

计算机视觉是仿照人眼成像系统，以具有采集自然界事物影像功能的设备为中介，以数据处理芯片为基础，实现计算机对自然事物感知的一门学科。该学科涵盖了人眼视觉、色彩显示、图像处理及数据分析等基础学科的研究。本章主要讲解计算机视觉中所涉及的基本理论、计算机视觉实现的一般步骤，以及当前计算机视觉的工业应用。

5.1 人眼视觉

计算机视觉是人工智能领域重要的分支之一，其工作原理是模拟人的大脑的视觉能力。尽管随着光学器件、智能计算及认知科学等相关学科的发展，计算机视觉已经得到了广泛的关注并应用在不同的领域。但是，由于人们对自己的视觉处理过程了解程度尚待提高，因此计算机视觉领域的基础理论依然存在发展的空间，该学科离真正实现仿生人眼成像系统、理解自然场景还有很远的距离，这依然是一个值得人们长久探索的领域。

5.1.1 人眼生理结构

要设计计算机视觉系统，理解计算机视觉工作原理，必须充分了解人眼视觉系统。人眼视觉系统是计算机视觉理论产生的基础，更是计算机视觉系统最终服务的对象，即图像或视频信息最终的接收者、评价者。

1.人眼的构造

人眼是由眼球壁和眼球构成的前后直径约为 23 毫米的近似球状体，其部分基本构造如图 5-1 所示。

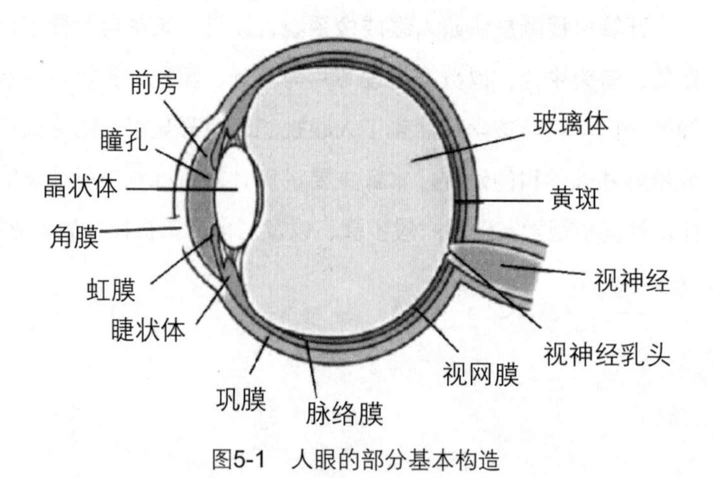

图5-1　人眼的部分基本构造

眼球壁被 3 层薄膜包围，最外侧为角膜和巩膜，中间一层为虹膜（中央圆孔称为眼球）、睫状体和脉络膜，最内层为视网膜。作用分别如下。

角膜：屈光，光线经角膜产生屈折进入眼内。

巩膜：保护眼球。

虹膜：自动调节（睫状体）瞳孔的大小，进而控制进入人眼光线的多少。

脉络膜：吸收外来散光，消除光线在眼球内部的无序反射。

视网膜：一种透明薄膜，是眼球的感光部分，由约 650 万个锥体细胞和约 1 亿个杆体细胞构成。

锥体细胞：可分辨光的强弱，也可分辨色彩，又称明视觉细胞。

杆体细胞：主要在黑暗条件下起作用，不能分辨色彩，只能分辨黑白、色彩的浓淡，又称为暗视觉细胞。

黄斑：对光有较高的分辨率，能够识别图像的细节。

眼球内包含晶状体、房水及玻璃体，它们是屈光介质，其中晶状体是一种位于玻璃体与虹膜之间的扁球状弹性透明体。睫状肌的收缩可改变晶状体的屈光力，使外界的景物在视网膜上形成清晰的影像。

2.人眼视觉信息的产生、传递和处理

光线经过角膜、瞳孔到达晶状体（折射光线）后又到达玻璃体，再到视网膜形成物象，视神经将物象信息传输到大脑视觉中枢形成视觉。人眼视觉信息的产生和传递示意图如图 5-2 所示。

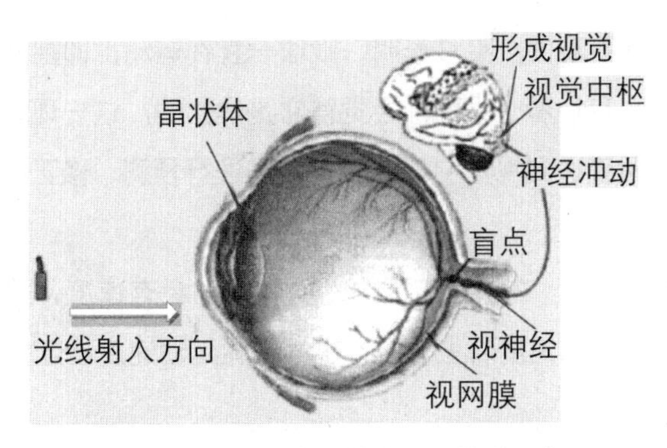

图5-2　人眼视觉信息的产生、传递示意图

虽然人和高级动物都具有高度发达的检测、识别、记忆视觉信息的能力，但是大脑对图形的认识过程依然是一个值得探索的问题。当前，根据 Lashley 教授切除已经学会走迷宫的白鼠大脑皮层的实验，倾向于认为，当我们观察物体时，眼睛和大脑会将外界物体编码成许多不同类型的神经活动送入大脑，这些神经活动借助神经密码和大脑的活动模式来记录外界物象，而不是在大脑中形成所谓的内部图像。根据上述理论，衍生出了图像的稀疏表达、深度学习中所涉及的对图像进行的各种卷积操作等主流的图像处理算法。

5.1.2　人眼视觉特性

1. 视觉运动特性

（1）实验表明，人眼高度集中的视力范围一般只有 2° 到 3° ，中度集中范围在 114° 左右，

如图 5-3 所示。视网膜周围由杆体细胞组成的周边视力分辨率较低，无法看清楚图像细节，但该部分视力对图像中的运动变化部分敏感，能够辅助实现图像特征的抽取，指导眼球对准这些部位，以便看清其细节。例如，在工作时看到有人从门口通过，人可能会不自觉地转头向门外看去，或者不看也能大致判断路过人的形体特征。

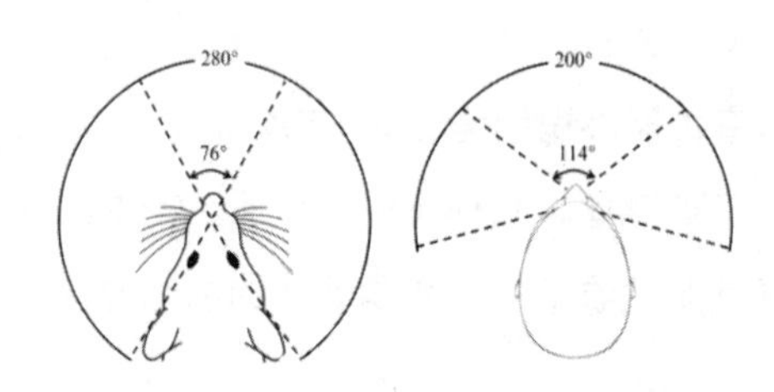

图5-3　动物及人眼视力范围对比示意图

（2）注意视点的分布。一般来讲，人在观察景物时容易将视点集中在色彩反差较大处或拐角处，针对闭合图形，注意视点容易向图形内侧移动。此外，注意视点还会分布在时隐时现的运动变化部分及规则图形中的不规则之处。

（3） 眼球运动与外界不动性。实验表明，眼球一直在运动，即视网膜和图像之间存在着相对运动，然而实际情况是，我们看一张图片会觉得它是静止的。这一现象并未被完全解释，一般认为视觉中枢神经对从视网膜送到视觉中枢的视觉信号进行预测、修正和抵消，以调节相对运动产生的差异。

（4）运动视觉的其他特性。在视野范围内，物体运动会有速度，并且速度大小与物体的大小和形状有关。如大的物体运动速度看上去慢，小的物体运动速度看上去会快些。

2. 人眼对比效应

同时对比效应如图 5-4（a）所示。图中两个中心方块的亮度是一致的，然而看起来的亮度却有所差别。这种与背景光强度相关的视觉感觉称为同时对比效应。

马赫带效应如图 5-4（b）所示。图中竖直条带的亮度是一致的，然而通过观察发现，与亮度较高的条带相邻之处显得亮度较高（即所有条带的右边会比左边亮一些），出现的这些毛边带称为马赫带效应。

（a）同时对比效应

（b）马赫带效应

图5-4　对比效应

3. 人眼错觉

人的视觉在感知客观世界时，会不可避免地存在错觉现象。如图 5-5（a）所示，静态的图片看起来会向内运动；如图 5-5（b）所示，相同线段长度在加上开口不一致的箭头后，长度看起来会不一致。

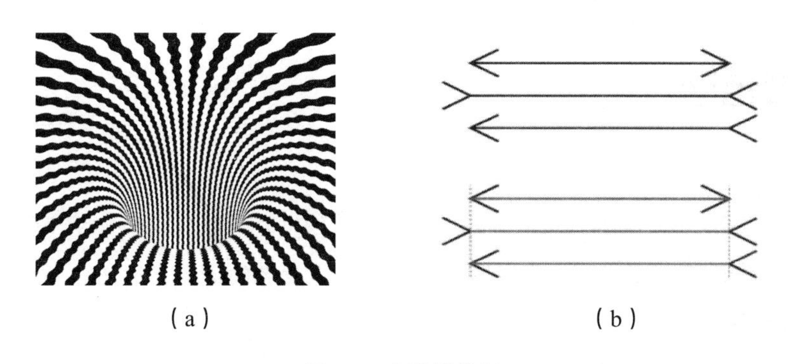

图5-5　人眼错觉图

5.1.3　人眼立体视觉

人眼立体视觉指的是人眼在观看空间景物时，对物体远近、深浅、高低等三维空间位置的分辨感知能力，是双眼视觉中的最高级功能。从定义中不难看出，人眼立体视觉依赖双眼同时视觉和融合视觉。人眼立体视锐度是能够分辨双眼视网膜影像间最小的水平视差的能力，其范围为 40"~60"，人眼立体视锐度越小，其立体视觉能力就越好。

人类的两眼是水平分开的，物体在左右眼视网膜成像，当双眼能同时看到物体时就具备了一级视功能——同时视；而后大脑将双眼看到的物体融合成一个完整的物象，就形成了二级视功能——融合视；由于视角的差异，双眼所看到的物体会形成微小的不对应差别，即双眼视差，并由此产生三级视功能——立体视。

由此可见，立体视觉讨论的是双眼视功能，单眼是不可能形成立体视觉的。独眼的人也能判断远近距离，其依靠的是单眼线索，在观察物体的相对大小、阴影、物体之间的重叠时，与双眼视觉正常者的立体视觉存在本质的区别。因此人眼立体视觉的形成一定要满足以下条件。

（1）双眼视力大致相同，具有较好的单眼视力，物像在视网膜上足够清晰。

（2）双眼能够同时感知物体，即双眼视网膜中心对应，不存在交叉一致现象。

（3）具有融合图像的能力，即通过人脑感知能够将不同视觉下物体的相同位置点调整到视网膜的中心对应点上。

（4）双眼所感知的物体要在形状、大小、明暗程度、颜色等特征上相同或相似。

（5）双眼用于共同的视觉方位，具有相当的双眼视差 ，眼位正常，眼肌运动协调一致。

（6）双眼的视野正常，双眼视野需要足够多的重叠区域，大脑中枢神经发育正常。

当前穿戴式立体电影（眼镜）、裸眼自由立体电影、虚拟现实等高新显示技术，其最基本的原理便是人眼立体视觉。上述技术只是利用相应的科学手段，借助设备使得人类双眼在对应的时间看到了满足立体成像的物像，仅此而已。

5.2 颜色学

随着计算机视觉技术的发展，运用科技手段展现现实世界的过程离不开颜色的参与。理解颜色形成原理、学习颜色描述方法及标准的色度学系统、掌握颜色的基本应用，对于计算机视觉的发展有着积极的促进作用。

1. 光与色

古人以颜色入诗写词，以抒怀咏叹；今人更是将颜色的作用发挥到了极致，大至商场琳琅满目的商品及广告，小至一张糖纸，无一没有颜色的身影。然而，无论多么绚丽、灿烂的颜色，都离不开“光”这一重要元素。光是一切颜色的源头，也可以说光是色的源泉，色是光的表现。

通常情况下，光是一种能够作用于人眼并引起明亮颜色感觉变化的电磁辐射。在整个电磁波谱中，能够引起人眼视觉的只是一小部分，这部分称为可见光辐射，简称可见光。自古时起，人们就开始探索光与色的关系。早在 1666 年，牛顿在英国剑桥大学实验室里就完成了著名的色散实验，如图 5-6 所示。

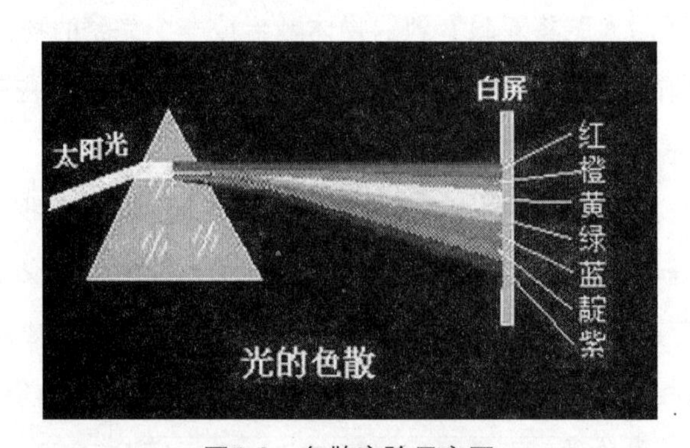

图5-6　色散实验示意图

该实验中一束白光经过三棱镜折射，投到白色的屏幕上，会出现类似彩虹的色光带谱，依次为红（R）、橙（O）、黄（Y）、绿（G）、蓝（B）、靛（C）、紫（P）七种单色光，这七种单色光无法再做分解，但是通过相互组合可以形成包括白光在内的新光谱。在七种单色光中，红、绿、蓝三种单色光因其在光谱中波长最长、最为鲜明，在实际应用中也最多，当前所看到的鲜艳的显示设备，其晶体管的排列便是由此三种单色光组成；常见的彩色照片，也是由此三种颜色通道组成。

2. 色光加色系

根据色散实验不难发现，太阳光（即白光）是一种复合光。日常生活中的白炽灯和荧光灯所发出的光都是复合光，由不同波长的色光混合而成，并同时被人眼所接收，进而产生了白光的感觉。实验表明，一定的红光和绿光相混合，就能产生黄光的效果。事实上，将红（R）、绿（G）、蓝（B）三种色光以不同的比例混合，基本上可以产生人们所看到的自然界出现的所有色彩。根据这一现象，人们设计出了工业上的大部分彩色显示设备，这一点可以通过光学显微镜观察彩色显示设备得到验证。

如图 5-7 所示，这是将红、绿、蓝三种色光投射到白色屏幕上混合成色的结果。因红、绿、蓝三种色光能够混合产生其他色光，而其本身又是各自独立的，即其中任何一种色光均不可由其他两种混合而成，因此将红、绿、蓝称为色光三原色。

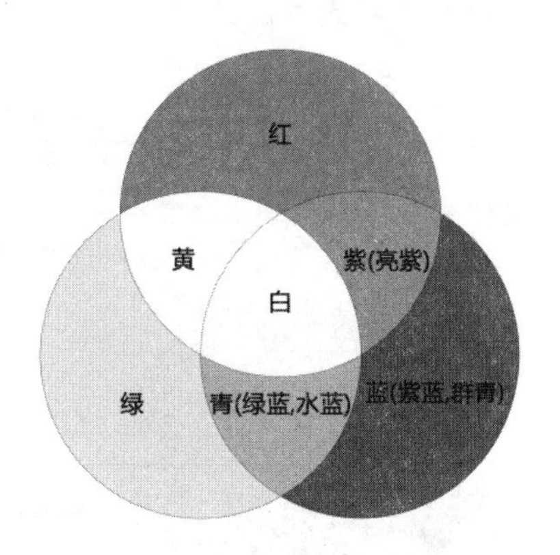

图5-7 三原色混色图

为进一步探究色光之间的关系，将红、绿、蓝三种色光分别用 R、G、B 表示。将其进行等量相加时便得到了白光（W），表达式如下。

$$W=R+G+B$$

白光 = 红光 + 绿光 + 蓝光。当红、绿、蓝三种色光非等量时，如绿光少，即会出现胭脂红色的光；红光少，便会出现深绿色的光。由上图可知，由两种或三种原色光混合而成的色光，其亮度均高于原有色光，由此可简单地认为这种现象是由光谱能量相加造成的，加色混合能够获得能量更高、更明亮的新色光。简言之，色光相加，能量相加，越加越亮。此外，若任何两种色光相加后都能得到白光，那么这两种色光称为互补色光。

3. 色料减色系

在现实世界中，更多的物体是不发光体，其本身并没有发射光的能力，然而却呈现出了各种各样的颜色，其呈色原理便是色料减色法。

在光的作用下，物体显示不同的颜色，其中很多物体的颜色是经过色料的涂染而具有的。涂染后能够使无色的物体呈色，使有色物体改变颜色的物质，称为色料。色料与色光截然不同，但是它们都具有众多的颜色。通过混色实验，光能量减少，混合后的颜色必然暗于混合前的颜色。因此，明度低的色料调配不出明亮的颜色，只有明度高的色料作为原色才能混合出数目较多的颜色，得到较大的色域。通常情况下，人们选择青、品（品红）、黄作为色料的三原色。

将白色光作用到颜料上，色料从白色光中吸收一种或几种单色光，从而呈现另外一种颜色的方法，称为色料减色法，简称减色法或减色系。

此外，将三原色光中的任意两种色光相加，就可以分别获得青（C）、品红（M）、黄（Y）。表示如下。

W-R=G+B=C（白光 - 红光 = 绿光 + 蓝光 = 青光）

W-G=B+R=M（白光 - 绿光 = 蓝光 + 红光 = 品红光）

W-B=G+R=Y（白光 - 蓝光 = 绿光 + 红光 = 黄光）

如果将两种或三种颜料按比例混合，便可得到一系列的渐变颜色，如图 5-8 所示。当我们将三种原色料等量混合时，就可以得到黑色。

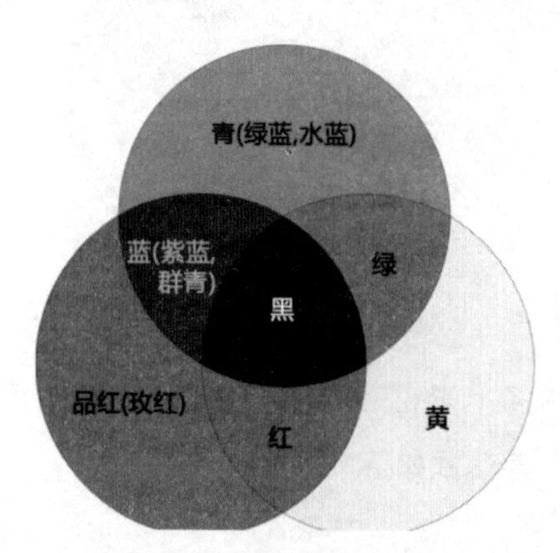

图5-8　减法三原色混色图

综上所述，三原色色料按照减法混合后，便可产生自然界中几乎所有的颜色，绘画、打印、彩色印刷、滤光片等均利用了此原理。

4. 颜色心理属性

当前存在的大部分显色表色系统是根据色彩的心理属性（即色相、明度、饱和度或彩度）进行分类、归纳、排列的，然后定出各种标准色样，并对其进行相应的文字和数字标记，即可作为物体色的比较标准，称为色标。

色相是颜色的基本特征，用于辨别颜色是红、绿、蓝，还是其他颜色色彩感觉（颜色知觉）的属性。

明度是判断物体间能够反射多少色光的色彩感觉属性。

饱和度表示彩色的纯洁性，指彩色与非彩色的区别。

彩度也是表示彩色与无彩色差别的程度，它与饱和度在描述色彩感觉属性时的意义是相同的。只是在同一种表色系统中，两者最好不要同时出现，以免造成误解。

色差是用数值的方式表示两种颜色给人的色彩感觉上的差别，通常利用 $L^*a^*b^*$ 色空间表示颜色，L^* 表示心理计量明度，a^*, b^* 表示心理计量色度，是视神经节细胞的红—绿、黄—蓝反应色差，也是两种颜色所在的坐标点在空间上的距离，用下式进行计算。

明度差：$\Delta L^* = L_1^* - L_2^*$

色度差：$\begin{aligned}\Delta a^* &= a_1^* - a_2^* \\ \Delta b^* &= b_1^* + b_2^*\end{aligned}$

总色差：$\Delta E_{ab}^* = \sqrt{\left(L_1^* - L_2^*\right)^2 + \left(a_1^* - a_2^*\right)^2 + \left(b_1^* - b_2^*\right)^2}$

以上述公式计算颜色差别的大小，以绝对值 1 作为一个单位，称为“NBS”色差单位。一个 NBS 相当于视觉色差识别阈值的 5 倍，其中 NBS 的色差单位与人的色彩感觉差别如表 5-1 表示。

表5-1　NBS单位与人的色彩感觉差别

NBS单位	与人的色彩感觉差别
0.0～0.50	（微小色差）感觉极微
0.5～1.5	（小色差）感觉轻微
1.5～3.0	（较小色差）感觉明显
3.0～6.0	（较大色差）感觉明显
6.0以上	（大色差）感觉强烈

每个人对色差的心理承受域不同，一般来讲，人眼对色差的容忍程度约为 2.4，超出这个值，人们能很轻易地察觉出色彩的变化。此外，上述色差计算只是当前最为流行的标准之一，还存在许多不同的色差计算方法，可根据需求再做深入研究。

5.3 图像处理基础知识

图像处理是利用计算机对图像进行分析处理，以获得所需结果的技术，又称为影像处理，是计算机视觉技术不可或缺的一个组成部分。因此，学习图像处理技术是掌握计算机视觉技术不可或缺的重要步骤。本节主要介绍图像处理的种类、概述，以及数字图像处理的目的、特点和主要研究内容。

5.3.1 图像的种类

图是物体反射或投射光的分布，像是人的视觉系统所接收的图在大脑中形成的印象或反应。日常生活中我们所接触的纸上印刷的、相机拍摄的和显示器上所呈现的所有具有视觉效果的画面均称为图像。

（1）根据空间位置和灰度的大小变化方式，图像可分为连续图像和离散图像。

连续图像：指在二维坐标系中具有连续变化的空间位置和灰度的图像。

离散图像：图像在空间位置上被分割成点，灰度值大小也分为不同级数，数字图像就是典型的离散图像。

（2）根据记录方式的不同，图像可分为模拟图像和数字图像。

模拟图像：通过某种物理量（光、颜料）的强弱变化来表示图像上的颜色信息，如常见的用线条画的图、在显微镜下看到的图像就是模拟图像。

数字图像：连续的模拟图像经过离散化处理后变成计算机能够识别的点阵图像，即将连续图像分成若干个像素点，以不同的量化值表示每个点的颜色。如利用扫描仪扫描的电子图片、数码相机拍摄的电子图片。伴随着计算机视觉技术的发展，数字图像处理已经成为图像处理的重要组成部分，本书后文所指图像，若无特殊说明，均为数字图像。

5.3.2 数字图像处理概述

1. 数字图像处理的概念

数字图像处理是指利用计算机实现对数字图像的处理，主要包括对图像进行增强、复原、分割、提取特征等操作。根据数字图像处理所获得的结果的不同，数字图像处理分为图像到图像的处理和图像到非图像的处理。

图像到图像的处理：这类处理是使图像经过处理后变成新的图像，从而获得需要的效果，如图像增强技术、图像修复技术、图像去噪技术及三维虚拟生成技术等。

图像到非图像的处理：指图像经过处理后变成一种非图像的表示，如图像特征的提取、图像检测、图像测量等。

2. 数字图像处理的目的

一般来讲，数字图像处理需要完成以下一项或几项任务。

（1）提高图像视觉质量，如图像的增强、图像的去噪、图像的修复、图像的畸变矫正等。

（2）获得图像的某些特征，为计算机的分析提供依据，如人脸识别、边缘检测、图像分割、纹理分析等。

（3）信息可视化，将人眼无法看出的信息，利用数字图像处理使之能够直接显现。信息可视化结合了科学可视化、人机交互、数据挖掘、图像技术、图形学、认知学等诸多学科的理论和方法，已经被广泛用于大数据分析、医学信息处理等领域。

（4）信息安全的需要，该内容主要涉及数字图像水印和图像信息隐藏，以确保信息的安全。

3. 数字图像处理的特点及研究内容

数字图像处理利用数字计算机和其他专用的数字设备处理图像，与模拟的方式相比具有处理精度高、重现性好、灵活性高、图像信息量大等特点。

一般来讲，数字图像处理的研究内容包括图像信息的获取和存储、图像频域变换、图像几何变换、图像增强、图像复原、图像压缩编码、图像分割、图像重建、图像隐藏等。

5.3.3 图像数字化

常见的图像信号是一种二维空间信号，如常见的黑白图像在二维平面下的亮暗变化，函数表示记作：$f(x,y)$，表示一幅图像在水平 x 和垂直 y 两个方向上光照强度的变化。在一幅连续图像函数 $f(x,y)$ 中，其 x 和 y 两个坐标及其幅度都是连续的。利用计算机对图像进行数字化处理，主要包括采样和量化两个步骤，即对连续图像函数 $f(x,y)$ 进行空间和幅值的离散化处理。经过数字化处理的图像，能够被计算机轻松地识别并完成相应的处理。

1. 采样和量化

图像在空间上的离散化过程称为采样，即利用灰度值代表空间中的部分点，这些点称为采样点。如图 5-9 所示，简单来说，采样是将一幅连续图像在空间上按照一定的采样定理，沿着横向和纵向分成若干个网格，每个网格用一个亮度值表示。

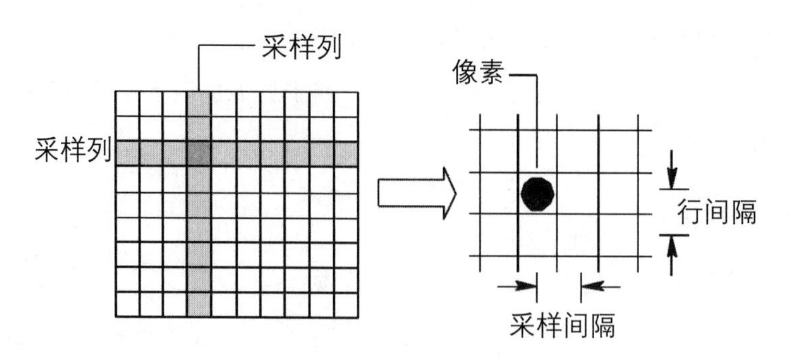

图5-9　采样示意图

经过采样后的图像虽然在时间和空间上已经被离散化，然而所获得的采样像素值（灰度值）依然是连续量。将采样后所得的各像素的灰度值从模拟量转换为离散量的过程称为图像灰度的量化。如图 5-10 所示，量化就是将采样点上对应的亮度连续变化区间转化成单个特定数码的过程。量化后的图像可被表示成一个整数矩阵。每个像素都包含位置和灰度两个属性，通常情况下，行、列便是位置，灰度表示该像素位置上的明暗程度，其灰度级一般为 0 ～ 255。

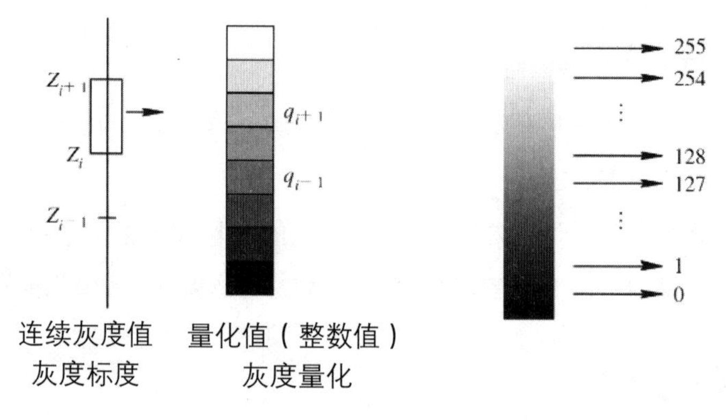

图5-10　量化示意图

2. 图像的数学模型

经过采样和量化后的图像已经可以被看成一个整数矩阵。一幅 $M \times N$ 个像素的数字图像，其像素灰度值可以用行列矩阵表示：

$$I(i,j)=\begin{pmatrix} I_{11} & I_{12} & \cdots & I_{1n} \\ I_{21} & I_{22} & \cdots & I_{2n} \\ \vdots & \vdots & \vdots & \vdots \\ I_{m1} & I_{m2} & \cdots & I_{mn} \end{pmatrix}$$

其中 i 表示的是垂直方向，j 表示的是水平方向，I_{ij} 表示的是第 i 行第 j 列的像素值，在数字图像中，像素与二维矩阵中的每个像素一一对应。在数字图像处理的相关操作中，便可以借助矩阵理论及对应的数学方法对图像进行分析和处理。8×8 的图像块及其数学表示如图 5-11 所示。

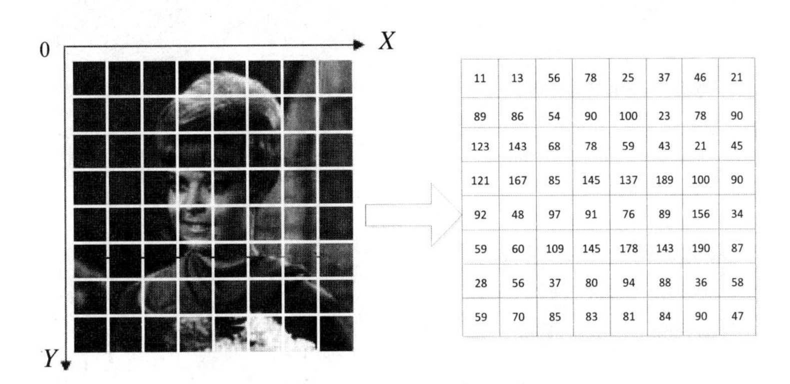

11	13	56	78	25	37	46	21
89	86	54	90	100	23	78	90
123	143	68	78	59	43	21	45
121	167	85	145	137	189	100	90
92	48	97	91	76	89	156	34
59	60	109	145	178	143	190	87
28	56	37	80	94	88	36	58
59	70	85	83	81	84	90	47

图5-11　8×8图像块及其数学矩阵

3. 数字图像的数据量

一幅图像在进行采样时，行、列的采样点与每个像素量化的级数，同时影响着数字图像的质量和数字图像的数据量。设图像取 $M \times N$ 个采样点，每个像素量化后的灰度二进制位数为 Q，一般来讲，Q 总是取 2 的整数幂，即 $Q=2^k$，那么求存储一幅数字图像所需的二进制位数 b 的公式如下。

$$b = M \times N \times Q$$

求字节数 B 的公式如下。

$$B = M \times N \times \frac{Q}{8}$$

4. 图像分辨率

数字图像的采样和量化参数的选择直接影响着图像的数据量和图像的视觉效果。理论上讲，采样点越多量化等级越高，图像质量越高，数据量越大，所需要的存储空间也就越大。从空间及灰度量化等级的角度出发，图像分辨率分为空间分辨率和灰度分辨率两种。

空间分辨率：能够辨别的图像上最小的细节，即单位长度上的像素，最直观的表现是图像的清晰和模糊程度，单位为 ppi，表示的是图像数字化过程中对空间坐标离散处理的精度，是数字图像的重要参数之一。当采样点数减少时，图像分辨率变化情况如图 5-12 所示。其分辨率的值越高，数字图像所表达的场景细节越丰富，其数据量也越大。

灰度分辨率：图像在灰度级别中可分辨的最小变化，是表示图像亮度的指数标准。不同灰度级数的图像如图 5-13 所示。当采样点数一定时，灰度级数越高，表明图像质量越好；灰度级数越低，表明图像质量越差。

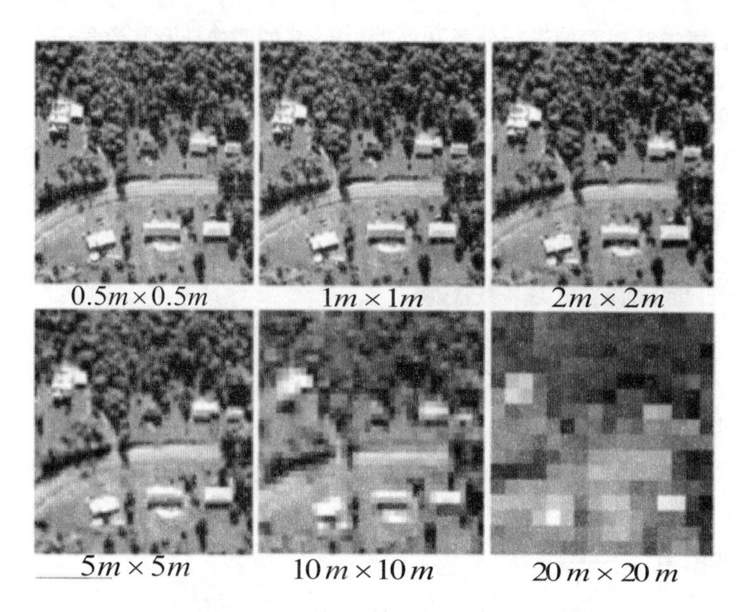

图5-12　图像分辨率变化对图像的影响

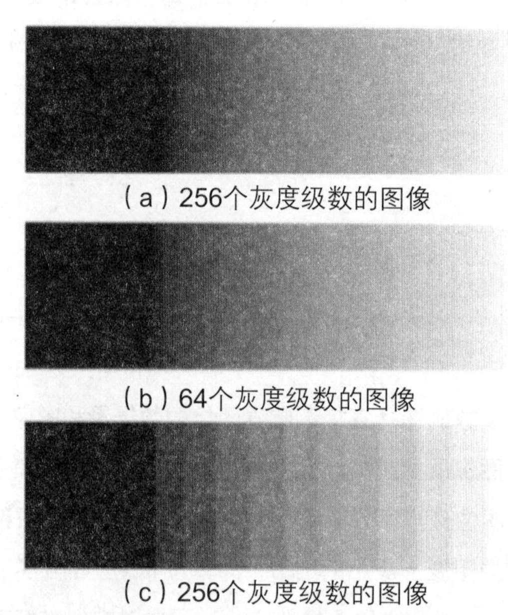

（a）256个灰度级数的图像

（b）64个灰度级数的图像

（c）256个灰度级数的图像

图5-13　不同灰度级数的图像

根据实际应用的不同场景，要综合考虑图像分辨率及数据图像存储能力，合理设定分辨率，以获得合适的数字图像。

5.3.4　数字图像类型及其常见格式

矢量图和位图是计算机视觉技术中常用的两种图形图像表示方法，其中矢量图是利用一系列的软件绘图指令表示的一幅图像，其本质是用数学公式描绘的一幅图像。位图是利用较多的像素点表述的一幅图像，每一个像素都具有颜色和位置属性。在数字图像处理中，常用的图像类型为位图。根据其描述像素的灰度及颜色模式的不同，可分为黑白图像、灰度图像和彩色图像三种。

（1）黑白图像指的是图像像素只有黑色和白色两种情况，因其只有两种灰度等级，所以又称为二值图像。黑白图像如图 5-14 所示，这种图像像素只有 0 和 1，其中 0 表示黑色，1 表示白色。二值图像块及其数学矩阵表示如图 5-15 所示，此种图像类型数据量较少并且只显示其边缘信息，无法展现良好的纹理特征。

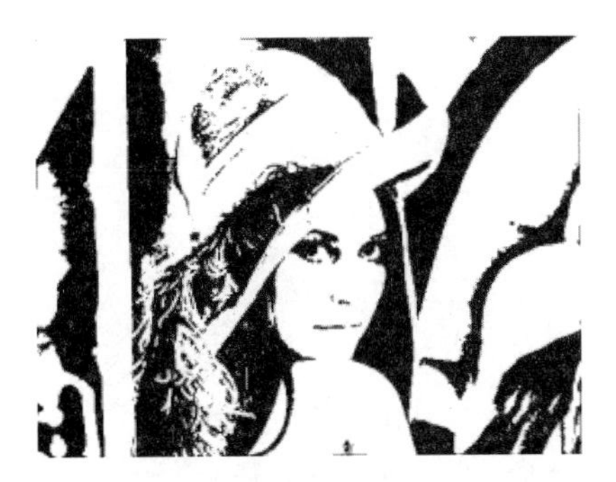

图5-14　黑白（二值）图像

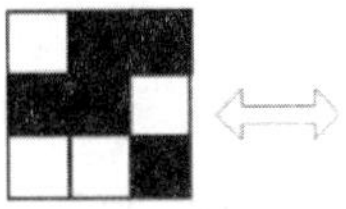

$$I=\begin{bmatrix}1&0&0\\0&0&1\\1&1&0\end{bmatrix}$$

图5-15　3×3的二值图像块及其数学矩阵

（2）灰度图像指的是每个像素都有一个采样像素，其像素值均介于黑色和白色之间的 256 种灰度中的一种。灰度图像如图 5-16 所示，灰度图像只有从黑到白 256 种灰度，灰度值取值范围为 0～255，0 表示的是黑色，255 表示的是白色。3×3 的灰度图像块及其数学矩阵表示如图 5-17 所示。

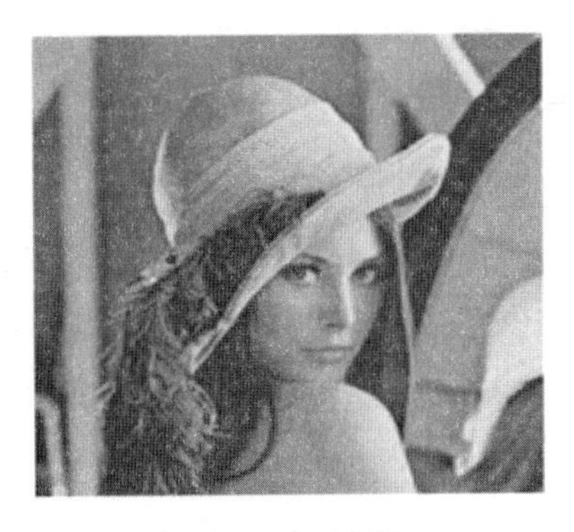

图5-16　灰度图像

$$\begin{bmatrix}0&150&200\\120&50&180\\250&220&100\end{bmatrix}$$

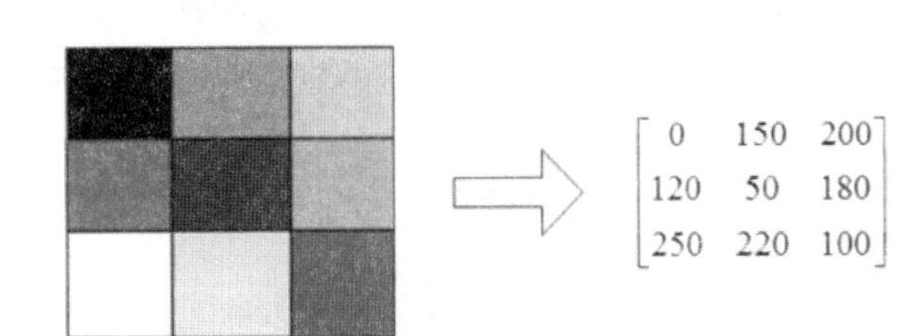

图5-17　3×3的灰度图像块及其数学矩阵

（3）彩色图像除含有亮度信息，还包含颜色信息。常见的彩色图像表现在 RGB 彩色空间中，每幅彩色图像有三个通道，分别对应红、绿、蓝三个通道。彩色图像如图 5-18 所示，在此彩色图像中，每个像素均由红、绿、蓝三个字节组成，每个字节为 8 位，表示 0～255 种不同的亮度值，可产生 1670 种不同的颜色，远远超出了人眼能够辨别的颜色范围。其数学矩阵如图 5-19 所示。常见的彩色显示器，其像素排列便是根据这一理论形成的。

图5-18 彩色图像

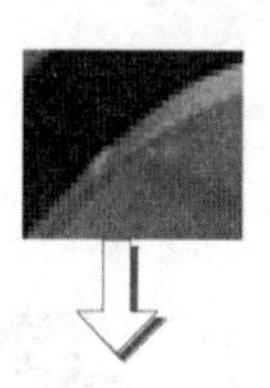

$$R\begin{matrix}255 & 0 & 156\\ 255 & 125 & 189\\ 255 & 245 & 135\end{matrix}\quad G\begin{matrix}55 & 0 & 186\\ 135 & 0 & 190\\ 225 & 123 & 130\end{matrix}\quad B\begin{matrix}100 & 40 & 86\\ 35 & 60 & 170\\ 25 & 73 & 150\end{matrix}$$

图5-19 3×3的彩色图像块及其数学矩阵

数字图像以图像文件的形式存储，根据开发商的不同，有不同的存储格式。在进行数字图像处理之前，必须了解相关的图像格式。常见的静态图像存储格式有 BMP、TIFF、JPEG 等。

BMP 又称为位图文件，是一种与设备无关的文件，分为位图文件参数头域、位图参数头域、调色板域和位图数据域等几个域。

TIFF 标记图像格式是基于标志域的图像文件格式，有关的所有信息都存储在标志域中，如图像大小、所用计算机型号、制造商、图像的作者、说明、软件及数据等。

JPEG 联合图像专家组，是用于连续色调静态图像压缩的一种标准，是最常用的图像文件格式，此种格式可以用有损压缩的方式去除冗余的图像数据，以较少的存储空间得到较好的图像质量。

5.3.5 数字图像处理技术

数字图像处理技术是在数字图像的基础上，利用相关的数学计算方法，完成图像的相关变换，以达到应用目的。

1. 图像的代数运算

与常规的矩阵运算一样，图像之间也存在四则加减乘除运算，并且每种运算所表达的含义不同。设两幅图像 $I_1(x,y)$ 和 $I_2(x,y)$，$I(x,y)$ 表示结果值。

图像的加法运算：$I(x,y)=I_1(x,y)+I_2(x,y)$，此种运算能够获得图像叠加的效果，得到各种图像合成的效果，也可以用于图像的拼接。

图像的减法运算：$I(x,y)=I_1(x,y)-I_2(x,y)$，该运算可提供图像之间的差异，能用于混合图像的分离，指导动态监测、运动目标检测和跟踪、图像背景消除及目标识别等。

图像的乘法运算：$I(x,y)=I_1(x,y)\times I_2(x,y)$，该运算用于图像的局部显示，实现掩模处理，即屏蔽图像中的某些部分。

图像的除法运算：$I(x,y)=I_1(x,y)\div I_2(x,y)$，该公式同“图像的乘法运算”，只是把乘号变成除号，用于检测图像间的差别，主要是像素值的比率变化，因此也称为比率变换。

除了上述几种常见的基本变换操作外，还有基于图像图形的几何变换，如图像的平移变换、镜像变换、旋转变换、比例缩小变换、比例放大变换、错切变换等。

2. 常用图像特征及其提取方法

在数字图像处理技术中，为了实现相关的功能，需要利用计算机提取图像信息，以合理地展示图像的标识性。能够用于标识图像的信息称为图像的特征，常用的图像特征有颜色特征、纹理特征、形状特征、空间关系特征。这里重点介绍颜色特征及纹理特征。

颜色特征是一种全局特征，描述了图像或图像区域内对应场景的表面性质。一般颜色特征是基于像素点的特征，所有的像素点对该图像或图像区域都有贡献。由于颜色对图像的方向、大小等变化不敏感，因此不能很好地捕获对象的局部特征。颜色特征描述可分为颜色直方图、颜色集、颜色矩、颜色聚合向量和颜色相关图，这里主要介绍前 4 个。

（1）颜色直方图能简单描述一幅图像中颜色的全局分布，即不同色彩在整幅图像中所占的比例，特别适用于描述那些难以自动分割的图像和不需要考虑物体空间位置的图像。其缺点在于无法描述图像中颜色的局部分布及每种色彩所处的空间位置，即无法描述图像中的某一具体的对象或物体。

常用的颜色空间有 RGB 颜色空间和 HSV 颜色空间。

颜色直方图特征匹配方法主要有直方图相交法、距离法、中心距法、参考颜色表法、累加颜色直方图法。

（2）颜色集是颜色直方图的一种近似表示方式，首先将图像从 RGB 颜色空间转化成视觉均衡的颜色空间（如 HSV 空间），并将颜色空间量化成若干个柄。然后用色彩自动分割技术将图像分为若干区域，每个区域用量化颜色空间的某个颜色分量来索引，从而将图像表达为一个二进制的颜色索引集。在图像匹配中，比较不同图像颜色集之间的距离和色彩区域的空间关系 。

（3）颜色矩（颜色分布）的数学基础在于，图像中任何的颜色分布均可以用它的矩来表示。此外，由于颜色分布信息主要集中在低阶矩中，因此，仅采用颜色的一阶矩、二阶矩和三阶矩就足以表达图像的颜色分布。

（4）颜色聚合向量是将属于直方图每一个柄的像素分成两部分，如果该柄内的某些像素所占据的连续区域的面积大于给定的阈值，则该区域内的像素作为聚合像素，否则作为非聚合像素。

纹理特征也是一种全局特征，描述了图像或图像区域所对应景物的表面性质。但由于纹理只是一种物体表面的特性，并不能完全反映出物体的本质属性，所以仅仅利用纹理特征是无法获得高层次图像内容的。与颜色特征不同，纹理特征不是基于像素点的特征，它需要在包含多个像素点的区域中进行统计计算。在模式匹配中，这种区域性的特征具有较大的优越性，不会由于局部的偏差而无法匹配成功。作为一种统计特征，纹理特征常具有旋转不变性，并且对于噪声有较强的抵抗能力。但是，纹理特征也有缺点，比如当图像的分辨率发生变化的时候，所计算出来的纹理可能会有较大偏差。另外，由于有可能受到光照、反射情况的影响，从 2-D 图像中反映出来的纹理不一定是 3-D 物体表面真实的纹理。

纹理特征的主要计算方法如下。

（1）统计方法：统计方法的典型代表是一种称为灰度共生矩阵（GLCM）纹理特征分析方法。Gotlieb 和 Kreyszig 等人在研究共生矩阵中各种统计特征的基础上，通过实验得出灰度共生矩阵的四个关键特征：能量、惯量、熵和相关性。统计方法中另一种典型方法，是从图像的自相关函数（即图像的能量谱函数）中提取纹理特征，即通过对图像的能量谱函数的计算，提取纹理的粗细度及方向性等特征参数 。

（2）几何方法：所谓几何法，是建立在纹理基元（基本的纹理元素）理论基础上的一种纹理特征分析方法。纹理基元理论认为，复杂的纹理可以由若干简单的纹理基元以一定的、有规律的形式重复排列构成。在几何方法中，比较有影响力的算法有两种 ：Voronio 棋盘格特征法和结构法。

（3）模型法：以图像的构造模型为基础，采用模型的参数作为纹理特征。典型的方法是随机场模型，如马尔可夫随机场模型法和 Gibbs 随机场模型法。

（4）信号处理法：该方法建立在时频分析与多尺度分析的基础之上，对纹理图像中的某个区域进行某种变换后，再提取相对平稳的特征值，以此特征值作为特征，来表示区域内的一致性及区域间的相异性。纹理特征的提取与匹配方法主要有灰度共生矩阵、Tamura 纹理特征、自回归纹理模型、小波变换等。

（5）结构分析方法：该方法认为纹理是由纹理基元的类型和数目，以及基元之间的“重复性”的空间组织结构和排列规则来描述的，且纹理基元几乎具有规范的关系，例如，假设纹理图像的基元可以分离出来，以基元特征和排列规则进行纹理分割，显然，确定与抽取基本的纹理基元及研究存在于纹理基元之间的“重复性”结构关系是结构分析方法要解决的问题。由于结构分析方法强调纹理的规律性，较适用于分析人造纹理，而真实世界的大量自然纹理通常是不规则的，且结构的变化是频繁的，因此此方法的应用受到很大的限制。

5.4 计算机视觉系统

5.4.1 计算机视觉技术处理图像的一般流程

计算机视觉系统相当于为计算机安装上眼睛（相机）和大脑（算法），使计算机获得感知环境的能力，实现目标识别、跟踪和测量等，并进一步进行图形图像处理，使其成为更适合人眼观察或传递给仪器检测的图像。

尽管计算机视觉任务众多，但大多数任务本质上可以建模为广义的函数拟合问题，即对任意输入的图像，需要学习一个函数 F，使 $y=F(x)$。根据 y 的不同，计算机视觉任务大体可以分为两大类。如果 y 为类别标签，对应模式识别中的“分类”问题，如图像分类、物体识别、人脸识别等。这类任务的特点是，输出 y 为有限种类的离散型变量。如果 y 为连续型变量、向量或矩阵，则对应模式识别中的“回归”问题，如距离估计、目标检测、语义分割、实例分割等。在深度模型兴起之前，传统的视觉模型处理流程如图 5-20 所示。

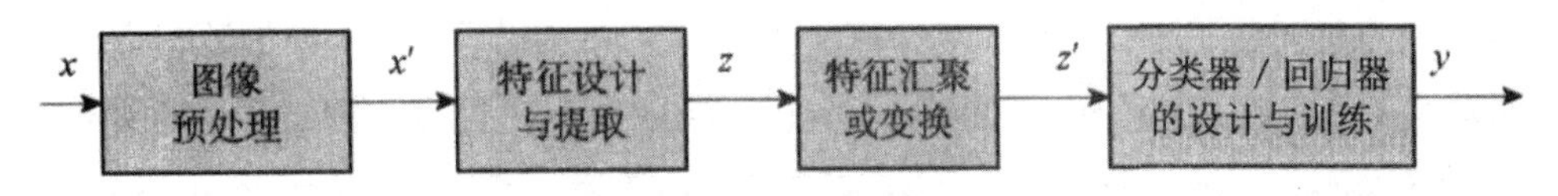

图5-20　传统的视觉模型处理流程

从图 5-20 中可以看到，从输入的原始信息 x 到最后的输出信息 y，一般需要经过 4 个步骤。

步骤 1：图像预处理，记为 p，$y'=p(x)$。图像预处理的主要目的是消除图像中无关的信息，恢复有用的真实信息，增强有关信息的可检测性，最大限度地简化数据，从而改进后续特征提取、图像分割、图像匹配和识别的可靠性。一般的预处理流程为灰度化 → 几何变换 → 图像增强。

步骤 2：特征设计与提取，记为 q，$z=q(x')$。特征提取指的是使用计算机提取图像信息，决定每个图像的点是否属于一个图像特征。特征提取的结果是把图像上的点分为不同的子集，这些子集往往属于孤立的点、连续的曲线或者连续的区域。特征的好坏对泛化性能有至关重要的影响。

步骤 3：特征汇聚或变换，记为 h，$z'=h(z)$。特征变换是对前一阶段提取的局部特征进行统计汇聚或降维处理，从而得到维度更低、更利于后续分类或回归处理的特征。

步骤 4：分类器 / 回归器的设计与训练，记为 g，$y=g(z')$。这一阶段是采用模式识别或机器学习方法，如支持向量机、决策树、K-means、人工神经网络等算法，训练出合理的模型。

把上述 4 个步骤合并起来，可以得到 $y=F(x)=g(h(q(p(x))))$。

5.4.2 计算机视觉关键技术

计算机视觉技术的基础研究包括图像分类、目标定位与跟踪、目标检测、图像语义分割四大核心技术。当然也有研究者将图像识别单独列出，作为一项核心技术，下面简单描述这几个关键技术。

1. 图像分类

图像分类主要是基于图像的内容对图像进行标记，通常会有一组固定的标签，计算机视觉模型预测出最适合图像的标签。对于人类视觉系统来说，判别图像的类别是非常简单的，因为人类视觉系统能直接获得图像的语义信息。但对于计算机来说，它只能看到图像中的一组栅格状排列的数字，很难将数字矩阵转化为图像类别。

图像分类是计算机视觉技术中重要的基础问题，是物体检测、图像分割、物体跟踪、行为分析、人脸识别等其他高层视觉任务的基础。图像分类在许多领域都有着广泛的应用，如安防领域的人脸识别和智能视频分析，交通领域的交通场景识别，互联网领域基于内容的图像检索和相册自动归类，医学领域的图像识别等。图像分类问题会面临一些挑战，如视点变化、尺度变化、类内变化、图像变形、图像遮挡、照明条件和背景杂斑等。

得益于深度学习的推动，当前图像分类的准确率大幅度提升。在经典的数据集 ImageNet 上，训练图像分类任务常用的模型包括 AlexNet、VGG、GoogLeNet、ResNet、Inception-v4、MobileNet、MobileNetV2、DPN（Dual Path Network）、SE-ResNeXt、ShuffleNet 等。

2. 目标定位与跟踪

图像分类解决了是什么（what）的问题，如果还想知道图像中的目标具体在图像的什么位置（where），就需要用到目标定位技术。目标定位的结果通常是以包围盒的形式返回。

目标跟踪是指在给定场景中跟踪感兴趣的具体对象。简单来说，给出目标在跟踪视频第一帧中的初始状态（如位置、尺寸），计算机自动估计目标物体在后续帧中的状态。传统的应用就是视频和真实世界的交互，现在，目标跟踪在无人驾驶领域有很重要的应用。

3. 目标检测

目标检测指的是用算法判断图片中是否包含特定目标，并且在图片中标记出特定目标的位置，通常用边框或红色方框把目标圈起来。例如，查找图片中有没有汽车，如果找到了，就把它框起来。目标检测和图像分类不一样，目标检测侧重于对目标的搜索，而且其目标检测的目标必须要有固定的形状和轮廓。图像分类可以是任意的对象，这个对象可能是物体，也可能是一些属性或者场景。

对于人类来说，目标检测是一个非常简单的任务。然而，计算机能够“看到”的是图像被编码之后的数字矩阵，很难理解图像或视频帧中出现了人或物体这样的高层语义概念，也就更加难以定位目标出现在图像中的哪个区域了。与此同时，由于目标会出现在图像或视频帧中的任何位置，且目标的形态千变万化，图像或视频帧的背景千差万别，诸多因素都使得目标检测对计算机来说是一个具有挑战性的问题。

在目标检测技术中，比较常用的是 SSD 模型、PyramidBox 模型、R-CNN 模型。

4. 图像语义分割

图像语义分割，顾名思义，是将图像像素按照表达的语义含义的不同进行分组 / 分割。图像语义是指对图像内容的理解，如能够描绘出什么物体在哪里做了什么事情等；分割是指对图片中的每个像素点进行标注，标注出其属于哪一类别。图像语义分割近年来常用于无人驾驶技术中的分割街景，来避让行人和车辆，以及在医疗影像分析中辅助诊断。另外，美颜等功能也需要用到图像分割。

分割任务主要分为实例分割和语义分割，实例分割是物体检测加语义分割的综合体。在图像语义分割任务中，常用的模型包括 R-CNN、ICNet、DeepLabv3+。

5.4.3　机器视觉技术

机器视觉技术是与计算机视觉技术有共性、有差异的技术，它们都用到了图像处理技术，但在实现原理及应用场景上又有很大的不同，机器视觉更多地应用在工业领域。从实现原理上来看，机器视觉检测系统通过机器视觉产品（即图像摄取装置，分为 CMOS 和 CCD 两种）将被检测的目标转换成图像信号，传送给专用的图像处理系统，根据像素分布和亮度、颜色等信息，转变成数字化信号。图像处理系统对这些信号进行各种运算来抽取目标的特征，如面积、数量、位置、长度，再根据预设的允许度和其他条件输出结果，包括尺寸、角度、个数、合格 / 不合格、有 / 无等，实现自动识别功能。

机器视觉技术广泛应用于食品和饮料、化妆品、建材和化工、金属加工、电子制造、包装、汽车制造等行业，其中 40% ~ 50% 集中在半导体及电子行业，具体如 PCB 印刷电路中的各类生产印刷电路板组装；单双面、多层线路板、覆铜板及所需的材料和辅料；辅助设施及耗材、油墨、药水药剂、配件；电子封装技术与设备；丝网印刷设备及丝网周边材料等。SMT 表面贴装中的 SMT 工艺与设备、焊接设备、测试仪器、返修设备及各种辅助工具和配件、SMT 材料、贴片剂、胶粘剂、焊剂、焊料及防氧化油、焊膏、清洗剂等；再流焊机、波峰焊机及自动化生产线设备；电子生产加工设备中的电子元件制造设备、半导体及集成电路制造设备、元器件成型设备、电子模具。

5.5 计算机视觉技术应用

5.5.1 人脸识别

1. 人脸识别一般流程

人脸识别包括图像分类、图像检测、图像分割、图像问答等。一般的人脸识别包括人脸检测、人脸关键点跟踪及活体验证、人脸语义分割、人脸属性分析、人脸识别。

（1）人脸检测：人脸检测也属于图像检测，是对图片中的人脸进行定位，其核心技术如下。

①人体检测与追踪

②人脸关键点检测

③人脸像素解析

④表情、性别、年龄、种族分析

⑤活体检测与验证

⑥人脸识别与检索

（2）人脸关键点跟踪及活体验证。

人脸关键点跟踪也称为人脸关键点检测、定位或人脸对齐，是指给定人脸图像，定位出人脸面部的关键区域，包括眉毛、眼睛、鼻子、嘴巴、脸部轮廓等。通过 72 个关键点描述五官的位置，来进行人脸跟踪，普通配置的安卓手机可以做到实时跟踪。活体检测通过眨眼、张嘴、头部姿态旋转角度变化，验证是否为真人操作，防止用静态图片欺骗计算机。

（3）人脸语义分割。

人脸语义分割是计算机能识别某一个像素点属于哪个语义区域，比图片分割更精细。例如，一段视频中有一人在说话，计算机能实时识别这个人脸部的各个区域，如头发、眉毛、眼睛、嘴唇等，并能对人的脸部进行美白、为唇部加唇彩等操作。

（4）人脸属性分析。

人脸属性分析指的是根据给定的人脸判断其性别、年龄和表情等。把人脸各个区域识别出来后，计算机可以进行人脸属性分析，如判断人脸的性别、是否微笑、种族、年龄等。

（5）人脸识别。

人脸识别可以验证图像是否为同一人，有以下两种验证类型。

①验证两张图片中的人是否为同一人，识别人在不同妆容、不同年龄下显示出的不同的状态

② 1: *N* 识别，检测人脸图片是人脸库中谁的图片

2015—2016 年，人脸识别国际权威数据集 LFW 的 6000 对人脸数据的 1 ∶ 1 验证错误率如表 5-2 所示。

表5-2 2015—2016年人脸识别国际权威数据集LFW 的6000对人脸数据的1∶1验证错误率

公司	识别错误率	公司	识别错误率
Baidu IDL	0.23%	Face++	0.50%
Tencent	0.35%	Human	0.80%
Google	0.37%	Facebook	1.63%
香港中文大学	0.47%	MSRA	3.67%

表 5-2 显示，人类（Human）人脸识别的错误率为 0.8%，大多数人工智能算法已经超越了人类的水平。

2. 人脸识别应用

人脸识别已经在很多领域取得了非常广泛的应用，按应用的方式来划分，可以归为以下 4 类。

人证对比：金融核身、考勤认证、安检核身、考试验证等。

人脸识别：人脸闸机、VIP 识别、明星脸、安防监控等。

人脸验证：人脸登录、密码找回、刷脸支付等。

人脸编辑：人脸美化、人脸贴纸等。

（1）人脸美化应用。

通过人脸美化和贴纸产品，能把人脸五官的关键点检测出来，然后进行瘦脸、放大眼睛、美白皮肤等操作，并可加上一些小贴纸。

（2）人证对比。

人证对比是把人脸图像和身份证上的人脸信息进行对比，来验证是否为本人。

这种系统一般是先进行人脸、证件的采集，在登录或其他场景中，用前端的图片和后端的图片进行对比，来验证人的身份。

人脸闸机产品方案包括刷脸入园、入住、就餐，可以防止黄牛倒票、防止一票多人共用等。

3. 金融保险应用

互联网金融行业中，通过对人脸的识别来开展办卡等业务，具体操作流程如图 5-21 所示。

（1）通过文字、语音引导，告知用户正确操作方法。

（2）通过位置引导，提高检测成功率。

（3）通过产品策略，提高照片质量。

（4）通过惯性动作，降低交互成本，确保是“活人”且是本人。

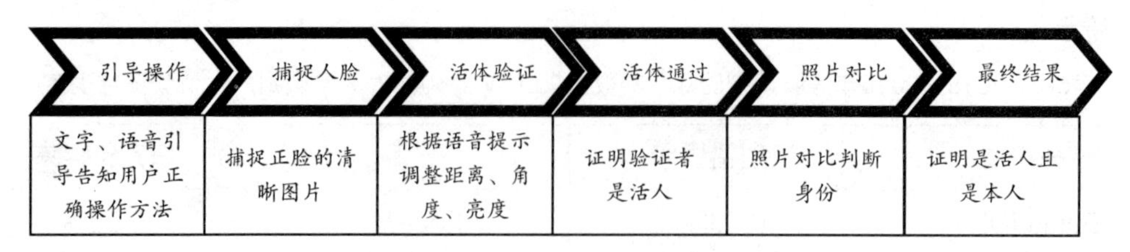

图5-21　金融行业中的人脸识别流程

从保险公司的角度来看，商业保险极为敏感，如果不设立一定的门槛，骗保、造假事件很容易发生，因此保险公司的业务包括投保、回执、保全、回访等几个方面。

投保：符合条件的投保客户线下或线上手动输入客户信息，不符合条件的投保客户寻求代理人。

回执：线下客户保单签字，分支机构扫描、录入，并存入总部系统。

保全：基于保单的客户贷款、客户信息变更、受益人变更等均为线下完成。

回访：客户线下填写回访问卷，保险人员当日取回，隔日邮寄。

从客户的角度来看，买保险最麻烦的问题就是拿着身份证、户口本及一系列材料去保险公司“证明自己是自己”。特别是在理赔的时候，更是处处需要交证明，体验感很差，以至于很多时候，审核太复杂已经成为客户不太愿意购买商业保险的重要原因之一。

有了人脸识别技术，就可以有效缩减流程。比如老人行动不便，无法到社保中心、保险公司进行现场身份确认，通过人脸识别的方式可以节约时间成本。以前买保险后，为了更换手机号就得跑一趟柜台，还要提供各式各样的身份证件以证明自己的身份，现在通过人脸识别，处理类似的问题就方便得多。

另外，人脸识别的安全性更高，身份验证可以做到准确无误，避免子女打着已逝老人的幌子继续骗保等恶劣情况的发生。过去保险行业时常出现冒用身份或者是使用虚假身份证明的情况，采用人脸识别、活体检测技术可以杜绝这类情况的发生。投保过程中，只需要客户本人进行身份信息录入，通过人脸识别判断是否为本人即可，不符合条件的客户无法找代理人进行投保，可以有效降低伪保率。这样既降低了用户的时间成本，也降低了保险公司的人力、时间成本。

除此之外，保险公司借助人脸识别技术可以建立完整的体验闭环，将人脸识别应用到更加复杂的服务之中。未来无论是投保、核保还是保全、理赔等，都可以直接在手机上完成。

4. 安防交通应用

（1）景区人脸识别闸机。

人脸识别闸机服务实现了景区门禁智能化管理，满足景区各类场景下游客的入园门禁和服务验证需求，大幅提升了景区入园效率与游客体验。

（2）高铁站人脸识别闸机。

高铁站的“刷脸进站”采用的是相当精准的人脸识别技术。在终端的上方有一个摄像头，下方有一个车票读码器和身份证读取器，插入身份证和车票，扫描自己的面部信息，与身份证芯片里的高清照片进行比对，验证成功后即可进站，就算是化了妆、戴了美瞳也完全没有影响。

5. 公安交警

（1）抓拍交通违法。

目前已经有多个城市启动了人脸抓拍系统，红灯亮起后，若有行人仍越过停止线，系统会自动抓拍 4 张照片，保留 15 秒视频，并截取违法人头像。该系统与公安系统中的人口信息管理平台联网，因此能自动识别违法人身份信息。

（2）抓捕逃犯。

通过预先录入在逃人员的图像信息，当逃犯出现在布控范围内时，摄像头捕捉到逃犯的面部信息后会和后端数据库进行比对，确认他和数据库中的逃犯是否为同一个人，若为同一个人，系统就会发出警告信息。

5.5.2 图像识别

图像识别涵盖了图像的“认识”和“区别”两个部分的内容。在图像分类、图像检测、图像分割、图像问答等领域发挥着举足轻重的作用。下面分别介绍图像识别技术基础知识及应用、图像识别与深度学习两方面的知识。

1. 图像识别基础知识及应用

（1）图像识别问题的类型。

从机器学习的角度来看，图像识别的基本问题有分类、检测、回归等。以如图 5-22 所示的一张汽车图片为例，我们可以向人工智能系统提出以下问题。

①这张图中的车都是什么类型的汽车？这是计算机视觉技术中的分类问题

②这张图中有没有车模？这是计算机视觉技术中的目标检测问题

③这些汽车值多少钱？这是一个回归问题

（2）通用图像识别应用。

让计算机代替人类分析图像的类别，在整理图像时，可快速判断图像的主体类型，对图像进行分类时非常有用。

图5-22　汽车图片识别

（3）图像检测应用。

图像检测是指计算机能识别图片里的主体，并能定位主体的位置。例如，无人驾驶应用了图像检测技术，车辆行驶时可以快速判断路上其他车辆的位置。

（4）图像分割应用。

图像分割是指计算机能识别某一个像素点属于哪个语义区域，比如一张图片里包含摩托车、汽车和人，计算机能识别出某一像素点是属于摩托车的、汽车的还是人的。

（5）图像问答应用。

图像问答是指可以根据图片对计算机进行提问，计算机能识别图片中的内容和颜色等主题。例如，可根据不同场景图片提问“这张图是什么”“这个男人在干什么”“桌子上面有什么”等。

2. 图像识别与深度学习

（1）图像的特征表示。

图像识别早期的方法是，先提取图像的特征，再用分类函数进行处理。如一张汽车图片，先提取底层特征，包括直方图、轮廓、边角的特征等，再进行分类，但效果并不好。

随着技术的发展，图像识别技术得以优化，即先提取图像的特征，后进行中层特征表示，再用分段函数处理。中层特征表示有很多方式，如弹簧模型、磁带模型、金字塔模型等。

以此类推，在中层特征表示后，又添加了高层特征表示，让计算机自己来提取图片的底层特征。

（2）卷积神经网络。

卷积神经网络会把一个图像分成不同的卷积核，每个卷积核会提取图像的不同部分或不同类型的特征，再将特征综合在一起进行分类，可以得到更好的图像识别效果。

（3）图像训练数据。

要提升图像识别的精度，数据是非常重要的。为达到理想的图片识别效果，需要上万个类别的图片来对计算机进行训练。

（4）更深更强的神经网络。

① LeNet-5 模型

② Alex 网络结构模型

③ GoogLeNet 深度学习结构

3.图像识别技术的应用

随着计算机视觉系统的不断发展，图像识别技术已经得到了广泛的应用，下面简单介绍图像识别技术的应用。

（1）图像猜词。

以百度图像猜词为例，其中包括 4 万个类别，在技术上采用了深度卷积神经网络。其应用包括百度的图像识别，为识图、搜图、图片凤巢提供视觉语义特征。

百度图像猜词构建了世界上最大的图像识别训练集合，共有 10 万类别约 1 亿张图片，识别精度居于世界领先地位。

（2）识别植物。

用手机拍照，上传植物图片，系统会显示出花名和对比图，还有花语诗词、植物趣闻等内容。其中，微软识花（已下架）、花伴侣、形色、识花君等是效果较好的识别植物的应用软件。

（3）相册整理。

百度的理理相册是一款简单实用的相册管理兼图片处理 APP，只需简单操作即可批量管理手机内的照片，具有图片瘦身、加密隐私图片、查找相似图片等功能。

相册管理："理理相册"会自动帮你分析图片的场景，比如家、街道、花园，也可以自己设置图片类型，搜索功能也很丰富。

图片处理："理理相册"可以弥补系统相册的不足，让照片得到更美观、更直接的呈现，具有调色（亮度，色阶渐变）、工具（裁剪，抠图，文字校正）、滤镜（人像，复古，风景）、人像（瘦身，瘦脸，牙齿美白）、特效（画中画，倒影）、装饰（贴纸，边框，光效）、文字（水印，气泡）等功能。

（4）未来发展。

现有的图像识别技术还不能理解图像想要表达的深层次语义，这也是图像识别技术未来的发展方向。百度的智能出图（基于网民搜索意图和广告主推广意图智能出图）、基于图片内容的主体识别（在有限的区域内展现最有价值的内容）、低质量图片过滤（智能处理和过滤客户网站的各类图片，选出高质量候选图片），都是较好的应用。

5.5.3 文字识别

计算机文字识别，又称光学字符识别 OCR，是利用光学技术和计算机技术把印在或写在纸上的文字读取出来，并转换成计算机能够接受、人又可以理解的格式，这是实现文字快速录入的一项关键技术。利用手机 APP 识别文字信息，如图 5-23 所示。

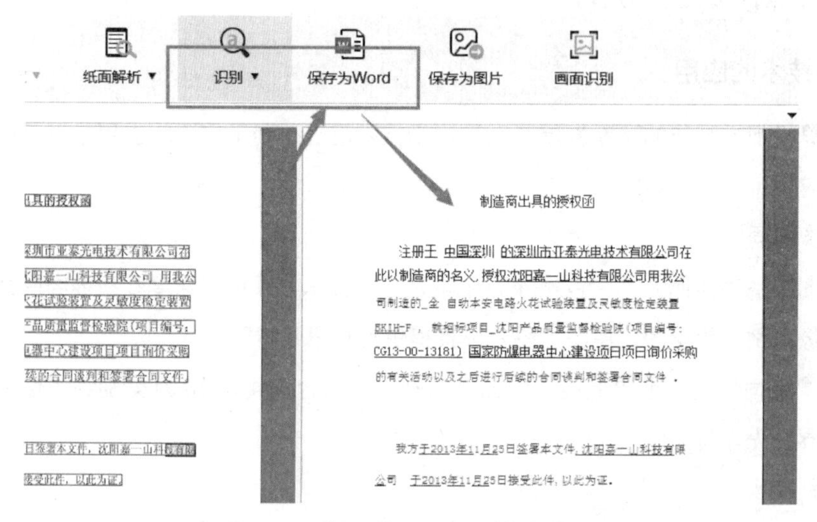

图5-23 利用手机APP识别文字信息

OCR 是计算机视觉技术中最常用的方向之一，目的是让计算机像人一样能够看图识字。针对印刷体字符，采用光学的方式将纸质文档中的文字转换为黑白点阵的图像文件，并通过识别软件将图像中的文字转换成文本格式，供文字处理软件进一步编辑加工。

OCR 的识别步骤一般是文字检测→文字识别（定位、预处理、比对）→输出结果。即用电子设备（如扫描仪、数码相机、摄像头等）检测纸上的字符，通过检测暗、亮模式从而确定其形状，然后用字符识别方法将形状翻译成计算机文字。

OCR 识别不仅可以识别印刷文字、票据、身份证、银行卡等，还能应用于反作弊、街景标注、视频字幕识别、新闻标题识别、教育行业拍题等多种场景。

文字识别服务需要千万级别的训练数据，通过深度学习算法，在数千万 PV（Page View，页面浏览量）的产品群中实践，再通过深度学习算法，不断优化模型。文字识别的后台深度学习框架通常也是使用卷积神经网络来实现的，数字识别是一种最基本的 OCR 应用。

1. OCR的特性

目前，百度、阿里巴巴、科大讯飞、华为等人工智能开放平台都提供了 OCR 服务。其主要应用有通用文字识别与垂直场景文字识别。

（1）通用文字识别

通用文字识别支持多场景下的整体文字检测识别，支持任意场景、任意版面及 10 多种语言的识别。在图片文字清晰、小幅度倾斜、无明显背光等情况下，各大平台的识别率高达 90% 以上。

语种支持中、英、日、韩、葡、德、法、意、西、俄等。

（2）垂直场景文字识别

在垂直场景文字识别中，只需要提供身份证、银行卡、驾驶证、行驶证、车辆、营业执照、彩票、发票、打车票等，系统即可在垂直场景下提供文字识别服务。

2. OCR常见应用

（1）金融行业应用。

在金融行业中，OCR 可以帮助企业进行身份证、银行卡、驾驶证、行驶证、营业执照等证照识别操作，还可以进行财务年报、财务报表、各种合同等文档的识别操作。

（2）广告行业应用。

OCR 每天可以处理几千万的图像文字反作弊请求，可以帮助用户进行图像文字、视频文字反作弊监测，也就是识别图片上面的违规文字。OCR 技术已经在快手、YY、国美等企业进行应用，也在百度内部（图片搜索、广告、贴吧等）广泛使用。

（3）票据录入应用。

在保险、医疗、电商、财务等需要进行大量票据录入工作的场景下，OCR 可以帮助用户快速地进行各种票据的录入工作。其中，泰康保险集团、中国太平洋保险和中电信达等企业利用 OCR 技术进行票据录入，取得了较好的效果。

（4）教育行业应用。

在教育等场景下，可以使用 OCR 进行题目识别、题目输入、题目搜索等操作，如作业帮和一些教育网站提供了拍照解题功能。

（5）交通行业应用。

基于 OCR 识别道路标识牌和文字信息，可以提升地图数据生产效率与质量，助力高精地图的基础数据生产。OCR 还能识别驾驶证、行驶证、车牌等证照，提高用户输入效率，增强用户体验，典型应用有百度地图等。

（6）视频行业应用。

OCR 可以帮助用户识别视频字幕、视频新闻标题等文字信息，帮助用户进行视频标识、视频建档等工作。

①视频字幕建档

在某些需要对视频进行标注、分类、建档、插入商业广告的情境中，人工标注成本巨大，通过 OCR 可以极大地降低成本。

②视频标题建档

某些需要对视频中的新闻标题、专题文字进行标注整理的工作，也可以通过 OCR 来完成。

（7）翻译词典应用。

首先基于OCR进行中外文识别，然后通过自然语言处理等技术实现拍照识别文字/翻译功能，可提供基于生僻字的文字识别服务，支持 20000 大字库识别服务，也能帮助有生僻字识别需求的用户进行文字识别，典型应用有百度翻译等。

5.5.4 人体行为分析及应用

人体行为分析是指通过分析图像或视频的内容，达到对人体行为进行检测和识别的目的。人体行为分析在多个领域都有重要应用，如智能视频监控、人机交互、基于内容的视频检索等。根据发生一个行为需要的人的数量，人体行为分析可以分为单人行为分析、多人交互行为分析、群体行为分析等。根据行为分析的应用场合和目的的不同，人体行为分析又包括行为分类和行为检测两大类：行为分类是指将人的行为归入某些类别；行为检测是指分析是否发生了某种特定动作。

人体行为分析包括人体关键点识别、人体属性分析、人流量统计、人像分割、手势识别等，并可对打架、斗殴、抢劫、聚众等自定义行为设置报警规则，在安防监控、智慧零售、驾驶监测、体育娱乐方面有广泛的应用。人体行为分析相关应用具体如下。

1. 人体关键点识别

人体关键点识别能识别输入的图片（可正常解码，且长宽比适宜）中的所有人体，输出每个人体的 14 个主要关键点，包含四肢、脖颈、鼻子等部位，以及人体的坐标信息和人的数量。

2. 人体属性识别

人体属性识别能检测输入的图片（可正常解码，且长宽比适宜）中的所有人体并返回每个人体的矩形框位置，识别人体的静态属性和行为，共支持 20 种属性，包括性别、年龄、服饰（含类别 / 颜色）、是否戴帽子、是否戴眼镜、是否背包、是否使用手机、身体朝向等。可用于公共安防、园区监控、零售客群分析等业务场景。

3. 人流量统计

人流量统计功能可以统计图像中的人体个数和流动趋势，分为静态人数统计和动态人数统计。

静态人数统计：适用于 3 米以上的中远距离俯拍，以头部为识别目标统计图片中的瞬时人数；无人数上限，适用于机场、车站、商场、展会、景区等人群密集的场所。

动态人数统计：面向门店、通道等出入口场景，以头肩为识别目标，进行人体检测和追踪，根据目标轨迹判断人的进出区域和方向，实现动态人数统计。

4. 手势识别

手势识别是通过数学算法来识别人类手势的一种技术，目的是让计算机理解人类的行为。手势识别一般是识别人的脸部和手的运动，计算机识别、理解用户的简单手势后，用户就可以控制设备或与设备交互。手势识别的核心技术为手势分割、手势分析及手势识别。在百度 AI 开放平台中，手势识别功能可以识别出 23 种常见手势类型。

5. 人像分割

人像分割是指将图片中的人像和背景分成不同的区域，用不同的标签进行区分，俗称“抠图”。人像分割技术在人脸识别、3D 人体重建及运动捕捉等实际应用中具有重要的作用。在百度 AI 开放平台中，人像分割能精准识别图像中的人体轮廓边界，适应多个人体、复杂背景。可将人体轮廓与图像背景进行分离，返回分割后的二值图像，实现像素级分割。

6. 安防监控

安防监控可以实时定位追踪人体，进行多维度人群统计分析。可以监测人流量，预警局部区域人群过于密集等安全隐患；也可以识别危险、违规等异常行为（如公共场所跑跳、抽烟），有助于相关人员及时管控，规避发生安全事故。

7. 智慧零售

智慧零售可以统计商场、门店出入口人流量，识别入店及路过客群的属性特征，收集消费者画像，分析消费者行为轨迹，支持客群导流、精准营销、个性化推荐、货品陈列优化、门店选址、进销存管理等应用。

8. 驾驶监测

驾驶监测可以实时监控出租车、货车等各类营运车辆的车内情况，识别驾驶员是否存在抽烟、使用手机等危险行为，及时预警，降低事故发生概率；快速统计车内乘客数量，分析空座、超载情况，节省人力，提升安全性。

9. 体育娱乐

体育娱乐是根据人体关键点信息，分析人体姿态、运动轨迹、动作角度等，辅助训练、健身，提升教学效率；视频直播平台可增加身体道具、手势特效、体感游戏等互动形式，丰富娱乐体验。

5.6 应用场景

5.6.1 视频/监控分析

人工智能技术可以对结构化的人、车、物等视频内容进行快速检索、查询，这项应用使得公安系统在复杂的监控视频中找到罪犯成为可能。在有大量人群流动的交通枢纽，该技术也被广泛用于进行人群分析、防控预警。

视频 / 监控分析领域的盈利空间广阔，商业模式多种多样，既可以提供行业整体解决方案，也可以销售集成硬件设备。将人工智能技术应用于视频 / 监控分析领域正在形成一种趋势，这项技术将率先在安防、交通甚至零售等行业掀起应用热潮，我国应用了人工智能技术的交通监控系统“海燕系统”，其监控示意如图 5-24 所示。

图5-24 海燕系统

5.6.2 工业视觉检测

机器视觉系统可以快速获取大量信息，并进行自动处理。在自动化生产过程中，人们将机器视觉系统广泛应用于工况监视、成品检验和质量控制等领域。

机器视觉系统能提高生产的柔性和自动化程度，常用在一些危险工作环境或人工视觉难以满足要求的场合；此外，在大批量工业生产过程中，机器视觉检测可以大大提高生产效率和生产的自动化程度，我国新一代工业视觉检测设备如图 5-25 所示。

图5-25　新一代工业视觉检测设备

5.6.3　医疗影像诊断

医疗数据中有超过 90% 的数据来自医疗影像。医疗影像领域拥有海量数据，可以辅助医生进行诊断，提高医生的诊断效率。人工智能检测肿瘤病理图像结果如图 5-26 所示。

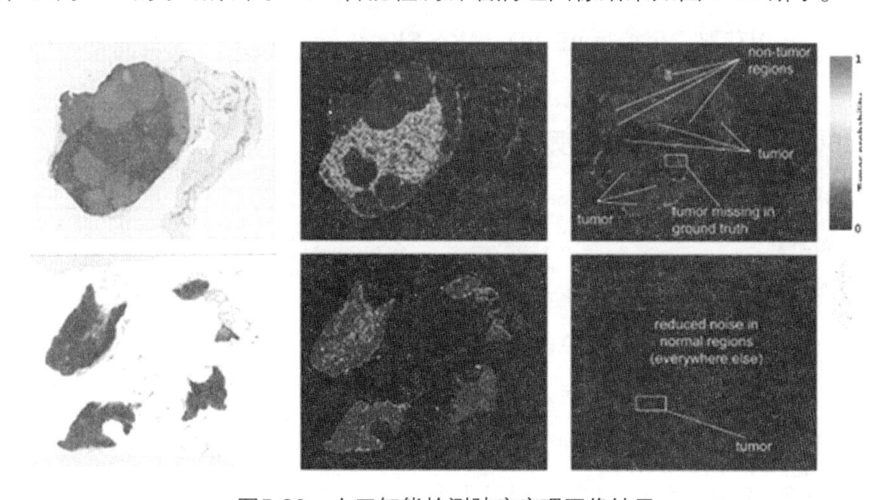

图5-26　人工智能检测肿瘤病理图像结果

5.7　案例实训

1. 实训目的

小张是公司的营销人员，经常参加各种展览会，布置公司的展品。他想知道各个展品对客户的吸引力，但坐在展品前慢慢统计人数又需要消耗极大的精力。于是他找到了公司的技术人员小军，请他来出谋划策。

小军给出的方案是在每个展品前布置一个摄像头，记录下往来人员，并借用人工智能开放平台的接口来识别和统计图像当中的人体个数。本项目利用的是静态统计功能，有兴趣的读者可以尝试追踪和去重功能，即传入监控视频所抓拍的图片序列，以实现动态人数统计和跟踪功能。

2. 实训内容

项目要求如下。

（1）网络通信正常。

（2）环境准备：安装 Spyder 等 Python 编程环境。

（3）SDK 准备：安装百度 AI 开放平台的 SDK。

（4）账号准备：注册百度 AI 开放平台的账号。

3. 实训步骤

项目设计如下。

（1）创建应用以获取应用编号 APPID、AK、SK。

（2）准备本地或网络图片。

（3）在 Spyder 中新建人体分析项目 BaiduBody。

（4）代码编写及运行。

项目过程如下。

（1）创建应用以获取应用编号APPID、AK、SK。

在百度 AI 开放平台页面导航栏单击“开放能力”按钮，下拉会看到语音技术、图像技术、文字识别、人脸与人体识别、视频技术、AR 与 VR、自然语言处理、知识图谱、数据智能等内容。

本项目要进行人体分析，因此单击人脸与人体识别，进入创建应用界面。

单击“创建应用”按钮，进入“创建新应用”界面，如图 5-27 所示。设置应用名称为“人体分析”，应用描述为“我的人体分析”，其他选项采用默认值。

图5-27　创建新应用

单击“立即创建”按钮，进入如图 5-28 所示界面，单击“查看应用详情”按钮，可以看到

APPID 等三项重要信息，如表 5-3 所示。

图5-28 查看应用详情

表5-3 应用详情

应用名称	APPID	AK	SK
文字识别	17365296	GuckOZ5in7y2wAgvauTGm6jo	*******显示

记录下 APPID、AK 和 SK 的值。

（2）准备素材。

准备一张人流量大的图片，如图 5-29 所示。

图5-29 原始图片（百度AI平台）

（3）在Spyder中新建图片分类项目BaiduBody。

在 Spyder 开发环境中选择左上角的“File”→“New File”命令，新建项目文件，默认文件名为未命名 0.py，继续在左上角选择“File”→“Save as”命令，保存为“HumanNum.py”文件，文件路径可采用默认值。

（4）代码编写及运行。

在代码编辑器中输入如下代码。

```
# 从AIP中导入人体检测模块AipBodyAnalysis
from aip import AipBodyAnalysis

# 复制粘贴APPID、AK、SK这3个常量,并以此初始化对象
APP_ID='你的APPID'
API_KEY='你的AK'
SECRET_ KEY='你的SK'

client=AipBodyAnalysis (APP_ID, API_KEY,  SECRET_KEY)

# 定义本地（在D盘data文件夹下）或远程图片路径，打开并读取数据
filePath='D:  \data\\Bodyimage.png'
```

```
image=open(filePath, 'rb').read()

# 直接调用图像分类中的人体识别接口，并输出结果
result= client. bodyNum(image)

# 输出处理结果
print (result)
```

项目测试如下。

在工具栏中单击▶按钮，执行编译程序，输出人数统计信息。在“IPython console”窗口中可以看到运行结果，如图 5-30 所示，person_num 的值为 5。

```
In [15]: runfile('D:/data/HumanProperty.py', wdir='D:/data')
```

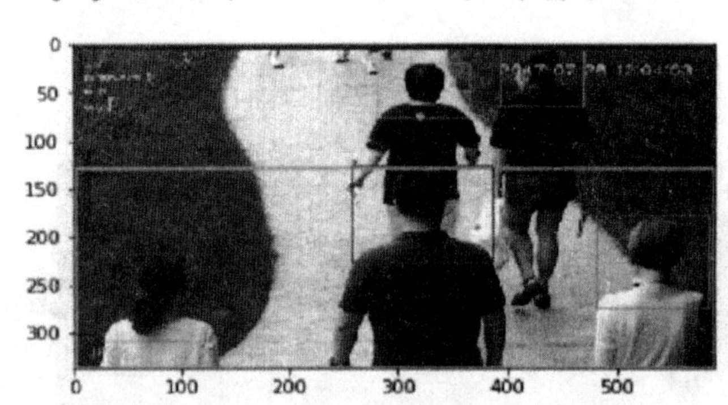


```
{'person_num': 5, 'log_id': 1213079911608747669}
```

图5-30　人数统计结果

本项目利用百度 AI 开放平台实现了人数统计。在此基础上，读者可以进一步探索：能否识别人员年龄、性别等其他信息?

事实上，人体分析模块 AipBodyAnalysis 可以识别性别、年龄阶段、服饰（含类别 / 颜色）、是否戴帽子、是否戴眼镜、是否背包、是否使用手机、身体朝向等信息。只要修改代码中的 client.bodyNum（ ）函数，将其修改为 client.bodyAttr（ ）函数，就能很轻松地实现更丰富的功能。

另外，如果需要更复杂的应用，比如需要实现人体追踪功能，可以使用 client.bodyTracking（ ）函数，调整输入参数即可。

5.8　本章小结

本章详细介绍了人工智能中最热门的研究方向，即计算机视觉技术。从人眼视觉出发，详细

介绍了计算机视觉技术中所涉及的光学、心理学、数字图像处理、计算机视觉系统等基础知识，同时对当前计算机视觉技术相关的应用做了简要的分析。通过对本章内容的学习，读者能够从根本上了解计算机视觉技术的工作原理及当前计算机视觉技术的应用领域。

5.9 课后习题

1. 选择题

（1）文字识别的英文 OCR 是（　）的缩写?

A.Optical Character Recognition　　B.Oval Character Recognition

C.Optical Chapter Recognition　　D.Oval Chapter Recognition

（2）百度 OCR 技术的 Python SDK 中，提供服务的类名称是（　）。

A. BaiduOcr　　B.OcrBaidu　　C.AipOcr　　D.OcrAip

（3）某 HR 有公司特制的纸质个人信息表，希望通过文字识别技术快速录入计算机，最好可以采用百度的（　）服务。

A. 通用文字识别　　B. 表格文字识别　　C. 名片识别　　D. 自定义模板文字识别

（4）在众多有关动物的图片中，需要选出所有包含狗的图片，并框选出狗在图片中的位置，这类问题属于（　）。

A. 图像分割　　B. 图像检测　　C. 图像分类　　D. 图像问答

（5）在众多有关动物的图片中，根据不同动物把图片分到不同组，这类问题属于（　）。

A. 图像分割　　B. 图像检测　　C. 图像分类　　D. 图像问答

（6）在众多有关动物的图片中，把动物和周围的背景分离，单独把动物图像提取出来，这类问题属于（　）。

A. 图像分割　　B. 图像检测　　C. 图像分类　　D. 图像问答

（7）在众多有关动物的图片中，针对每张图片使系统回答图中是什么动物，它们在做什么，这类问题属于（　）。

A. 图像分割　　B. 图像检测　　C. 图像分类　　D. 图像问答

（8）特别适用于图像识别问题的深度学习网络是（　）。

A. 卷积神经网络　　B. 循环神经网络　　C. 长短期记忆神经网络　　D. 编码网络

（9）百度图像识别服务的 Python SDK 中，提供服务的类名称是（　）。

A. BaiduImageClassify B.ImageClassifyBaidu

C. AipImageClassify D.ImageClassifyAip

（10）某美食网站希望把网友上传的美食图片进行更好的分类并展示给用户，可以采用百度的（　）服务。

A. 通用物体识别 B. 菜品识别 C. 动物识别 D. 植物识别

（11）在通过手机进行人脸认证的时候，经常需要用户完成眨眼、转头等动作，这里采用了人脸识别的（　）技术。

A. 人脸检测 B. 人脸分析 C. 人脸语义分割 D. 活体检测

（12）通过人脸图片，迅速判断出人的性别、年龄、种族、是否微笑等信息，这属于人脸识别中的（　）技术。

A. 人脸检测 B. 人脸分析 C. 人脸语义分割 D. 活体检测

（13）很多景区开放人脸检票时，经常需要比对当前游客是否已经买票，这里用到了（　）技术。

A. 人脸搜索 B. 人脸分析 C. 人脸语义分割 D. 活体检测

（14）百度人脸识别服务的 Python SDK 中，提供服务的类名称是（　）。

A. AipFace B.FaceAip C.BaiduFace D.FaceBaidu

（15）通过监控录像，实时监测机场、车站、景区、学校、体育场等公共场所的人流量，及时导流，预警核心区域人群过于密集等安全隐患，可以借助（　）技术。

A. 人流量检测 B. 人体关键点识别 C. 人体属性识别 D. 人像分割

（16）视频直播或者拍照过程中，结合用户的手势（如点赞、比心），实时增加相应的贴纸或特效，丰富交互体验，可以采用（　）技术来实现。

A. 人体关键点识别 B. 手势识别 C. 人脸语义分割 D. 人像分割

（17）在体育运动训练中，根据人体关键点信息，分析人体姿态、运动轨迹、动作角度等，辅助运动员进行体育训练，分析健身锻炼效果，提升教学效率，可以采用（　）技术来实现。

A. 人体关键点识别 B. 手势识别 C. 人脸语义分割 D. 人像分割

（18）百度人脸识别服务的 Java SDK 中，提供服务的类名称是（　）。

A. AipBody B.AipBodyAnalysis C. BaiduBody D.BaiuBodyAnalysis

2. 填空题

（1）通过手机美颜功能对人脸进行美白、涂唇彩等操作时，可以借助人脸识别的________、________技术。

（2）在计算机视觉技术中，要通过监控录像，实时监测定位人体，判断特殊时段、核心区域是否有人员入侵，并识别特定的异常行为，及时预警管控，可以借助 ________、________、________ 技术。

3. 简答题

（1）结合你的日常生活，试列举文字识别有哪些应用。

（2）根据你的了解，写出至少 3 个你身边的图像识别应用。

（3）根据你的了解，写出至少 3 个你身边的人脸识别应用。

（4）根据你的了解，写出至少 3 个你身边的人体识别应用。

第 6 章

CHAPTER 6

自然语言处理及应用

自然语言通常是指一种随社会文化的发展而演进的语言，是人类交流和思维的重要工具，如中文、法文、韩语、英语等。自然语言处理是现代计算机科学和人工智能领域的一个重要分支，是一门融合了语言学、数学、计算机科学的学科。本章将简要介绍自然语言处理的一般理论、自然语言处理技术及自然语言处理的应用。

6.1 自然语言处理概述

6.1.1 自然语言处理的发展

1. 基础研究阶段

1956 年之前，自然语言处理处于基础研究阶段（萌芽期）。一方面，人类文明经过了几千年的发展，数学、语言学和物理学知识的积累为计算机的诞生和自然语言处理的发展奠定了坚实的基础。另一方面，作为计算机理论基础，“图灵机”概念的提出促进了电子计算机的诞生。计算机的诞生为机器翻译和自然语言处理提供了物质基础。1948 年，香农将离散马尔可夫过程的概率模型应用于描述语言的自动机，同时在语言处理的概率算法中引入热力学“熵”的概念。随后，有限自动机、正则表达式、上下文无关文法等理论在自然语言处理中的应用直接推动了基于规则和基于概率两种不同自然语言处理技术的产生。与此同时，关于声谱的研究、语音识别系统的问世，为自然语言处理翻开了新的篇章。

2. 快速发展期

1957—1970 年是自然语言处理快速发展时期。根据基于规则和基于概率的自然语言处理方法，延伸出了基于规则方法的符号派和采用概率方法的随机派两大阵营，在这一时期它们都获得了较为显著的发展。20 世纪 50 年代中期到 20 世纪 60 年代中期，符号派学者开始了形式语言理论和生成句法的研究，20 世纪 60 年代末又进行了形式逻辑系统的研究。而随机派学者采用基于贝叶斯算法的统计学研究方法，在这一时期也取得了很大的进步。然而，该时期众多数学家将关注点集中在了推理和逻辑问题当中，只有较少的统计学专业及电子专业的学者在继续研究基于概率统计和神经网络的方法。这一时期基于规则方法的研究势头明显强于基于概率方法的研究，因此涌现出的成果大多数是基于规则方法研究的产物，如 1959 年宾夕法尼亚大学研制成功的 TDAP 系统，以及布朗语料库的建立等。1967 年，美国心理学家奈瑟尔提出认知心理学的概念，直接把自然语言处理与人类的认知联系起来。

3. 低速发展期

伴随着研究的不断深入，人们逐渐意识到基于自然语言处理的应用在短时间内无法实现，许多学者对自然语言处理的研究丧失了信心。20 世纪 70 年代起，自然语言处理的研究进入了低谷期。但在这一时期，仍然有学者在继续着他们的研究并取得了一定的成果。20 世纪 70 年代，基于 HMM 的统计方法在语音识别领域获得成功。20 世纪 80 年代初，话语分析也取得了重大进展。之后，由于自然语言处理研究者对于过去的研究进行了反思，有限状态机模型和经验主义研究方法也开始复苏。

4. 复苏融合期

20 世纪 90 年代中期以后，计算机计算速度的大幅度提升和数据存储量的大幅度增加，为自然语言处理提供了坚实的基础，使语音和语言处理的商品化开发成为可能。此外，互联网技术的发展使得基于自然语言处理的信息检索和信息抽取的需求变得更加突出，这从根本上促进了自然语言处理研究的复苏和发展。在此期间，有大量优秀的其他领域成果被引入自然语言处理，包括神经语言模型、多任务学习、NLP 神经网络、序列到序列模型、注意力机制、基于记忆的神经网络、预训练语言模型。

6.1.2 自然语言处理的一般流程

一般来讲，自然语言处理涵盖 7 个步骤：获取语料、语料预处理、特征工程、特征选择、模型选择、模型训练、模型评估，如图 6-1 所示。每个过程都有各自的特点，并且在自然语言处理中发挥着无法替代的作用。

图6-1 自然语言处理一般步骤

获取语料：语料（语言材料）是构成语料库的基本单元。通常情况下，以文本作为语音的替代，并把文本中的上下文关系作为现实世界中语言的上下文关系的替代品。我们把一个文本集合称为语料库，当有几个这样的文本集合的时候，称为语料库集合。按语料来源，我们将语料分为已有语料和网上下载语料两种。

语料预处理：通过不同方法获取的语料往往不能直接被应用，要经过数据清洗、分词、确定、词性、标注、去停用词等步骤进行预处理，才能形成可以被计算机处理的信息。

特征工程：将预处理后的自然语言表示为计算机能够计算的数据类型。例如，我们至少需要把中文分词的字符串转换成数字，确切地说是数学中的向量。词袋模型和词向量分别是两种常用的表示模型。

特征选择：为了更好地适应特定的问题，需要从构造好的特征向量中选择出合适的、表达能力强的特征。文本特征一般都是词语，具有语义信息，使用特征选择能够找出一个特征子集，其仍然可以保留语义信息；但通过特征提取找到的特征子空间，将会丢失部分语义信息。所以特征选择是一个很有挑战的过程，依赖经验和专业知识，有很多现成的算法可以用来进行特征的选择。

模型选择：选择好特征后，需要进行模型选择，即选择怎样的模型进行训练。常用的模型有机器学习模型，如 KNN、SVM、朴素贝叶斯、决策树、K-means、GBDT 等；也可以采用深度学习模型，如 RNN、CNN、LSTM、Seq2Seq、FastText、TextCNN 等。谷歌在 2018 年发布了 BERT 模型，其在机器阅读理解标准水平测试 SQuAD1.1 中取得惊人的成绩，在衡量指标上全面超越人类。可以预见的是，BERT 将为自然语言处理带来里程碑式的改变，也是自然语言处理领域近期最重要的进展。

模型训练：选择好模型后，要进行模型训练，其中包括模型微调等。在模型训练的过程中要注意过拟合、欠拟合问题，不断提高模型的泛化能力。如果使用了神经网络进行训练，要防止出现梯度消失和梯度爆炸问题。

模型评估：为了让训练好的模型对语料具备较好的泛化能力，在模型上线之前还要进行必要的评估。模型的评价指标主要有错误率、精准度、准确率、召回率、F_1 值、ROC 曲线、AUC 曲线等，这里不展开描述。

6.1.3 自然语言处理的研究内容

自然语言处理的研究内容相当广泛，美国认知心理学家奥尔森提出了语言理解的如下判断标准。

（1）能成功地回答语言材料中的有关问题，即回答问题的能力是理解语言的一个标准。

（2）给予大量的材料后，有产生摘要的能力。

（3）利用自己的语言，也就是能够用不同的词汇或词语复述材料。

（4）能将一种语言转译为另一种语言。

为了达到上述标准，当前自然语言处理的研究应该涵盖以下内容。

（1）机器翻译：实现从一种语言到多种语言的自动翻译。

（2）自动摘要：将原文档全部内容和含义进行自动归纳总结，提炼形成摘要或者缩写。

（3）信息检索：利用计算机从海量文档中找到符合要求的相关文档信息。

（4）文本分类：利用计算机系统对大量的文本资料按照一定的标准进行自动分类。

（5）问答系统：计算机系统对用户提出的问题进行理解，借助自动推理手段，结合知识资源自动求解答案并做出相应的回答。

（6）信息过滤：自动识别和过滤满足特定条件的文档信息。

（7）信息抽取：从文本中自动抽取特定的事件或事实信息，又称为事件抽取。

（8）文本挖掘：从文本中获得高质量信息。

（9）舆情分析：在一定的社会空间内，针对社会事件的发生、发展和变化，研究民众对社会管理者产生和持有的社会政治态度。该内容的研究十分繁杂，涉及网络文本挖掘、观点挖掘等各个方面。

（10）隐喻计算：研究自然语句或篇章中隐喻修辞的理解方法。

（11）文字编辑和自动校对：对文字的拼写、用词、语法、文档格式等进行智能化检查、校对和编排。

（12）字符识别：利用计算机扫描系统对印刷体或手写体等文字进行自动识别，将其转换成计算机能够处理的电子文本，简称文字识别或者字符识别。

（13）语音识别：对输入计算机的语音信号进行识别，并将其转换成计算机能够处理的电子文本。

（14）语音合成：将文字信息转换成具有语言表征的信息，又称为文语转换。

（15）声纹识别：根据说话人发出的声音，识别其身份信息。

（16）自然语言生成：利用机器进行自然语言处理，生成类似人类语言的自然语言。

伴随着科技的发展，上述自然语言处理的研究内容已经获得了较为充分的发展。近年来，自然语言处理领域不断取得突破，在众多不同的自然语言处理任务中表现出了非常高的性能。

6.2 自然语言处理技术

自然语言处理是计算机科学领域与人工智能领域中的一个重要方向，所涉及的相关技术涵盖了语言学、计算机科学、数学等，其技术体系如图 6-2 所示。

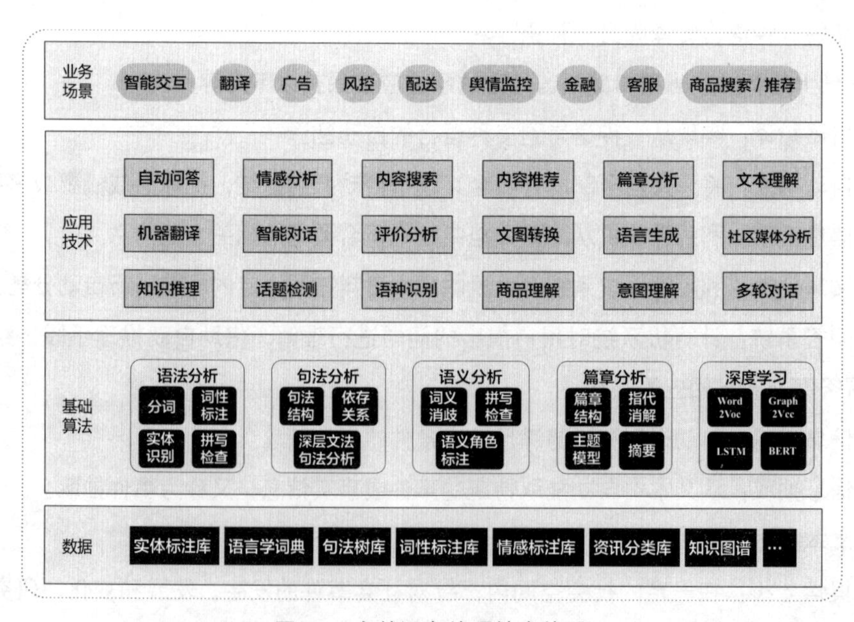

图6-2　自然语言处理技术体系

6.2.1 词法分析

词是组成自然语言的基本单元，因此，词法分析是其他一切自然语言处理技术问题的基础（如句法分析、语义分析、文本分类、信息检索、机器翻译、机器问答等），将会对后续技术能否顺利应用产生很大的影响。词法分析的主要目的是从句子中切分出单词，找出词汇的各个词素，从中获得单词的语言学信息并确定单词的含义。不同的自然语言对词法分析的要求不同，例如，单词之间以空格分开，切分单词很容易，因此找出句子中的一个个词汇就很方便。然而，英语单词有词性、数、时态、派生及变形等变化，这种情况下要找出各个词素就复杂得多，需要对词尾或词头进行分析。

词法分析可以从词素中获得较多有用的语言学信息，如英文中构成词尾的词素“s”通常表示名词复数或动词第三人称单数，“ly”通常是副词的后缀，而“ed”通常是动词过去式等，这些信息对于句法分析是非常有用的，并在电子词典中已经得到了广泛的应用。例如，work 这一单词，可以变化出 works、worked、working、worker、workable 等词。将这些派生词都放进词典中无疑需要庞大的内容系统，因此，自然语言理解系统中的电子词典一般只存放词根，并支持词素分析，大大压缩了电子词典的规模。作为对照，汉语中的每个字就是一个词素，所以要找出各个词素比较容易，然而，汉语要切分出各个词就较为困难，不仅需要构词的知识，还需要分辨歧义，并且需要考虑语境。

词法分析的主要任务有两个：第一，将连续的字符串正确地切分成一个一个的词；第二，能够对每个词的词性做出正确的判断，以便后续句法分析的实现。以中文为例，常见的中文分词算法包括基于字符串匹配（机械分词）的分词方法、基于理解的分词方法、基于统计的分词方法、基于深度学习的分词方法。

基于字符串匹配的分词方法是按照一定的策略，将待分析的汉字与一个较大的词典中的词进行匹配，若在词典中找到了相应的字符串，则匹配成功。常用的字符串匹配方法有正向最大匹配法（由左到右）、逆向最大匹配法（由右到左）和最少切分（使每一句中切出的词数最少有三种）。这类算法的优点是速度快，时间复杂度低，实现简单，效果尚可，但是对歧义词和未登录词处理效果不佳。主要用于进行字符串匹配的数学模型有正则表达、有限状态机等。

基于理解的分词方法是通过让计算机模拟人对句子的理解，达到识别词的目的。其基本思想就是在分词的同时进行句法、语义分析，利用句法信息和语义信息来处理歧义。它通常包括三个部分：分词子系统、句法语义子系统、总控部分。在总控部分的协调下，分词子系统可以获得有关词、句子等的句法和语义信息来对歧义进行判断，即它模拟了人对句子的理解过程，这种分词方法需要使用大量的语言知识和信息。由于汉语语言知识非常复杂，难以将所有语言信息组织成机器可直接读取的形式，因此目前基于理解的分词系统还处于试验阶段。

基于统计的分词方法是在给定大量已经分词的文本的前提下，利用统计机器学习模型学习词语切分的规律，从而实现对未知文本的切分，如最大概率分词方法和最大熵分词方法等。随着大规模语料库的建立、统计机器学习方法的发展，基于统计的中文分词方法渐渐成为主流，主要的统计模型有 N 元文法模型（N-gram）、隐马尔可夫模型、最大熵模型（ME）、条件随机场模型（Conditional Random Field，CRF）等。基于统计的分词方法包括 N- 最短路径方法、基于词的 N 元语法模型的分词方法、由字构词的汉语分词方法、基于词感知机算法的汉语分词方法、基于字的生成式模型和区分式模型相结合的汉语分词方法。

基于深度学习的分词方法是近年来深度学习为分词技术带来的新思路，直接以最基本的向量化原子作为特征输入，输出层就可以很好地预测当前字的标记或下一个动作。在深度学习的框架下，仍然可以采用基于子序列标注的方式或基于转移的方式，以及半马尔可夫条件随机场。这类方法首先对语料的字进行嵌入，得到字嵌入后，将字嵌入特征输入双向 LSTM，输出层输出深度学习所学到的特征，并输入给 CRF 层，得到最终模型。现有的方法包括 LSTM+CRF、BiLSTM+CRF 等。

6.2.2 句法分析

句法分析是自然语言处理中的关键底层技术之一，其基本任务是确定句子的句法结构或者句子中词汇之间的依存关系。句法分析的主要作用在于对句子或短语进行分析，以确定构成句子所用的各个词、短语之间的关系及各自在句子中的作用等，并将这些关系用层次结构加以表达，对句法结构进行规范化。句法分析树是实现句法分析的重要工具，它能够将句子各成分间的关系推导过程用树形图进行表示。换句话讲，句法分析过程也是构造句法树的过程。分析自然语言的方法包含基于规则的方法和基于统计的方法，其中基于规则的方法包含短语结构文法、乔姆斯基文法体系。这里我们主要介绍短语结构文法及其分析树。

短语结构文法 G 的形式化定义如下。

$$G=(V_t,V_n,S,P)$$

其中，V_t 是终结符的集合，终结符是指被定义的那个语言的词（或符号）；V_n 是非终结符号的集合，这些符号不能出现在最终生成的句子中，是专门用来描述文法的；V 是由 V_t 和 V_n 共同组成的符号集合，$V=V_t\cup V_n$，$V_t\cap V_n=\varnothing$；S 是起始符，它是集合 V_n 中的一员；P 是产生式规则集，每条产生式规则都具有 $a\rightarrow b$ 形式，其中 $a\in V^+$，$b\in V^*$，$a\neq b$，表示由 V^* 中的符号所构成的全部符号串（包括空字符串）的集合，表示除空字符串之外的一切符号串的集合。采用短语结构文法定义的某种语言，是由一系列规则组成的，具体形式如例 1 所示。

例 1

$G=(V_t,V_n,S,P)$

$V_t=\{\text{the,man,killed,a,deer,like}s\}$

$V_n=\{S,NP,VP,N,ART,V,Prep,pp\}$

$S=S$

P: (1) $S \to NP+VP$

(2) $NP \to N$

(3) $NP \to ART+N$

(4) $VP \to V$

(5) $VP \to VP+N$

(6) $ART \to \text{the}|a$

(7) $N \to \text{man}|\text{deer}$

(8) $V \to \text{killed}|\text{likes}$

为了更直观地观察句子的结构，我们将例 1 中的短文句法利用句法分析树的形式进行刻画，如图 6-3 所示。

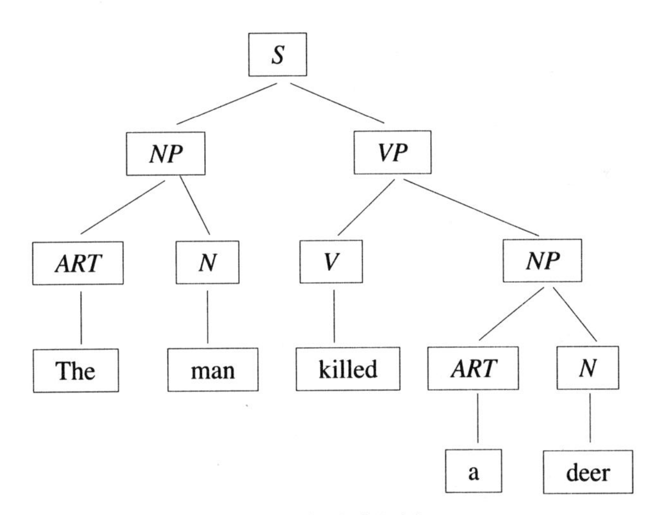

图6-3 句法分析树图

在句法分析树中，初始符号总是出现在树根上，终止符总是出现在叶上。除了上述的短语结构文法外，还有乔姆斯基文法体系中的四种常用文法形式：无约束短语结构文法（又称 0 型文法）、上下文有关文法（又称 1 型文法），上下文无关文法（又称 2 型文法）、正则文法（又称有限状态文法或 3 型文法）。这些文法型号越高，需要受到的约束就越多，生成能力也就越弱，能生成的语言集就越小，描述能力也就越弱。

6.2.3 语义和语用分析

语义分析是一种基于自然语言进行的语义信息分析的方法，不仅可以进行词法分析和句法分析这类语法水平上的分析，还涉及对单词、词组、句子、段落所包含的意义的分析，目的是用句子的语义结构来表示语言的结构。语义学方法建立在能够通过形式化结构捕捉语言语段意义的基础之上，我们称这种形式化结构为意义表示。其中，用来指定意义表示的句法和语义框架被称为语义表示语言。简单地讲，语义分析是识别一句话所要表达的实际意义，例如，要识别出事件发生的时间、地点、起因、经过、结果，以及主人公是谁等。常见的语义分析方法包括语义关系分析法、语义特征分析法、配价分析法、语义指向分析法、认知分析法。

语义关系分析法指对复合词和派生词内部结构的关系进行分析，把这样的词分解为一些语素（或词素），确定其为最小单位的意义，再阐释语素之间的语义结构关系。如派生词“老师”中的语素“老”无实义，为虚素，作前缀；“师”有传授者之义，为实素，作词根，此词义为虚实结合关系；复合词“老式”中的语素“老”为“陈旧”之义，“式”为“式样”之义，二者均为实素，此词义为“老”修饰“式”的偏正结构关系。

语义特征又称为辨义成分，是语义学中的概念，语义特征分析法的理论基础是语义与句法的对应性，即词语组合时要受到语义搭配的选择的限制。语义特征分析法适用于分化词汇层面的歧义，如“小王借我一本书” ，这句话有不同的含义，是因为“借”字有借入和借出两种语义特征; 还适用于分化某种句法格式的歧义，如名词 [处所]+ 动词 + 着 + 名词: 屋里摆着酒席; [附着][动态]：酒席摆在屋里 / 屋里正摆着酒席，根据动词的不同，“名词 [处所]+ 动词 + 着 + 名词”可以分化成表附着和表动态两种情况。

配价分析法是利用动词与不同性质的名词之间的配价关系来研究和解释某些语法现象。根据动词所支配的不同性质的名词性词语的数目，将动词分为零价动词(汉语中不存在)、一价动词（如游泳）、二价动词（如“我爱你”中的“爱”）、三价动词（如“我给了他一本书”中的“给”）。配价数在很大程度上取决于词本的意义，因此配价问题可看作一种语义现象，这种语义现象对句法有制约作用 。

语义指向分析法是通过分析句法结构的语义指向情况来解释一些语法现象。语义指向是指句中某一成分和句中或句外的其他成分在语义上的直接联系。如“这是新教工宿舍”“这些香蕉孩子们都吃了”。

语言的认知分析是指从人的心理感知的角度来分析和解释语言现象。认知分析法是一种研究范式，发端于 20 世纪 70 年代，其假设和模型的主要特点是把语义放在中心位置来考虑。

认知分析法对于句法歧义的分化有一定作用，主要体现为心理预设的作用，如“差一点没”句型：小明差一点没赶上车（赶上了）；那头野猪差一点没死（死了）；日本队差一点没赢（赢

了 / 没赢）。

语用分析主要是在语义分析的基础上增加了上下文信息、语言背景、环境等分析，需要从文章的结构中提取意象、人际关系等附加信息，是一种更高级的语言学分析方法。语用分析将语句内容与现实生活联系起来，从而形成了动态的表意结构。

6.2.4 自然语言处理技术难点

无论是自然语言理解还是自然语言生成，都不是人们原来想象得那么简单。从现有的理论和技术来看，拥有通用的、高质量的自然语言处理系统，仍然是相关研究者长期的努力目标。困难的根本原因是，自然语言文本和对话的各个层次上广泛存在各种各样的歧义或多义现象。

一个中文文本从形式上看是由汉字（包括标点符号等）组成的一个字符串。由字可组成词，由词可组成词组，由词组可组成句子，进而组成段、节、章、篇。无论在上述的各种层次——字（符）、词、词组、句子、段等，还是在下一层次向上一层次的转变中，都存在着歧义和多义现象，即形式上一样的一段字符串，在不同的场景或不同的语境下，可以理解成不同的词串、词组串等，并有不同的意义。一般情况下，它们中的大多数都是可以根据相应的语境和场景的规定而得到解决的，因此人们在平时感受不到自然语言歧义，能用自然语言进行正常交流。但计算机为了消解歧义，需要大量的知识并进行推理。如何将这些知识较完整地收集和整理出来？又如何找到合适的形式，将它们存入计算机系统？如何有效地利用这些知识来消除歧义？这些都是工作量极大且十分困难的工作。这些问题不是少数人短期内可以解决的，还需要长期的努力。

一个中文文本或一个汉字串（含标点符号等）可能有多个含义，这是自然语言理解中的主要障碍。反过来，一个相同或相近的意义同样可以用多个中文文本或多个汉字串来表示。因此，自然语言的形式（字符串）与其意义之间是一种多对多的关系，这也正是自然语言的魅力所在。但从计算机处理的角度看，必须消除歧义，即要把带有潜在歧义的自然语言输入转换成某种无歧义的计算机内部表示，这正是自然语言理解的中心问题。

歧义现象的广泛存在使得消除它们需要大量的知识和推理，这就给基于语言学的自然语言研究方法、基于知识的研究方法带来了巨大的困难。因而几十年来以这些方法为主流的自然语言处理研究，一方面在理论和方法方面取得了很多成就，但在处理大规模真实文本的系统研制方面，成绩并不显著，研制出的系统大多数是小规模的、研究性的演示系统。

目前自然语言处理技术存在的问题有两个方面，一方面，迄今为止的语法都限于分析一个孤立的句子，上下文关系和谈话环境对本句的约束和影响还缺乏系统性的研究，因此分析歧义、词语省略、代词所指、同一句话在不同场合或由不同的人说出来所具有的不同含义等问题，尚无明确规律可循，需要加强语用学的研究才能逐步解决。另一方面，人理解一个句子不是单凭语法，还涉及大量的有关知识，包括生活知识和专门知识，这些知识无法全部储存在计算机中，因此一个书面理解系统只能建立在有限的词汇、句型和特定的主题范围内，计算机的储存量和运转速度大大提高之后，才有可能适当扩大范围。

译文质量是机译系统成败的关键，但上述问题成为自然语言处理技术在机器翻译应用中的主要难题。目前机器翻译系统翻译的译文质量与理想目标仍相距甚远。中国数学家、语言学家周海中教授曾在经典论文《机器翻译五十年》中指出：要提高机译的质量，首先要解决的是语言本身的问题而不是程序设计问题，单靠若干程序来做机译系统，肯定无法提高机译质量；另外，在人类尚未明了大脑是如何进行语言的模糊识别和逻辑判断的情况下，机译要想达到“信、达、雅”的程度是不可能的。

自然语言中有很多含糊的词语，如“如果张军来到了无锡，就请他吃饭”“咬死了猎人的狗”等，在理解的时候都容易产生歧义。下面列举几个常见的歧义及模糊表达。

1. 词法分析歧义

例如：给毕业和尚未毕业的同学。

给 / 毕业 / 和尚 / 未毕业的同学。

给 / 毕业 / 和 / 尚未 / 毕业的同学。

这里的“和”字就可能有多种搭配方式，这时就需要通过分词技术，将连续的自然语言文本切分成具有语义合理性和完整性的词汇序列。

2. 语法分析歧义

例如：咬死了猎人的狗。

咬死了 / 猎人的狗。

咬死了猎人 / 的狗。

这种歧义显然是句法结构的层次划分不同造成的，两种理解具有不同的句法结构，因此是一个标准的句法问题，需要结合上下文才能进一步划分。当然，类似“咬死了猎人的鸡”和“咬死了猎人的老虎”等句子，在理解的时候就很少会有歧义了。

3. 语义分析歧义

例如：开刀的是他父亲。

（接受）开刀的是他父亲。

（主持）开刀的是他父亲。

上述两种理解方式显然有很大的差异，这是由语义不明确造成的歧义。通常需要上下文提供更多的相关知识，才能消除歧义。

4. 指代不明歧义

例如：今天晚上 10 点有国足的比赛，他们的对手是泰国队。在过去几年跟泰国队的较量中，他们处于领先地位，只有一场惨败 1 ∶ 5。

指代消解要做的就是分辨文本中的“他们”指的到底是“国足”还是“泰国队”。在本例中，“他们”比较明确，指的是国足，将“他们”用“国足”替换即可。

但也可能会碰到下面这种情况：

小王回到宿舍，发现老朱和他的朋友坐在那里聊天。

这句话中的“他”很难辨别，这就是指代不明引起的歧义。

5. 新词识别

例如：实体词“捉妖记”，旧词“吃鸡”。

命名实体（人名、地名）、新词，以及专业术语称为未登录词，也就是那些在分词词典中没有收录，但又确实能被称为词的词。最典型的是人名，人很容易理解。在句子“王军虎去广州了”中，“王军虎”是个词，是一个人的名字，但是让计算机去识别就非常困难。如果把人名作为一个词收录到字典中去，全世界有那么多名字，而且每时每刻都有新增的人名，收录这些人名本身就是一项耗资巨大的工程。即使这项工作可以完成，还是会存在其他问题的，例如，在句子“王军虎头虎脑的”中，“王军虎”还能不能算词？除了人名，还有机构名、地名、产品名、商标名、简称、省略语等都是很难处理的问题，而这些又正好是人们经常使用的词，因此，对于搜索引擎来说，分词系统中的新词识别十分重要。新词识别准确率已经成为评价一个分词系统好坏的重要标志之一。

6. 有瑕疵的或不规范的输入

例如，语音处理时遇到外国口音或地方口音，或者在文本的处理中处理拼写、语法或 OCR 的错误。

7. 语言行为与计划的差异

句子常常并不只是字面上的意思，例如，“你能把盐递过来吗”，一个好的回答应当是把盐递过去，所以在大多数上下文环境中，“能”是糟糕的回答，而回答“不”或者“太远了我拿不到”是可以接受的。再者，如果一门课程在去年没有开设，对于提问“这门课程去年有多少学生没有通过？”回答“去年没开这门课”要比回答“没人没通过”好。

6.3 应用场景

自然语言处理技术在机器翻译、垃圾邮件分类、信息抽取、文本情感分析、智能问答、个性化推荐、知识图谱、文本分类、自动摘要、话题推荐、主题词识别、知识库构建、深度文本表示、命名实体识别、文本生成、语音识别与合成等方面都有着很好的应用。

6.3.1 机器翻译

机器翻译是指通过特定的计算机程序将一种书写形式或声音形式的自然语言，翻译成另一种书写形式或声音形式的自然语言。机器翻译是一门交叉学科（边缘学科），组成它的三门子学科分别是计算机语言学、人工智能和数理逻辑，各自建立在语言学、计算机科学和数学的基础之上。

目前，文本翻译主流的工作方式依然是以传统的统计机器翻译和神经网络翻译为主。谷歌、微软、百度、有道等公司都为用户提供了免费的在线多语言翻译系统。速度快、成本低是文本翻译的主要特点，而且应用广泛，不同行业都可以采用相应的专业翻译。但是，这一翻译过程是机械的、僵硬的，在翻译过程中会出现很多语义语境上的错误，仍然需要人工翻译来进行补充。

语音翻译可能是目前机器翻译中比较富有创新意识的领域，目前百度、科大讯飞、搜狗推出的机器同传技术主要在会议场景出现，将演讲者的语音实时转换成文本，并且进行同步翻译，低延迟显示翻译结果，希望在将来能够取代人工同声传译，使人们以较低成本实现不同语言之间的有效交流。

图像翻译也有不小的进展。谷歌、微软、Facebook 和百度均拥有能够让用户搜索或者自动整理没有识别标签的照片的技术。除此之外，视频翻译和 VR 翻译也有应用，但是目前还不太成熟。

6.3.2 垃圾邮件分类

当前，垃圾邮件过滤器已成为抵御垃圾邮件的第一道防线。但是人们在使用电子邮件时还是会遇到一些问题：不需要的电子邮件仍然被接收，或者重要的电子邮件被过滤掉。事实上，判断一封邮件是否是垃圾邮件，首先用到的方法是“关键词过滤”，如果邮件存在常见的垃圾邮件关键词，系统就判定其为垃圾邮件。但这种方法效果很不理想，首先是正常邮件中也可能有这些关键词，非常容易被误判；二是垃圾邮件也会进化，通过将关键词进行变形，很容易规避关键词过滤。

自然语言处理技术通过分析邮件的文本内容，能够相对准确地判断邮件是否为垃圾邮件。目前，贝叶斯垃圾邮件过滤是备受关注的技术之一，它通过学习大量的垃圾邮件和非垃圾邮件数据，收集邮件中的特征词、生成垃圾词库和非垃圾词库，然后根据这些词库的统计频数计算邮件属于垃圾邮件的概率，以此来判断一封邮件是否为垃圾邮件。

6.3.3 信息抽取

信息抽取是把文本里包含的信息进行结构化处理，变成表格一样的组织形式。输入信息抽取系统的是原始文本，输出的是固定格式的信息点。信息点从各种各样的文档中被抽取出来，然后以统一的形式集成在一起，这就是信息抽取的主要任务。信息以统一的形式集成在一起的好处是方便检查和比较。信息抽取技术并不试图全面理解整篇文档，只是对文档中包含相关信息的部分进行分析，至于哪些信息是相关的，将由系统设计时规定的领域范围而定。

互联网是一个特殊的文档库，同一主题的信息通常分散存放在不同网站上，表现的形式也各不相同。利用信息抽取技术，可以从大量的文档中抽取需要的特定事实，并用结构化形式储存，优秀的信息抽取系统将把互联网变成巨大的数据库。例如，在金融市场上，许多重要决策正逐渐脱离人类的监督和控制，基于算法的交易越来越流行，这是一种完全由技术控制的金融投资形式。由于很多决策都受到新闻的影响，因此需要用自然语言处理技术来获取这些明文公告，并以一种可被纳入算法交易决策的格式提取相关信息。例如，公司之间合并的消息可能会对交易决策产生重大影响，将合并细节（包括参与者、收购价格）纳入交易算法中，可以给决策者带来巨大的利润影响。

6.3.4 文本情感分析

文本情感分析又称意见挖掘、倾向性分析等，简单来说，是对带有情感色彩的主观性文本进行分析、处理、归纳和推理的过程。互联网（如博客、论坛及大众点评等）上产生了大量用户参与的对于诸如人物、事件、产品等有价值的评论信息。这些评论信息具有鲜明的情感色彩和情感倾向性，如喜、怒、哀、乐，或批评、赞扬等。网络管理员可以通过浏览这些带有主观色彩的评论来了解大众舆论对于某一事件的看法；企业可以通过这些信息分析消费者对产品的反馈，或者检测在线评论中的差评信息等。

6.3.5 智能问答

随着互联网的快速发展，网络信息量不断增加，人们需要获取更加精确的信息。传统的搜索引擎技术已经不能满足人们的需求，而智能问答技术成为解决这一问题的有效手段。智能问答系统以一问一答的形式，精确地定位用户所需要的知识，通过与网站用户进行交互，为其提供个性化的信息服务。

智能问答系统在回答用户问题时，首先要正确理解用户所提出的问题，抽取其中关键的信息，在已有的语料库或者知识库中进行检索、匹配，将获取的答案反馈给用户。这一过程涉及了词法、句法、语义分析等基础技术，以及信息检索、知识工程、文本生成等多项技术。

根据目标数据源的不同，问答技术大致可以分为检索式问答、社区问答及知识库问答三种。检索式问答和社区问答的核心是浅层语义分析和关键词匹配，而知识库问答则正在逐步实现知识的深层逻辑推理。

6.3.6 智能语音助手

随着人工智能技术的不断发展，智能语音助手已成为手机的标配。据分析，到 2023 年，全球将有超过 90% 的智能手机搭载全新的语音助手。目前比较有代表性的智能语音助手有 Apple Siri、Google Assistant、Microsoft Cortana 和三星 Bixby 等。

作为个人助理的智能语音助手能为人们提供哪些服务呢? 它可变身为一位智能生活秘书，具有一定程度的语义理解和用户意图识别能力。它能用一种更加便捷的方法改变人们与手机、平板电脑等电子设备的交互方式。它不仅可以对人们的各种问题对答如流，帮人们处理一些日常事务，如用支付宝付款、设置闹钟等，还可以完成一些更高难度的任务，如叫车、打电话、发消息等；可以对智能家居进行管理，如开灯、锁门等。总之，智能语音助手的出现为人们的生活带来了极大的便利。

与此同时，智能语音助手与汽车结合（如图 6-4 所示），可以让驾驶者不需要通过死板的按键去控制汽车，而是把汽车拟人化，司乘人员可以通过直接和汽车对话来操控汽车，获得更加舒适、便捷的用车体验。这不仅提升了驾驶过程的安全性，还丰富了用车场景的娱乐性。

智能语音助手是基于自然语言处理技术的人机交互对话系统，其核心是对文本的理解及对信息的整合。这种对话系统主要由 3 个模块组成：对话理解模块、对话管理模块和回复生成模块。

图6-4　车载自然语音交互系统

1. 对话理解模块

依据历史对话记录对当前用户的对话内容进行语义解析，判断出对话任务领域（如信息）和用户意图（如发微信），并抽取出完成当前任务所必需的若干必要信息（如给谁发微信、微信内容是什么等）。

2. 对话管理模块

依据系统对用户对话内容的自然语言理解结果，对整个对话状态进行更新，并参照最新的对话状态确定接下来系统要采取的行动指令。

3. 回复生成模块

根据对话管理模块输出的行动指令生成自然语言进行回复，并将回复结果反馈给用户。

在上述对话系统中，语音识别、文本生成语音也是重要的组成部分。在对话理解模块中，语音识别负责将用户输入的语音对话内容转换成自然语言文本；在回复生成模块中，文本生成语音负责将系统生成的自然语言转换成语音信号，将回复结果以语音形式反馈给用户。

对话系统流程如图 6-5 所示。

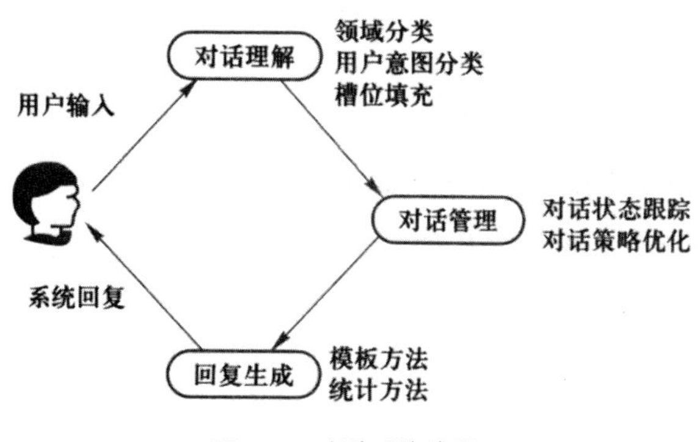

图6-5　对话系统流程

6.3.7　个性化推荐

个性化推荐是根据用户的兴趣特点和购买行为，为用户推荐其可能感兴趣的信息和商品。现在个性化推荐的应用领域更为广泛，如资讯平台的新闻推荐，购物平台的商品推荐，直播平台的主播推荐，知乎上的话题推荐等。

在电子商务方面，推荐系统依据大数据和用户的历史行为记录，提取出用户的兴趣爱好信息，预测出用户对给定物品的评分或偏好，实现对用户意图的精准理解；同时对语言进行匹配计算，实现精准匹配；再利用电子商务网站为用户提供商品信息和建议，帮助用户决定应该购买什么产品，模拟销售人员帮助用户完成购买。

在新闻服务领域，通过了解用户阅读的内容和时长、评论等偏好，以及社交网络甚至是所使用的移动设备型号等，综合分析用户所关注的信息源及核心词汇，进行专业的细化分析，从而进行新闻推送，实现新闻的个人定制服务，提升用户黏性。

6.4 案例实训

1. 实训目的

小芳是公司的产品设计师，她非常关心用户对一款产品体验的反馈，因此，常常去论坛看帖子。她希望有一款工具，能自动分析论坛上对该产品的评价是正面的还是负面的。当然她也知道，论坛上的产品评价，还是需要通过爬虫来抓取的。因此，目前的需求是能对一段产品评价做出情感分析，比如“客服还不错，东西用起来很方便，就是物流非常慢”这一评论，先肯定了产品的优点，后面转折指出问题，这是负面评价吗?

本项目将利用百度 AI 开放平台进行文字情感分析。

2. 实训要求

（1）网络通信正常。

（2）环境准备：已安装 Spyder 等 Python 编程环境。

（3）SDK 和账号准备：安装过百度 AI 开放平台的 SDK，注册过百度 AI 开放平台的账号。

3. 实训步骤

项目设计如下。

（1）创建应用以获取 APPID、AK、SK。

（2）准备一段文字。

（3）在 Spyder 中新建情感分析项目 BaiduSentiment。

（4）代码编写及运行。

项目过程如下。

（1）创建应用以获取APPID、AK、SK。

本项目要用到情感分析，因此，单击自然语言处理标记，进入“创建应用”界面，如图 6-6 所示。

图6-6　创建应用

单击“创建应用”按钮，进入“创建新应用”界面，如图 6-7 所示，设置应用名称为“情感倾向分析”，应用描述为“我的语音识别”，其他选项采用默认值。

创建新应用

* 应用名称：情感倾向分析

* 应用类型：游戏娱乐

图6-7　创建新应用

单击“立即创建”按钮，进入如图 6-8 所示界面。单击“查看应用详情”按钮，可以看到 APPID 等 3 项重要信息，如表 6-1 所示。

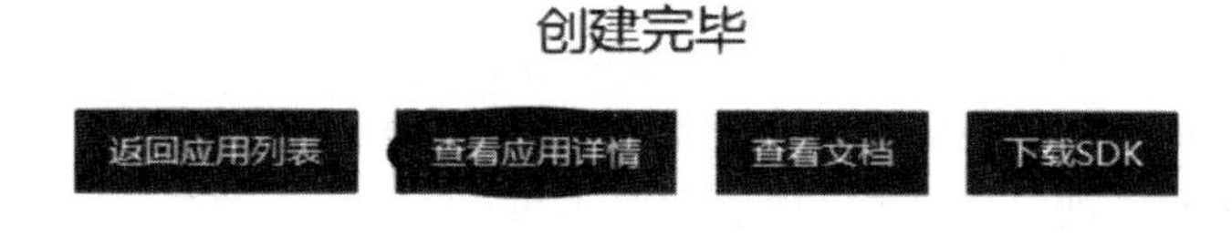

图6-8　创建完毕

表6-1　应用详情

应用名称	APPID	AK	SK
文字识别	17339971	gtNLAL5FyOB44ftZB6ml6ZGw	*******显示

记录下 APPID、AK 和 SK 的值。

（2）准备素材。

进行情感分析时，读者可以准备文本文件，也可以直接准备一段文字。

（3）在Spyder中新建情感分析项目BaiduSentiment。

在 Spyder 开发环境中选择左上角的“File”→“New File”命令，新建项目文件，默认文件名为未命名 0.py。继续选择左上角的“File”→“Save as”命令，保存“BaiduSentiment.py”文件，文件路径可采用默认值。

（4）代码编写及运行。

在代码编辑器中输入如下代码。

```
# 从AIP中导入相应自然语言处理模块AipNlp
from aip import AipNlp

# 复制粘贴APPID、AK、SK这3个常量，并以此初始化对象
APP_ID='17339971'
API_KEY='gtNLAL5FyOB44ftZB6ml6ZGw'
SECRET_KEY='ZynW7FHVLKkYPAyEtAeVqGBawU8biqj 7'

client=AipNlp (APP_ID,API_KEY,SECRET_KEY)

# 字义数据
text= "客服还不错，东西用起来很方便，就是物流有点慢"

# 直接调用情感倾向分析接口，并输出结果
result=client.sentimentClassify (text);
# sentimentClassify方法用于进行情感分类

# 输出处理结果
print (result)
```

项目测试如下。

单击工具栏中的▶按钮，在“IPython console”窗口中可以看到运行结果，如图 6-9 所示。

```
In [1]: runfile('D:/Anaconda3/BaiduNLP.py',wdir='D:/Anaconda3')
{'log_id':317129579998099325, 'text': '客服还不错, 东东用起来很方便, 就是物流优点慢'},
'items': [{'positive_prob':0.902355,'confidence':0.783012,'negative_prob'}:
```

图6-9　用户情感分析结果

positlve_prob=0.902355，正面情感的概率达到 90% 以上，表明用户的情感倾向是积极的。

4. 项目小结

本项目利用百度 AI 开放平台实现了对情感倾向的预测。除了 sentimentClassify 方法，读者还可以尝试调用自然语言处理技术中的其他方法，了解自然语言处理技术的更多开放功能。

如果将“就是物流有点慢”改成“就是物流非常慢”，我们可以得到如图 6-10 所示的输出结果。

```
In [3]: runfile('D:/Anaconda3/BaiduNLP.py', wdir='D:/Anaconda3')
{'log_id': 371970706797134973, 'text': '客服还不错，东西用起来很方便，就是物流非常慢',
'items': [{'positive_prob': 0.84856, 'confidence': 0.663467, 'negative_prob':
0.15144, 'sentiment': 2}]}
```

图6-10　调整文本后的输出结果

positive_prob=0.84856，表明这时用户的情感倾向仍然是积极的，但是相对上一段评价而言，积极程度有所减弱。

6.5 本章小结

本章介绍了人工智能技术中自然语言处理技术的概念及应用。通过对本章内容的学习，读者可以了解自然语言处理技术进行语言处理的一般过程及研究内容，对自然语言处理技术有更深入的了解，熟悉生活中自然语言处理技术的应用，为人工智能技术的学习打下坚实的基础。

6.6 课后习题

1. 选择题

（1）自然语言中的交叉歧义问题，通常通过（　　）技术解决。

A. 分词　　B. 命名实体识别　　C. 词性标注　　D. 词向量

（2）识别自然语言文本中具有特定意义的实体（人名、地名、机构、时间、作品等）的技术称为（　　）。

A. 分词　　B. 命名实体识别　　C. 词性标注　　D. 词向量

（3）在聊天系统中，系统需要识别用户输入的句子是否符合语言表达习惯，并提醒输入错误的用户是否需要澄清自己的需求，这个过程中主要会用到（　　）。

A. 分词　　B. 命名实体识别　　C. 词性标注　　D. 语言模型

（4）某电商网站收集了众多用户点评，需要快速整理并帮助用户了解产品的具体评价，辅助用户进行消费决策，提升交互意愿，这里最适合使用百度的（　　）服务。

A. 分词　　B. 短文本相似度　　C. 评论观点抽　　D.DNN 语言模型

（5）对于小语种的翻译系统，因为缺少对应的双语语料，我们可以采用（　　）构建翻译系统。

A. 基于枢轴语言的翻译方法　　B. 基于神经网络的翻译方法

C. 基于统计的翻译方法　　D. 基于实例的翻译方法

（6）百度机器翻译服务中，翻译文本的编码格式是（　　）。

A. ASCII　　B.GB2312　　C.UTF-8　　D.UTF-16

（7）对语言文本语料进行建模，表达语言的概率统计的模型，称为（　　）。

A. 语言模型　　B. 声学模型　　C. 语音模型　　D. 声母模型

（8）百度语音技术服务的 Python SDK 中，提供服务的类名称是（　　）。

A. NlpAip　　B.AipNlp　　C.NlpBaidu　　D.BaiduNlp

2. 填空题

（1）自然语言处理包括分词、命名实体识别、词性标注等。为了正确解释句法成分，防止出现结构歧义问题，需要用到的自然语言处理技术包括 ________、________。

（2）翻译方式有基于规则的翻译方法、基于神经网络的翻译方法、基于统计的翻译方法、基于实例的翻译方法。对于一些热词、新词，以及俗语和习惯用语，最合适的翻译方法是基于 ________ 的翻译方法。

3. 简答题

根据你的了解，写出至少 3 个你身边的自然语言处理技术的应用。

第 7 章

CHAPTER 7

知识图谱及应用

我们上网时浏览痕迹会被系统记录下来，放入特征库。比如对于购物网站来说，如果我们想购买笔记本，就会在购物网站上查看并比较不同商家的笔记本，当我们再次打开该网站的时候，笔记本这个产品就会优先显示在商品列表中，供我们选择。再如，浏览新闻时，如果我们对体育类或者社会热点类新闻很关注，新闻 APP 就会给我们推荐更多的体育题材或者社会热点新闻。这就是将用户的个性化特征与知识图谱结合得到的个性化推荐系统。

知识图谱实现的个性化推荐系统通过收集用户的兴趣偏好、属性，以及产品的分类、属性、内容等，分析用户之间的社会关系、用户和产品的关联关系，利用个性化算法，推断用户的喜好和需求，从而为用户推荐他可能感兴趣的产品或者内容。

7.1 知识图谱的概念

7.1.1 知识图谱的定义

知识图谱是由谷歌公司在 2012 年提出来的一个新的概念。从学术的角度，我们可以对知识图谱进行如下定义：知识图谱本质上是语义网络的知识库。这个定义有点抽象，所以换个角度，从实际应用的角度出发，可以简单地把知识图谱理解成多关系图。

那什么叫多关系图呢？学过数据结构的读者应该都知道什么是图（Graph）。图是由节点（Vertex）和边（Edge）构成的，但这些图通常只包含一种类型的节点和边。相反，多关系图一般包含多种类型的节点和多种类型的边。比如图 7-1 表示一个经典的图结构，只包含一种类型的节点和边；图 7-2 则表示多关系图，因为其中包含了多种类型的节点和边，这些类型用不同的形状和颜色来表示。

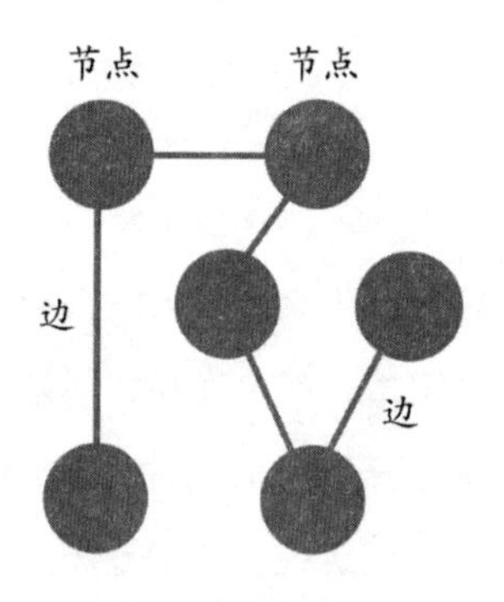

图7-1　经典图结构

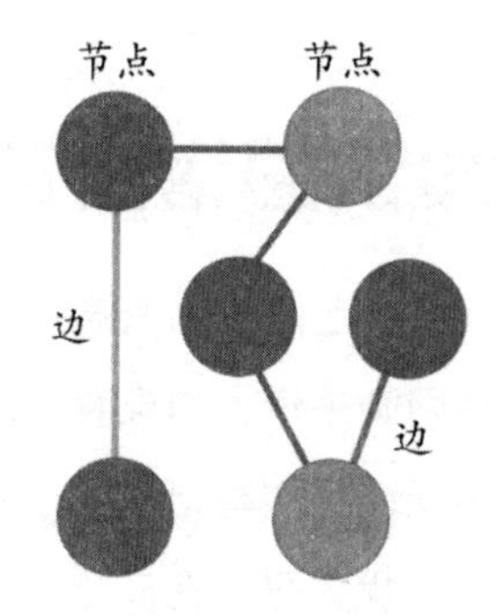

图7-2　多关系图

7.1.2 知识图谱的表示

知识图谱应用的前提是已经构建好了知识图谱，可以把知识图谱认为是一个知识库，这也是为什么它可以用来回答一些搜索相关的问题，比如在谷歌搜索引擎里输入“Who is the wife of Bill Gates？”我们直接可以得到答案“Melinda Gates”。这是因为我们在系统层面已经创建好了一个包含“Bill Gates”和“Melinda Gates”的实体及它们之间关系的知识库。所以，当我们搜索的时候，就可以通过关键词提取（“Bill Gates”“Melinda Gates”“wife”）及知识库上的匹配，直接获得最终的答案。这种搜索方式和传统的搜索引擎是不一样的，一个传统的搜索引擎返回的是网页，而不是最终的答案，所以就多了一层用户自己筛选并过滤信息的过程。

在现实世界，实体和关系也会拥有各自的属性，比如人可以有“姓名”和“年龄”。当一个知识图谱拥有属性时，我们可以用属性图（Property Graph）来表示，一个简单的属性图如图 7-3 所示。李明和李飞是父子关系，李明拥有一个 138 开头的电话号码，这个电话号码开通时间是 2018 年，其中 2018 年就可以作为关系的属性。同样，李明本人也带有一些属性值，比如年龄为 25 岁、职位是总经理等。

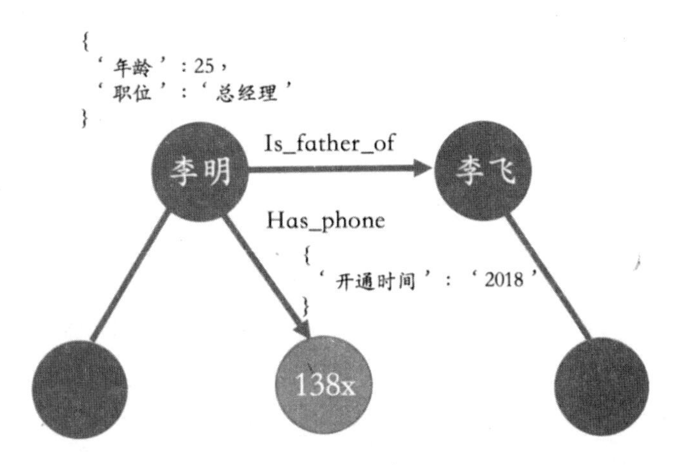

图7-3　知识图谱表示图

这种属性图的表达很贴近现实生活中的场景，也可以很好地描述业务中所包含的逻辑。除了属性图，知识图谱也可以用 RDF（Resource Description Framework, 资源描述框架）来表示，它是由很多的三元组组成的。RDF 在设计上的主要特点是易于发布和分享数据，但不支持实体或关系拥有属性，如果非要加上属性，则在设计上需要做一些修改。目前来看，RDF 主要还是用于学术场景，工业界更多还是采用图数据库（如用来存储属性图）。

7.1.3　知识图谱技术的发展历程

知识图谱可以追溯到 20 世纪 50 年代诞生的专家系统，专家系统是一个具有大量的专门知识与经验的程序系统，它应用人工智能技术和计算机技术，根据某领域一个或多个专家提供的知识和经验进行推理和判断，模拟人类专家的决策过程，以解决那些需要人类专家处理的复杂问题。

20 世纪 50 年代到 70 年代，符号逻辑、神经网络、LISP 语言及一些语义网络已经出现，不过尚处于简单且不太规范的阶段。

20 世纪 70 年代到 90 年代，出现了专家系统、限定领域的知识库（如金融、农业、林业等领域），以及一些脚本、框架、推理。

20 世纪 90 年代到 2000 年，出现了万维网、人工大规模知识库、本体概念及智能主体与机器人。

2000 年到 2006 年，出现了语义 Web、群体智能、维基百科、百度百科及工作百科等内容。

2006 年至今，我们对数据进行了结构化，但是数据和知识的体量越来越大，因此导致了通用知识库越来越多。随着大规模的知识需要被获取、整理及融合，知识图谱应运而生。

2010 年，微软发布了 Satori 和 Probase，它们是比较早期的数据库，当时图谱规模约为 500 亿，主要应用于微软的广告和搜索等业务。

2012 年，谷歌推出了 Knowledge Graph（知识图谱），当时的数据规模有 700 亿。

后来，Facebook、阿里巴巴、亚马逊也相继于 2013 年、2015 年和 2016 年推出了各自的知识图谱和知识库，它们主要应用于知识理解、智能问答及推理和搜索等业务上。

从数据的处置量来看，早期的专家系统只有上万级知识体量，后来阿里巴巴和百度推出了千亿级甚至是兆级的知识图谱系统。

以知识图谱文本数量为例，如图 7-4 所示，2014 年，文本的数量还不到 1500 万，而到了 2018 年，文本数量就超过了 4500 万。预计至 2023 年，文本的数量有望突破 1.3 亿（某一特定类别）。我们现在所面临的问题包括数据量庞大、非结构化的数据保存及历史数据的积累等，这些都会导致信息知识体及各种实体的膨胀。因此，我们需要通过将各种知识连接起来，形成知识图谱。

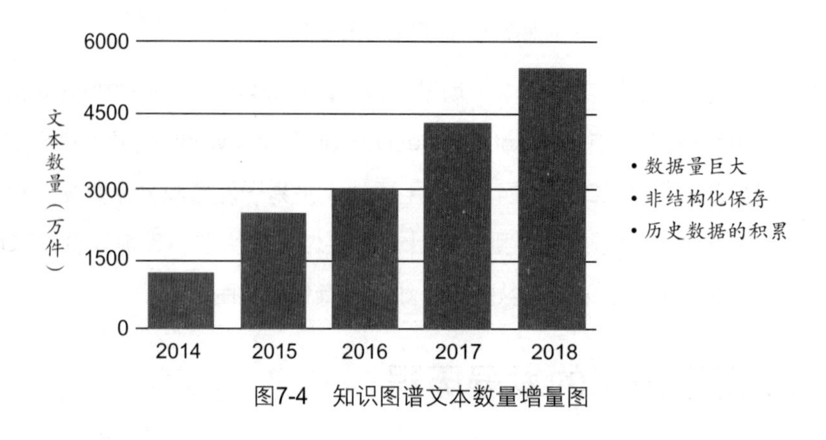

图7-4　知识图谱文本数量增量图

7.2　知识图谱的特点

1. 知识图谱无处不在

说到人工智能技术，人们首先会联想到深度学习、机器学习技术；谈到人工智能应用，人们很可能会马上想起语音助理、自动驾驶等，各行各业都在研发底层技术，寻求 AI 场景，却忽视了当下很重要的人工智能技术——知识图谱。

个性化推荐作为一种信息过滤的重要手段，可以依据我们的习惯和爱好为我们推荐合适的服务，这就是知识图谱技术的应用。搜索、地图、互联网、风控、银行……越来越多的应用场景，都越来越依赖知识图谱。

2. 知识图谱与人工智能的关系

知识图谱是由节点和关系所组成的图谱，为真实世界的各个场景直观地建模。通过不同知识的关联性形成一个网状的知识结构，对机器来说就是图谱。

形成知识图谱的过程本质上是在建立认知，以便理解世界、理解应用的行业或领域。每个人都有自己的知识面或者说知识结构，这些知识面或知识结构在本质上就是不同的知识图谱。正是因为有获取和形成知识的能力，人类才可以不断进步。

机器可以模仿人类的视觉、听觉等感知能力，但这种感知能力不是人类的专属，动物也具备感知能力，甚至动物的某些感知能力比人类更强，如狗的嗅觉。而认知及语言是人类区别于其他动物的能力，同时，人类可以不断地传承知识，这是推动人类进步的重要基础。知识对于人工智能的价值在于让机器具备认知能力。构建知识图谱这个过程的本质，就是让机器形成认知能力，去理解这个世界。

3. 图数据库

知识图谱的图存储在图数据库中，图数据库以图论为理论基础，图论中图的基本元素是节点和边，在图数据库中对应的就是节点和关系。由节点和关系所组成的图，为真实世界直观地建模，支持百亿量级甚至千亿量级规模的巨型图的高效关系运算和复杂关系分析。

目前较为流行的图数据库有 Neo4j、OrientDB、Titan、Flock DB、AllegroGraph 等。图数据库可实现数据间的“互联互通”，与传统的关系型数据库相比，图数据库更擅长建立复杂的关系网络。

图数据库将原本没有联系的数据连通，将离散的数据整合在一起，从而为用户提供更有价值的决策支持。

4. 知识图谱的价值

知识图谱运用“图”这种基础性、通用性的“语言”，“高保真”地表达这个多姿多彩的世界的各种关系，非常直观、自然、直接和高效，不需要中间过程的转换和处理——这种中间过程的转换和处理，往往会把问题复杂化，或者遗漏掉很多有价值的信息。

在风控领域，知识图谱产品为精准揭露“欺诈环”“窝案”“中介造假”“洗钱”和其他复杂的欺诈手法，提供了新的方法和工具。尽管没有完美的反欺诈措施，但通过超越单个数据点并让多个节点进行联系，仍能发现一些隐藏信息，找到欺诈者的漏洞。那些看似正常的联系（关系），常常会被我们忽视，但实际上那可能是有价值的反欺诈线索和风险突破口。

尽管各个风险场景的业务风险不同，面临的欺诈方式也不同，但都有一个非常重要的共同点——欺诈依赖于信息不对称和间接层，这些不对称信息和间接层可以通过知识图谱的关联分析被揭示出来，高级欺诈也难以“隐身”。

凡是有关系的地方都可以用到知识图谱，沃尔玛、领英、阿迪达斯、惠普、FT 金融时报等知名企业和机构都在应用知识图谱。

目前知识图谱产品的客户主要集中在社交网络、人力资源与招聘、金融、保险、零售、广告、物流、通信、IT、制造业、传媒、医疗、电子商务和物流等领域。在风控领域，知识图谱类产品主要应用于反欺诈、反洗钱、互联网授信、保险欺诈、银行欺诈、电商欺诈、项目审计作假、企业关系分析、罪犯追踪等场景。

相比传统数据存储和计算方式，知识图谱的优势主要体现在以下几个方面。

（1）关系的表达能力强。

基于图论和概率图模型，可以进行复杂多样的关联分析，满足企业各种角色关系的分析和管理需要。

（2）像人类一样思考去做分析。

基于知识图谱的交互探索式分析，可以模拟人的思考过程去发现、求证、推理，不需要专业人员的协助。

（3）知识学习。

知识图谱利用交互式机器学习技术，支持根据推理、纠错、标注等交互动作进行学习的功能，不断沉淀知识逻辑和模型，提高系统智能性，将知识沉淀在企业内部，降低对经验的依赖。

（4）高速反馈。

相比传统存储方式，图式的数据存储方式的数据调取速度更快。图库可计算超过百万潜在的实体的属性分布，实现秒级返回结果，真正实现人机互动的实时响应，让用户可以做到即时决策。

5. 知识图谱的主要技术

（1）知识建模。

知识建模，即为知识和数据进行抽象建模，主要包括以下 5 个步骤（如图 7-5 所示）。

①以节点为主体目标，实现对不同来源的数据进行映射与合并（确定节点）

②利用属性来表示不同数据源中针对节点的描述，形成对节点的全方位描述（确定节点属性、标签）

③利用关系来描述各类抽象建模成节点的数据之间的关联关系，从而支持关联分析（图设计）

④通过节点链接技术，实现围绕节点的多种类型数据的关联存储（节点链接）

⑤使用事件机制描述客观世界中的动态发展，体现事件与节点间的关联，并利用时序描述事

件的发展状况（动态事件描述）

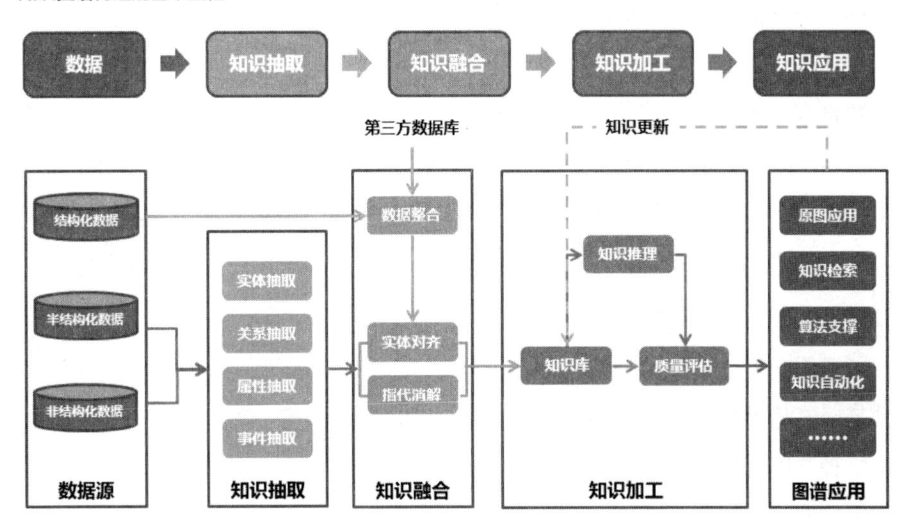

图7-5　知识图谱的建立过程

（2）知识获取。

从不同来源、不同结构的数据中进行知识提取，形成知识后再存入知识图谱，这一过程称为知识获取。针对不同类型的数据，会利用不同的技术进行提取。

①从结构化数据库中获取知识——D2R，难点在于复杂表数据的处理

②从链接数据中获取知识——图映射，难点在于数据对齐

③从半结构化（网站）数据中获取知识——使用包装器，难点在于方便的包装器的定义方法，以及包装器自动生成、更新与维护

④从文本中获取知识——信息抽取，难点在于结果的准确率与覆盖率

（3）知识融合。

如果知识图谱的数据源来自不同的数据结构，在系统已经从不同的数据源把不同结构的数据提取知识之后，接下来要做的是把它们融合成一个统一的知识图谱，这时候需要用到知识融合技术（如果知识图谱的数据均为结构化数据，或某种单一模式的数据结构，则无须用到知识融合技术）。

知识融合主要分为数据模式层融合和数据层融合，分别用到如下技术。

①数据模式层融合：概念合并、概念上下位关系合并、概念的属性定义合并

②数据层融合：节点合并、节点属性融合、冲突检测与解决（如某一节点的数据来源有豆瓣短文、数据库、网页等，需要将不同数据来源的同一节点进行数据层的融合）

由于行业知识图谱的数据模式通常采用自顶向下（由专家创建）和自底向上（从现有的行业标准转化，从现有高质量数据源转化）结合的方式，在模式层基本都经过人工校验，保证了可靠性，因此，知识融合的关键任务在于数据层的融合。

（4）知识存储。

图谱的数据存储既需要完成基本的数据存储，同时也要能支持上层的知识推理、知识快速查询、图实时计算等应用，因此，需要存储以下信息：三元组（由开始节点、关系、结束节点三个元素组成）知识的存储、事件信息的存储、时态信息的存储、使用知识图谱组织的数据的存储。

其关键技术和难点如下。

①大规模三元组数据的存储

②知识图谱组织的大数据的存储

③事件与时态信息的存储

④快速推理与图计算的支持

（5）知识计算。

知识计算主要是基于知识图谱中的知识和数据，通过各种算法，发现其中显式的或隐含的知识、模式或规则等。知识计算的范畴非常大，主要涉及以下 3 个方面。

①图挖掘计算：基于图论的相关算法，实现对图谱的探索和挖掘

②本体推理：使用本体推理进行新知识发现或冲突检测

③基于规则的推理：使用规则引擎，编写相应的业务规则，通过推理辅助业务决策

（6）图挖掘和图计算。

知识图谱之上的图挖掘和图计算主要分为以下 6 类。

①利用图遍历进行挖掘。知识图谱构建完之后可以理解为它是一张很大的图，要根据图的特点和应用的场景进行遍历

②利用图里面经典的算法进行挖掘，如最短路径

③利用路径的探寻进行挖掘，即给定两个实体或多个实体，去发现它们之间的关系

④利用权威节点的分析进行挖掘，这在社交网络分析中用得比较多

⑤利用族群分析进行挖掘

⑥利用相似节点的发现进行挖掘

7.3 知识图谱构建

一个完整的知识图谱的构建包含以下几个步骤：定义具体的业务问题、数据的收集与预处理、

知识图谱的设计、把数据存入知识图谱、上层应用的开发与系统评估。下面我们就按照这个流程来介绍每个步骤所需要做的事情及需要思考的问题。

7.3.1 业务问题定义

在构建知识图谱前，首先要明确的一点是，自身的业务问题到底需不需要知识图谱系统的支持。因为在很多的实际场景中，即使对关系的分析有一定的需求，实际上也可以利用传统数据库来完成分析。是否需要使用知识图谱的判断如图 7-6 所示。

对可视化需求不高 很少涉及关系的深度搜索 关系查询效率要求不高 数据缺乏多样性 暂时没有人手或者成本不够	有强烈的可视化需求 经常涉及关系的深度搜索 对关系查询效率有实时性要求 数据多样化、解决数据孤岛问题 有能力、有成本搭建系统
用更简单的方式	选择知识图谱

图7-6　是否需要使用知识图谱

7.3.2 数据的收集与预处理

在明确问题后，接着就要确定数据源及做必要的数据预处理。针对数据源，我们需要考虑以下几点：第一，我们已经有哪些数据；第二，虽然现在没有，但有可能还会获得哪些数据；第三，其中哪部分数据可以用来降低风险；第四，哪部分数据可以用来构建知识图谱。这里需要说明的一点是，并不是所有和反欺诈相关的数据都必须进入知识图谱，这部分的决策原则在后文会有比较详细的介绍。

对于反欺诈，有几个数据源是很容易想到的，包括用户的基本信息、行为数据、运营商数据、网络上的公开信息等。假设我们已经有了一个数据源的清单，下一步就要看哪些数据需要进行进一步处理，比如对于非结构化数据，我们或多或少都需要用到自然语言处理的相关的技术。用户填写的基本信息基本上都会存储在业务表里，除了个别字段需要进一步处理，很多字段可以直接用于建模或者添加到知识图谱系统。对于行为数据来说，需要通过一些简单的处理，从中提取有效的信息，比如“用户在某个页面停留时长”等。对于网络上公开的网页数据，则需要用到信息抽取相关的技术。

举个例子（如图 7-7 所示），对于用户的基本信息，如姓名、年龄、学历等字段，可以直接从结构化数据库中提取并使用，但对于公司名来说，有可能需要做进一步的处理，比如部分用户填写的是“北京市贪心科技有限公司”，另一部分用户填写的是“北京市望京贪心科技有限公司”，这两个其实是同一家公司。所以，这时候我们需要做公司名的对齐，用到的技术可是前文讲到的实体对齐技术。

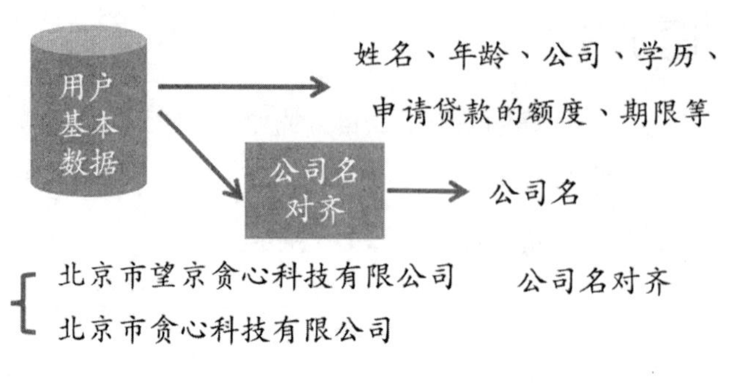

图7-7　使用实体对齐技术对齐公司名

7.3.3　知识图谱的设计

知识图谱的设计不仅要对业务有很深的理解，还需要对未来业务可能发生的变化有一定的预估，从而设计出最贴近现状并且性能较高的系统。在设计知识图谱时，我们肯定会遇到以下几个常见问题：第一，需要哪些实体、关系和属性；第二，哪些属性可以作为实体，哪些实体可以作为属性；第三，哪些信息不需要放在知识图谱中。基于这些常见的问题，我们从以往的设计经验中抽象出了一系列的设计原则，具体为业务原则、分析原则、效率原则、冗余原则。这些设计原则类似传统数据库设计中的范式，用来引导相关人员设计出更合理的知识图谱系统，同时保证系统的高效性。

接下来，我们举几个简单的例子来说明其中的一些原则。比如业务原则，它的含义是“一切要从业务逻辑出发，通过观察知识图谱的设计很容易推测出其背后的业务逻辑，设计时要考虑好未来业务可能的变化”。举个例子，如图 7-8 所示的图谱，很难看出其业务流程是什么样的。

再看图 7-9，图 7-8 和图 7-9 的区别在于，我们把申请人从原有的属性中抽取出来并设置成了一个单独的实体。在这种情况下，整个业务逻辑就变得很清晰。“申请”在此为申请贷款，从图 7-9 中很容易看出张三申请了两个贷款，而且张三拥有两个手机号码，在申请其中一个贷款的时候他填写了父母的手机号码。总而言之，一个好的知识图谱要设计得让人很容易地看到业务本身的逻辑。

接下来再看一个原则叫作效率原则。效率原则可以让知识图谱尽量轻量化，并决定将哪些数据放在知识图谱，哪些数据不需要放在知识图谱。在这里举一个简单的例子，在经典的计算机存储系统中，我们经常会谈论到内存和硬盘。内存作为高效的访问载体，是所有程序运行的关键。这种存储上的层次结构设计源于数据的局部性——“locality”，也就是将经常被访问到的数据集中在某一个区块上，这部分数据可以放到内存中来提升访问的效率。类似的逻辑也可以应用到知识图谱的设计上：把常用的信息存放在知识图谱中，把那些访问频率不高、对关系分析无关紧要的信息放在传统的关系型数据库中。效率原则的核心在于把知识图谱设计成小而轻的存储载体，如图 7-10 所示。

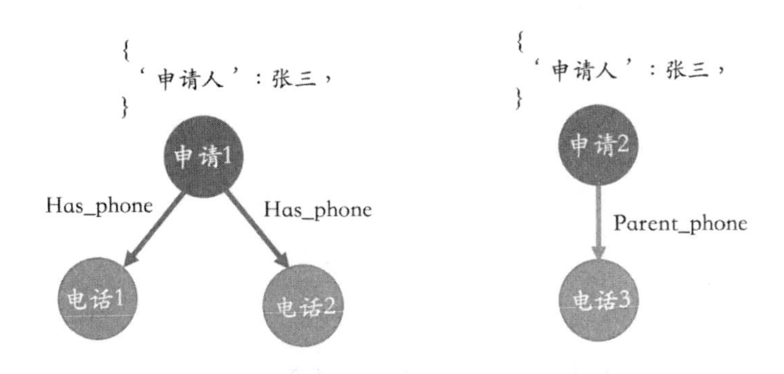

图7-8　知识图谱属性实体关系

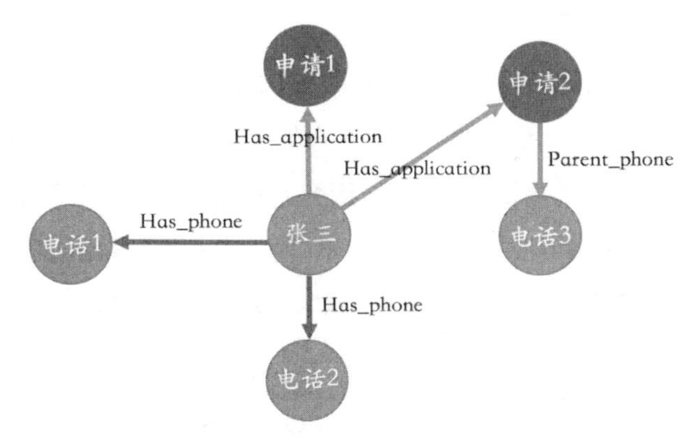

图7-9　知识图谱属性关系

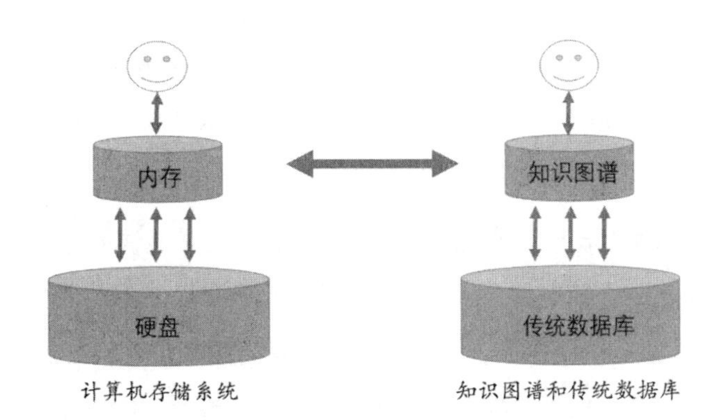

图7-10　知识图谱存储图

如图 7-11 所示，我们完全可以把一些信息（如“年龄”“家乡”）放到传统的关系型数据库中，因为这些数据对于分析关系来说没有太大作用，访问频率低，放在知识图谱中反而影响效率。

{
姓名："男"
年龄：26
家乡：湖北
}
{
姓名："男"
年龄：23
家乡：广州
}
张三
李四
朋友
{
认识时间：2013，
认识时长：4
}

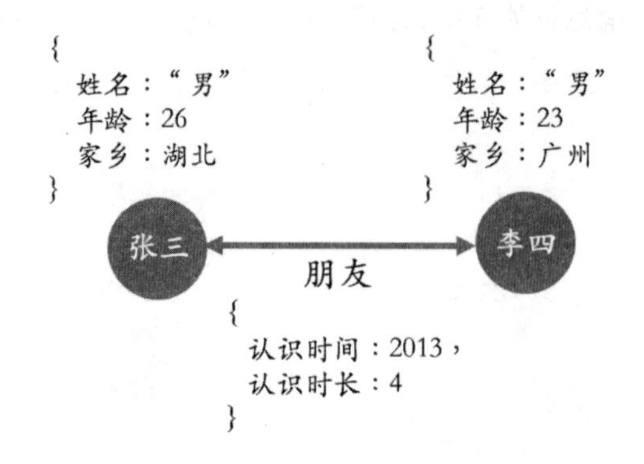

图7-11　知识图谱人物属性关系

另外，从分析原则的角度，我们不需要把和关系分析无关的实体放在知识图谱中；从冗余原则的角度，有些重复信息、高频信息也可以放到传统数据库中。

7.3.4　知识图谱的数据存储

知识图谱主要有两种数据存储方式：一种是基于 RDF（Resource Description Framework，资源描述框架）的存储；另一种是基于图数据库的存储。它们之间的区别如图 7-12 所示。RDF 一个重要的设计原则，是数据的易发布及共享，图数据库则把重点放在了高效的图查询和搜索上。此外，RDF 以三元组的方式来存储数据，不包含属性信息；但图数据库一般以属性图为基本的表示形式，所以实体和关系可以包含属性，这就意味着图数据库更容易表达现实的业务场景。

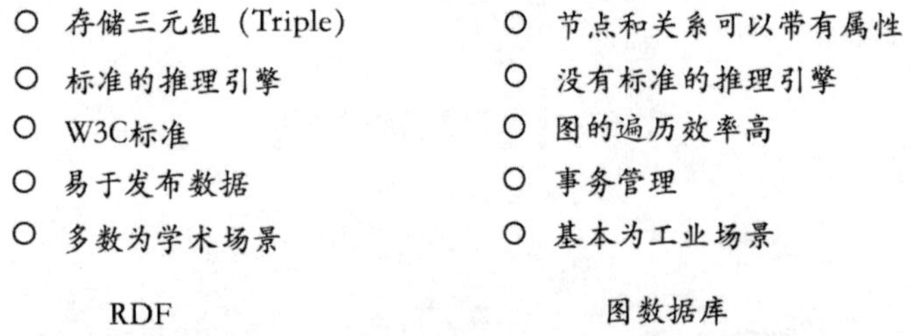

存储三元组（Triple）
标准的推理引擎
W3C标准
易于发布数据
多数为学术场景
RDF
节点和关系可以带有属性
没有标准的推理引擎
图的遍历效率高
事务管理
基本为工业场景
图数据库

图7-12　RDF与图数据库的区别

根据最新的统计（2018 年上半年），图数据库仍然是增长最快的存储系统。相反，关系型数据库的增长基本保持在一个稳定的水平。同时，我们也列出了常用的图数据库系统及它们最新使用情况的排名。其中 Neo4j 系统目前仍是使用率最高的图数据库，它拥有活跃的社区，而且系统本身的查询效率高，唯一的不足就是不支持准分布式。相反，OrientDB 和 JanusGraph（原 Titan）支持分布式，但这些系统相对较新，社区不如 Neo4j 活跃，这也就意味着使用过程中会不可避免地遇到一些棘手的问题。如果选择基于 RDF 的存储，Jena 或许是一个比较不错的选择。

7.3.5 上层应用的开发与系统评估

构建好知识图谱之后，接下来就要使用它来解决具体的问题。对于风控知识图谱来说，首要任务就是挖掘关系网络中隐藏的欺诈风险。从算法的角度来讲，有两种不同的场景：一种是基于规则的，另一种是基于概率的。鉴于人工智能技术的现状，基于规则的方法在垂直领域的应用中占据主导地位，但随着数据量的增加及处理方法的提升，基于概率的方法也将逐步带来更大的价值。

1. 基于规则的方法

我们来看几个基于规则的方法，分别是不一致性验证、基于规则的提取特征、基于模式的判断。

（1）不一致性验证。

为了判断关系网络中是否存在风险，一种简单的方法就是做不一致性验证，也就是通过规则找出潜在的矛盾点。这些规则是提前人为定义好的，所以在设计规则时需要具备业务知识。如图 7-13 所示，李明和李飞两个人注明了同样的公司电话，但实际上从数据库中可以判断这两人其实在不同的公司上班，这就是一个矛盾点。类似的规则有很多，不在这里一一列出。

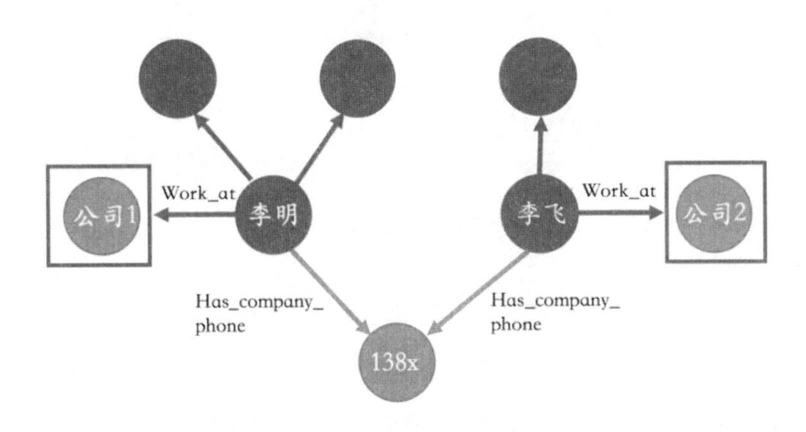

图7-13　知识图谱不一致性验证

（2）基于规则的提取特征。

我们也可以基于规则从知识图谱中提取一些特征，这些特征一般基于深度的搜索，如 2 度、3 度甚至更高维度。根据图 7-14 我们可以问一个这样的问题：申请人 2 度关系里有多少个实体触碰了黑名单？从图中很容易观察到 2 度关系中有两个实体触碰了黑名单（黑名单为加框部分）。这些特征被提取之后，一般可以作为风险模型的输入。如果特征并不涉及深度的关系，那么传统的关系型数据库就足以满足需求。

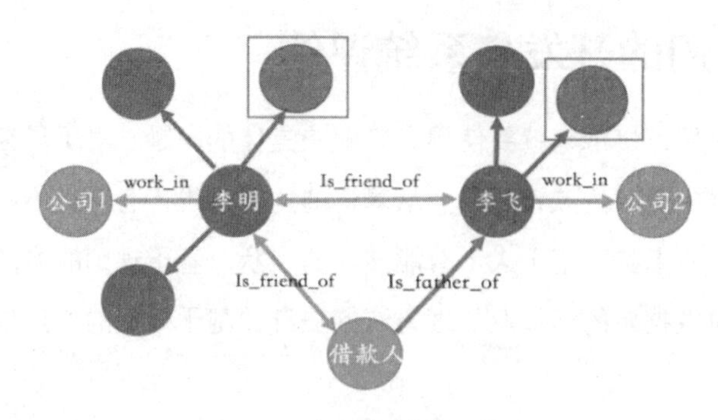

图7-14　知识图谱特征提取

（3）基于模式的判断。

这种方法适用于找出团体欺诈信息，它的核心在于通过模式来找到有可能存在风险的团体或者子图，然后对这部分团体或子图做进一步的分析。这种模式有很多种，在这里举几个简单的例子。如图 7-15 所示，三个实体共享了很多信息，我们可以将其看作一个团体，并对其做进一步的分析。

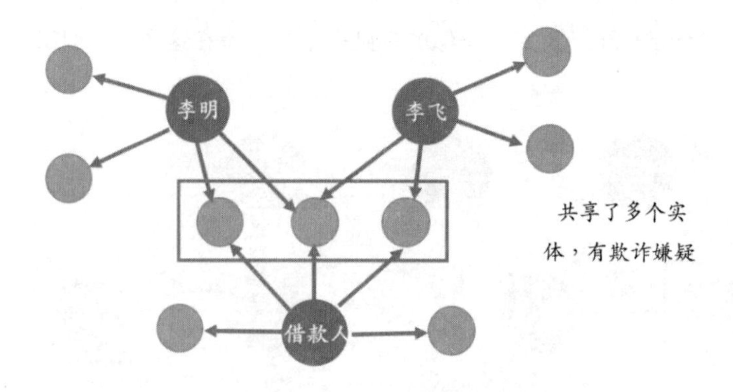

图7-15　知识图谱多点共享信息

再如，我们也可以从知识图谱中找出强连通图（如图 7-16 所示），并把它标记出来，然后做进一步的风险分析。强连通图意味着每一个节点都可以通过某种路径到达其他的点，也就说明这些节点之间有很强的关系。

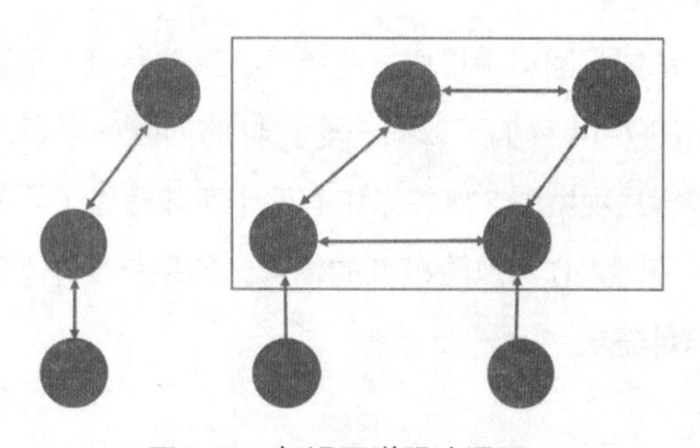

图7-16　知识图谱强连通图

2. 基于概率的方法

除了基于规则的方法，也可以使用基于概率的方法，如社区挖掘（如图 7-16 所示）、标签传播、聚类等技术都属于这个范畴。对于这类技术，本书不做详细的讲解，感兴趣的读者可以参考相关文献。

社区挖掘的目的在于从图中找出一些社区。社区有多种定义，可以直观地将其理解为社区内节点之间关系的密度要明显大于社区之间的关系密度。图 7-17 表示社区挖掘之后的结果，图中共标记了三个不同的社区。一旦我们得到这些社区，就可以做进一步的风险分析。

由于社区挖掘是基于概率的方法，好处在于不需要人为地去定义规则，对于一个庞大的关系网络来说，定义规则本身就是一件很复杂的事情。

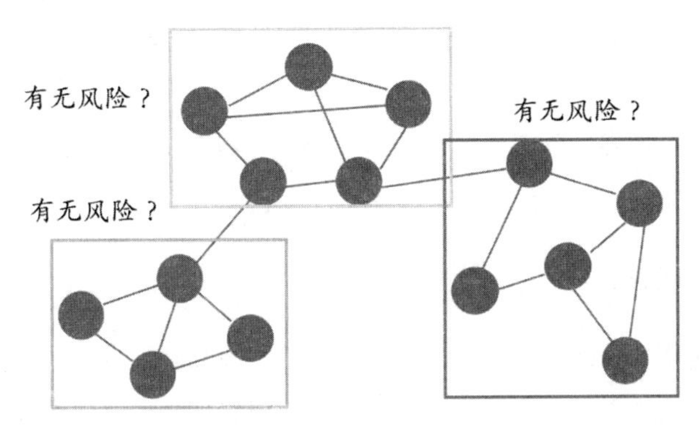

图7-17　知识图谱社区挖掘

标签传播的核心思想在于节点之间信息的传递。这就像和优秀的人在一起，自己也会逐渐变优秀是一个道理，因为通过这种关系，节点自己会不断地吸收高质量的信息，最后使得自己也会不知不觉中变得更加优秀。

相比基于规则的方法，基于概率的方法的缺点在于需要足够多的数据。如果数据量很少，而且整个图谱比较稀疏，基于规则的方法可以成为我们的首选，尤其是金融领域，这一领域的数据标签会比较少，这也是基于规则的方法更普遍地应用在金融领域的主要原因。

3. 基于动态网络的分析

以上所有的分析都是基于静态的关系图谱。所谓静态关系图谱，意味着不用考虑图谱结构本身随时间而发生的变化，只是聚焦当前的知识图谱结构。然而，我们也知道知识图谱的结构是随时间而变化的，而且这些变化本身也可以和风险有所关联。

如图 7-18 所示，给出了一个知识图谱 t 时刻和 $t+1$ 时刻的结构，我们很容易看出在这两个时刻中间，图谱结构（或者部分结构）发生了很明显的变化，这其实暗示着存在潜在的风险。那怎么去判断这些结构上的变化呢？感兴趣的读者可以查阅相关的文献。

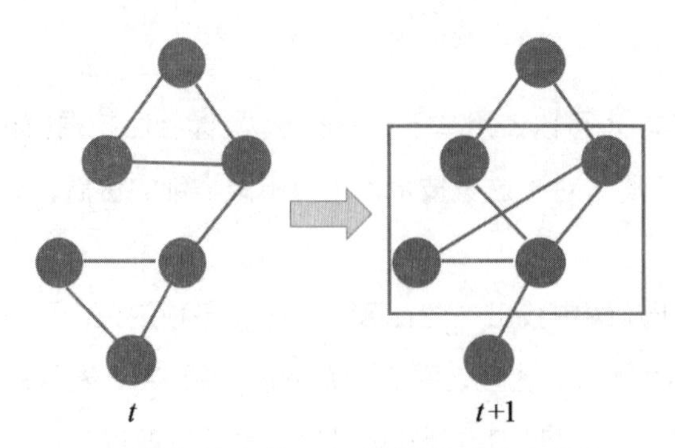

图7-18　知识图谱不同时刻结构会发生变化

7.4　应用场景

知识图谱的应用场景很多，除了问答、搜索和个性化推荐，在不同行业、不同领域都有广泛应用，以下列举几个目前比较常见的应用场景。

1. 信用卡申请反欺诈图谱

银行信用卡的申请欺诈包括个人欺诈、团伙欺诈、中介包装、伪冒资料等，是指申请者使用本人身份或他人身份，伪造虚假身份进行申请信用卡、申请贷款、透支欺诈等欺诈行为。

欺诈者一般会利用合法联系人的一部分信息，如电话号码、联系地址、联系人手机号等，并通过它们的不同组合创建多个合成身份。比如，3 个人仅通过电话和地址两个信息，可以合成 9 个假身份，每个合成身份假设有 5 个账户，总共约有 45 个账户。假设每个账户的信用等级为 20000 元，那么银行的损失可能高达 900000 元。由于拥有共用的信息，因此欺诈者可以通过这些信息构成欺诈环。

2. 企业知识图谱

目前知识图谱在金融证券领域的应用主要为企业知识图谱。企业数据包括企业基础数据、投资关系、任职关系、企业专利数据、企业招投标数据、企业招聘数据、企业诉讼数据、企业失信数据、企业新闻数据等。

利用知识图谱结合以上企业数据，可以构建企业知识图谱，利用图谱的特性，针对金融业务场景有一系列的图谱应用，举例如下。

（1）企业风险评估：基于企业的基础信息、投资关系、诉讼、失信等多维度关联数据，利用图计算等方法构建科学、严谨的企业风险评估体系，可以有效规避潜在的经营风险与资金风险。

（2）企业社交图谱查询：基于投资、任职、专利、招投标、诉讼等数据，以目标企业为核心向外层层扩散，形成一个网络关系图，可以立体地展现企业关联信息。

（3）企业最终控制人查询：基于股权投资关系寻找持股比例最大的股东，最终可追溯至某自然人或国有资产管理部门。

（4）企业之间路径发现：在基于股权、任职、专利、招投标等数据形成的网络关系中，可以查询企业之间的最短关系路径，了解企业之间的联系的密切程度。

（5）初创企业融资发展历程：基于企业知识图谱中的投融资事件发生的时间顺序，可以了解企业的融资发展历程。

（6）上市企业智能问答：通过自然语言处理技术，用户输入问题，系统可以直接给出用户想要的答案。

3. 金融交易知识图谱

金融交易知识图谱在企业知识图谱之上，增加了交易客户数据、客户之间的关系数据及交易行为数据等，利用图挖掘技术来分析实体与实体之间的关联关系，最终形成金融领域的交易知识图谱。

在银行交易反欺诈方面，利用交易知识图谱可以从身份证、手机号、设备指纹、IP 等多重维度对持卡人的历史交易信息进行自动化关联分析，找出可疑人员和可疑交易。

4. 反洗钱知识图谱

对于反洗钱或电信诈骗场景，知识图谱可精准追踪卡与卡之间的交易路径，从源头的账户、卡号、商户等关联至最后收款方，识别洗钱、套现路径和可疑人员，并通过可疑人员的交易轨迹，层层关联，分析找出更多可疑的人员、账户、商户或卡号等实体。

5. 信贷/消费贷知识图谱

对于互联网信贷、消费贷、小额现金贷等场景，知识图谱可从身份证、手机号、紧急联系人手机号、设备指纹、家庭地址、办公地址、IP 等多重维度对申请人的申请信息进行自动化关联分析，识别图中异常信息，有效判别申请人信息的真实性和可靠性。

6. 内控知识图谱

在内控场景的经典案例里，中介人员通过制造或利用信息的不对称，将企业存款从银行偷偷转移，通过建立企业知识图谱，可将信息实时互通，发现隐藏信息，寻找欺诈漏洞，找出资金流向。

⊙ 知识图谱的三大典型应用 ⊙

现在以商业搜索引擎公司为首的互联网巨头已经意识到知识图谱的战略意义，纷纷投入重兵布局知识图谱。知识图谱对搜索引擎形态日益产生重要的影响。如何根据业务需求实现知识图谱的应用，并基于数据特点进行优化，是知识图谱应用的关键研究内容。

知识图谱的典型应用包括语义搜索、智能问答及可视化决策支持三种。

1. 语义搜索

当前基于关键词的搜索技术在知识图谱的支持下可以上升到基于实体和关系的检索，称为语义搜索。

语义搜索可以利用知识图谱准确地捕捉用户搜索意图，进而基于知识图谱中的知识解决传统搜索中的关键字语义多样性及语义消歧的难题，通过实体链接实现知识与文档的混合检索。

语义检索需要考虑如何解决自然语言输入带来的表达多样性问题及语言中实体的歧义性问题。借助知识图谱，语义检索需要直接给出满足用户搜索意图的答案，而不是包含关键词的相关网页的链接。

2. 智能问答

问答系统（Question Answering，QA）是信息服务的一种高级形式，能够让计算机自动回答用户所提出的问题。不同于现有的搜索引擎，问答系统返回给用户的不再是基于关键词匹配的相关文档排序，而是精准的自然语言形式的答案。

智能问答被看作未来信息服务的颠覆性技术之一，亦被认为是机器具备语言理解能力的主要验证手段之一。

智能问答需要理解用户输入的自然语言，从知识图谱或目标数据中给出问题的答案，其关键技术及难点包括准确的语义解析、正确理解用户的真实意图，以及对返回的答案的评分评定以确定答案的优先级顺序。

3. 可视化决策支持

可视化决策支持是指通过提供统一的图形接口，结合可视化、推理、检索等，为用户提供信息获取的入口。例如，决策支持可以通过知识图谱可视化技术对创投图谱中的初创公司发展情况、投资机构投资偏好等信息进行解读，通过节点探索、路径发现、关联探寻等可视化分析技术全方位展示公司信息。

可视化决策支持需要考虑的关键问题包括通过可视化方式辅助用户快速发现业务模式、提升可视化组件的交互友好程度，以及大规模图环境下提高底层算法的效率等。

7.5 案例实训

1．实训目的

问答系统需要理解用户的意图，并从知识库中搜索出最适合的答案，回复给用户。其中最困难的就是对用户的意图进行理解。本项目将利用百度智能对话定制与服务平台 UNIT ，进行天气查询系统中的用户意图识别。

2. 实训

（1）网络通信正常。

（2）环境准备：安装 Spyder 等 Python 编程环境。

（3）SDK 和账号准备：安装百度 AI 开放平台的 SDK，注册百度 AI 开放平台的账号。

3. 实训步骤

项目设计如下。

创建一个简单的对话技能，如查询天气，需要以下 4 个步骤。

（1）创建技能。

（2）配置意图及词槽。

（3）配置训练数据。

（4）训练模型。

项目实施过程如下。

（1）创建技能

进入百度 AI 开放平台注册成为百度 UNIT 开发者。注册完成后，单击“我的技能”→“新建技能”命令创建自己的技能，如图 7-19 所示。

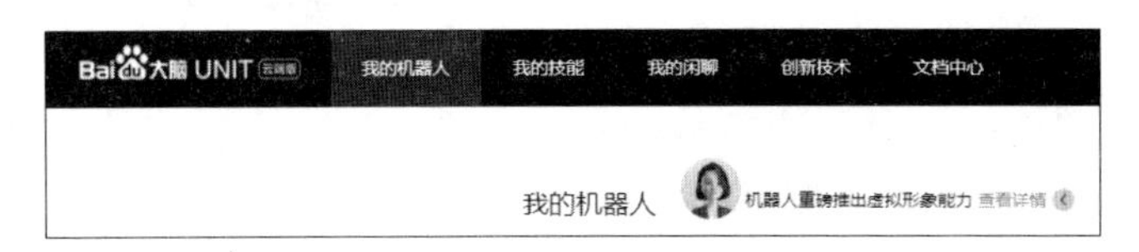

图7-19　创建技能

单击“对话技能”→“下一步”按钮，将技能命名为“查天气”，如图 7-20 所示。单击【创建技能】按钮完成技能创建。

图7-20　创建“查天气”的技能

（2）配置意图及词槽。

在“我的技能”选项卡中单击“查天气”选项，如图 7-21 所示，进入“意图管理”界面。

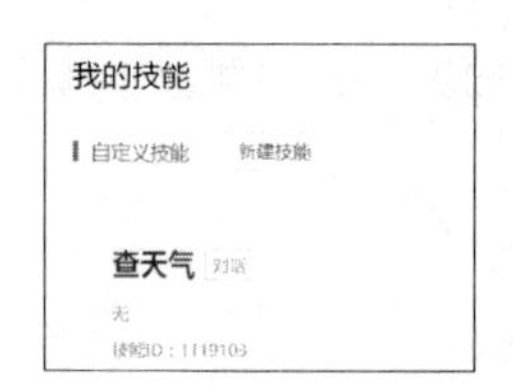

图7-21　单击“查天气”选项

单击“新建对话意图”按钮，设置意图名称为 WEATHER，设置意图别名为查天气。

在打开的“新建对话意图”页面中添加词槽，这里添加如图 7-22 所示的词槽信息。

注：UNIT 提供了强大的系统词槽，并在不断丰富中，开发者可以一键选用系统提供的词典，也可以自己添加自定义词典。

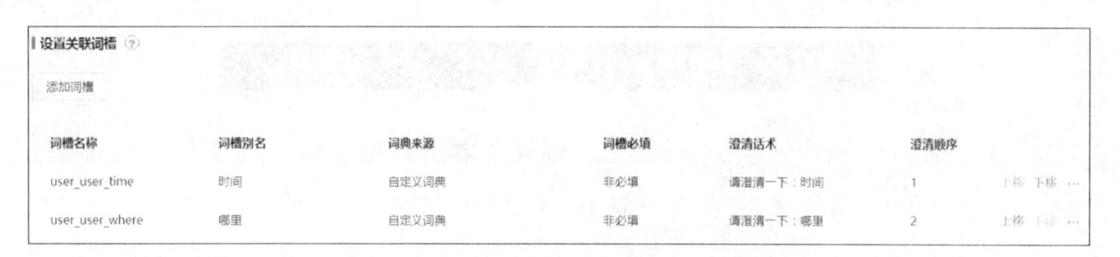

词槽名称	词槽别名	词典来源	词槽必填	澄清话术	澄清顺序	
user_user_time	时间	自定义词典	非必填	请澄清一下：时间	1	上移 下移 …
user_user_where	哪里	自定义词典	非必填	请澄清一下：哪里	2	上移 下移 …

图7-22　添加词槽

（3）配置训练数据。

根据规则将一句话拆解成不同的部分标注好，再训练出对话模型，这样 UNIT 就可以理解用户的对话了。当对话样本数据量不够多的时候，训练模板可以快速搭建一个对话模型；当有大量对话样本数据时，可以使用对话模板 + 对话样本，使对话模型更加强大。

在菜单栏中单击“训练数据”→“对话模板”按钮，新增一个对话模板，添加时间、地点、词槽，还有文本“天气”，作为三个模板片段，如图 7-23 所示。

图7-23　添加对话模板

（4）训练模型。

在导航栏中选择的“技能训练”，单击“训练并生效新模型”按钮，如图 7-24 所示。

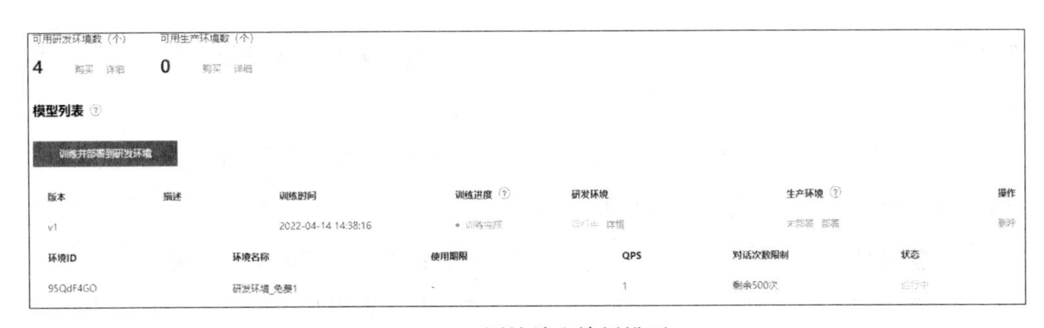

图7-24　训练并生效新模型

项目结果如下。

单击“查天气”下方的“测试”按钮，在打开的对话框中输入“明天上海天气如何？”如图 7-25 所示。

对话机器人能识别出用户的意图是 WEATHER，也就是要查询天气。机器人也识别出了两个具体的词槽及相应的取值，如词槽 user_user_time 的取值为“明天”；词槽 user_ user_ loc 的取值为“上海”。

项目小结。

本次项目通过百度 UNIT 平台设置了对话机器人。当然，目前的机器人还仅限于能理解人的意图，并不能按人的意图进行回复。

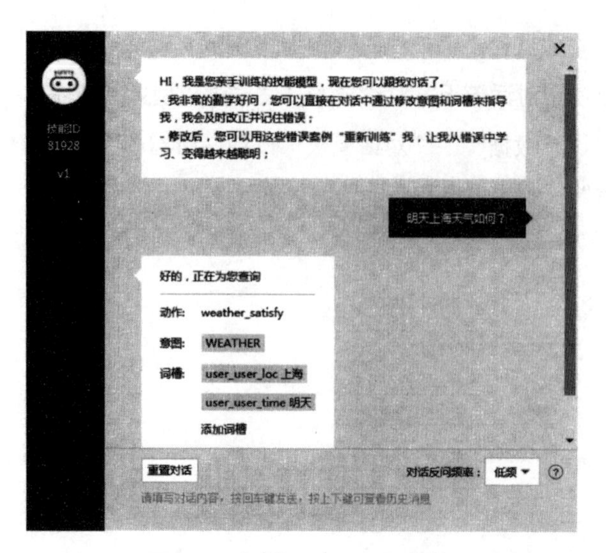

图7-25　测试“查天气”技能

7.6　本章小结

知识图谱是一个既充满挑战又非常有趣的领域。只要有正确的应用场景，对于知识图谱所能发挥的作用还是可以期待的。本章主要介绍了如下内容。

（1）知识图谱本质上是语义网络的知识库，可以简单地把知识图谱理解成多关系图。

（2）知识图谱可以通过属性图和 RDF 来表示。

（3）一个完整的知识图谱的构建包含以下几个步骤：定义具体的业务问题、数据的收集与预处理、知识图谱的设计、把数据存入知识图谱、上层应用的开发与系统评估。

（4）目前知识图谱在多个领域得到了广泛应用，主要集中在社交网络、金融、人力资源与招聘、保险、广告、物流、零售、医疗、电子商务等领域。只要有关系存在，就有知识图谱可发挥作用的地方。

7.7　课后习题

1. 填空题

（1）知识图谱是由__________和__________所组成的图谱，为真实世界的各个场景直观地建模。

（2）图谱的设计是一门艺术，不仅要对__________有很深的理解，还需要对__________可能的变化有一定预估，从而设计出最贴近现状并且性能更高的系统。

（3）效率原则让知识图谱尽量__________，并决定将哪些数据放在知识图谱，哪些数据不需要放在知识图谱。

（4）知识图谱主要有两种存储方式：一种是基于____________的存储；另一种是基于____________的存储。

（5）__________算法的目的在于从图中找出一些社区。

（6）__________图意味着每一个节点都可以通过某种路径到达其他的点，也就说明这些节点之间有很强的关系。

2. 问答题

（1）根据前文讲解的知识图谱技术，在生活中你能找出哪些技术应用了知识图谱？能举出几个具体的例子吗？

（2）知识图谱的应用领域越来越广泛，但是其本身还有许多需要解决的问题，以便能够解决更多深层次的问题，你能畅想一下，未来知识图谱会有哪些发展前景吗？

3. 技能实训题（自然语言处理结果的JSON格式解析）

下面是百度人工智能自然语言处理观点抽取的一个调用返回结果，请解析结果并输出情感极性（0 表示消极，1 表示中性，2 表示积极），以及与极性匹配的属性词、描述词。

输出格式要求如下。

极性：××

属性词：××××

描述词：××××

{'log_ id'：3155767615696940021，'items'：[{'sentiment'：2，'abstract'：'非常好这是第三个乐心手环啦<span></span>'，'prop'：'感觉'，'begin_ pos'：26，'end_ pos'：26，'adj'：'好'}，{ 'sentiment'：2，'abstract'：'这个彩色的看着好看就买了<span></span>'，'prop'：'感觉'，'begin_ pos'：24，'end_pos'： 24， 'adj'：好看'}，{'sentiment'：2，'abstract'：'二维码识别还是比较快的<span> </span>'，'prop'：'速度'，'begin_ pos'：22，'end_ pos'：22，'adj'：'快'}，{ 'sentiment'：2，'abstract'：'防水性很好<span></span>'，'prop'：'感觉'，'begin_ pos'：10， 'end_pos'： 10， 'adj'：'好}]}

第8章

CHAPTER 8

机器人

在人工智能技术日益成熟的今天，机器人技术已经融入人类生活的方方面面。它们不仅可以扑灭火灾、制造商品、拯救生命，还可以在各种极端的环境下探索和发现未知。从工业制造到医疗保健，从交通运输到宇宙探索，机器人在现代生活的各个领域都发挥了极其重要的作用，并对未来新的生产生活方式产生了深远的影响。未来，随着人工智能等相关技术的不断发展和进步，机器人将变得更加智能化，机器人也将变得无处不在，普通大众像拥有个人计算机一样，拥有属于自己的机器人。目前，机器人领域的相关研究已经取得了令人惊叹的成就，然而，未来机器人技术的发展仍然面临着诸多挑战。

8.1 机器人概述

伴随着人类社会的科技进步，创造能够协助或代替人类完成各种任务的机器人已经不再是梦想。自 1920 年机器人的名词首次在剧本中出现以来，从工业机器人的广泛应用，到火星探测器的成功着陆，短短 60 多年，机器人领域的相关研究已经取得了巨大的成就，极大地推动了人类社会的进步。

8.1.1 机器人的发展

自有人类文明以来，创造智能机器的梦想就已是人类生活的一部分。现在，这个梦想已经变成了现实。

20 世纪中期，人类对智能与机器之间的联系进行了首次探索，大约在同一时期，得益于机械控制、电子学和计算机等技术的发展与进步，诞生了第一批机器人。20 世纪 60 年代制造的早期机器人，其主要设计目的是在数控设备上应用和远程处理有放射性的物质，仅仅是对人类手臂机械原理的简单复制，不具备与环境交互的能力，可以称其为“工业机器人”。自 20 世纪 70 年代开始，工业机器人在柔性制造业、汽车工业、食品加工业、电子制造业等领域得到了广泛的应用。20 世纪 80 年代，机器人技术有了新的定义：机器人技术是研究感知与动作行为之间的智能联系的科学。传感器提供有关机器人的位置、速度等状态信息和环境信息（包括力度、视觉、触觉等），智能连接部分则由计算机编程、规划和控制系统来完成，通过对环境、状态等信息的感知进行学习，最终通过执行器来驱动机器人的各个机械组件。机器人的动作完成依托于可以移动的轮子、履带、腿、螺旋桨等运动部件，或者依托于可以对环境中的各种物体进行操作的操纵设备，如末端执行器、人造手等。

20 世纪 90 年代，机器人的研究得到了进一步的发展，如可以置身于各种危险环境中保障人类生命安全的现场型机器人，可以增强操作人员的能力并减轻其操作负担的功能增强型机器人，以及旨在改善人类生活质量且具有广泛潜在市场的各类服务型机器人，不同类型和不同应用场合的机器人均已融入了人类生产生活的各个角落。进入 21 世纪，随着机器人领域研究的成熟及其相关技术的不断进步，机器人无论是使用范围还是设计尺寸都取得了重大突破。机器人技术已迅速扩展到人类世界中各种具有挑战性的应用场景，如博弈、星系探索、无人驾驶等领域，设计制造出了各种可移动的人形机器人。

机器人发展进程中的重要时代分支如图 8-1 所示。

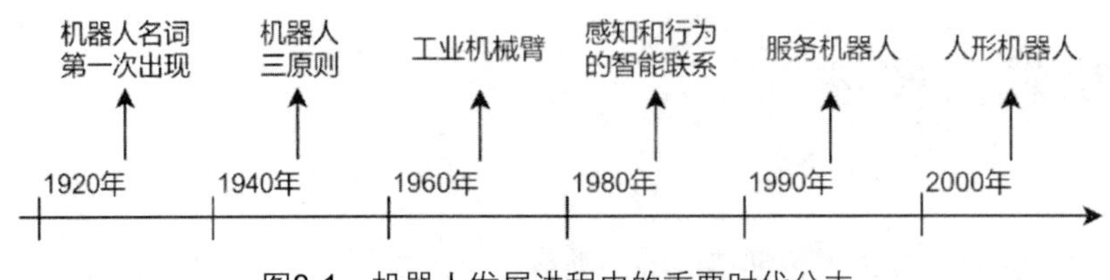

图8-1 机器人发展进程中的重要时代分支

从 2011 年美国国家航空航天局（National Aeronautics and Space Administration，NASA）发射到国际空间站的首个类人机器人 Robonaut 2，到 2019 年中国腾讯公司发布的具备智能语音交互、游戏陪伴功能的智能机器人“妲己”；从美国加州喷气推进实验室（Jet Propulsion Laboratory，JPL）发明的火星旅居者移动式机器人，到 2021 年 5 月 15 日中国“天问一号”火星探测器的成功着陆……新一代的机器人可以在服务、娱乐、教育、医疗保健、工业制造等方面提供多种协助和支持，并有望在家庭、工作场所、太空领域等与人类和谐、安全地共同生活。

8.1.2 机器人的定义

机器人是 20 世纪出现的新名词，1920 年，捷克剧作家卡雷尔·恰佩克的名为《罗萨姆的全能机器人》的戏剧让 Robot 一词慢慢流行起来。该单词是在 1917 年将捷克语言中的“robota”和“robotnik”合并而产生的，原意为“强制劳动的奴隶”。而术语机器人科学“robotics”在 1950 年由美国科学家兼作家艾萨克·阿西莫夫首次使用。

对于机器人，尚未有一致的定义。因为一个机器人在大小、功能和设计上会根据不同的应用环境和功能需求而变化，这些变化意味着很难对机器人进行统一的定义。

国际标准化组织（International Organization for Standardization，ISO）对机器人的定义是在两个或多个轴上具有一定程度的自主能力的，可在其环境内运动以执行预期任务的可编程执行机构。电气与电子工程师协会（Institute of Electrical and Electronics Engineers，IEEE）的机器人与自动化协会对于机器人的理解是，机器人是一种能够在真实世界中感知未知环境、完成计算并能够做出相应决策的自治系统。我们称机器人是一种自治系统，但其自治能力千差万别，一些机器人是由人类操作员进行远程控制，还有一些机器人则可以在没有任何人工干预的情况下进行自主操作。

当今机器人技术的热门发展领域，一个是制造领域的工业机器人，另一个就是人工智能机器人。传统的机器人对部分未知环境需要具有感知和适应能力，而人工智能机器人则用到了学习、规划、问题求解、推理、知识表示、自然语言理解、搜索、计算机视觉等技术。目前，工业机器人和人工智能机器人也在日渐融合。

因此，当被问到如何定义机器人时，机器人的先驱约瑟夫·恩格尔伯格的回答更具个性：我不知道如何定义一个机器人，但是当我看到一个机器人时，我就知道它是机器人。

8.1.3 机器人的基本组成部分

对于什么是机器人，虽然工业界和学术界会给出不同的定义，但一般概念上的机器人通常可以完成三件事：感知、计算和行动。这三件事在不同类型的机器人上的表现形式和具体实现会有很大差异。

为了感知世界，一些机器人使用障碍物声纳等相对简单的设备，另一些机器人则需要多个传感器，包括相机、陀螺仪、激光和雷达测距仪等；而计算这部分内容则涵盖了小型电子电路、功能强大的多核处理器和网络计算集群等；行动则是机器人组成部分中变化最丰富的环节，有些机器人可以四处走动或操纵某些物品，有些机器人则用于执行某项特定任务，甚至还有一些机器人可以更加灵活地面对未知环境、可以在不同情境中做出相应的动作和反馈。

尽管机器人在感知、计算和行动上各有不同，但它们的工作原理类似：传感器将测量值提供给控制器或计算机，由控制器或计算机对其进行处理，然后将控制信号发送至电动机或执行器。“感知——计算——行动”可以称为一个反馈循环，机器人就是在不断执行的反馈循环中完成特定的动作。某些服务型机器人正是通过多次重复执行的反馈循环而变得更加智能化。

图 8-2 是波士顿动力学工程公司于 2004 年推出的一款四足机器人 BigDog。该类型的有腿机器人的最初设计目的是在各种类型的崎岖地形（包括山地、雪地、泥地、障碍物地形）上进行导航。BigDog 使用腿部各个部位的传感器来测量其腿部关节的位置及施加在其上的力度大小，使用陀螺仪和惯性测量单元来测量和跟踪其相对于地面的位置。BigDog 正是依据传感器来获取各种信息，使用计算单元来控制激活其行动单元的液压执行器，以移动腿部完成相应的动作。它在迈步行动的过程中，反馈循环系统不断更新（每秒几千次）其“感知——计算——行动”各个部分的信息。BigDog 能够完成行走、小跑、爬坡和越过障碍物等不同类型的动作，甚至还能应对突发的外作用力（如外力撞击等）而保持平衡。

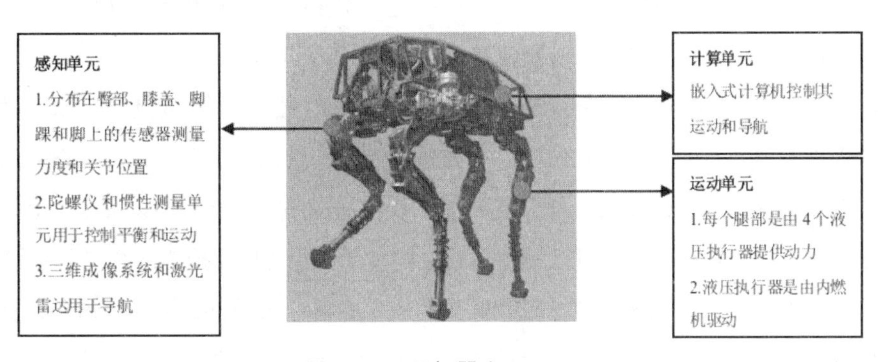

图8-2　四足机器人BigDog

机器人也可以被认为是一种实体智能体，如果我们从这个角度来理解机器人的话，则其组成部分可分为硬件部分和软件部分。其中硬件部分主要包括机械手或操纵器、效应器或末端执行器、执行器、传感器、控制器、处理器。

（1）机械手或操纵器：这是机器人的主体，由连杆、关节和其他结构元件组成。如果没有其他组成部分，仅仅具有机械手，则不能称为机器人。

（2）效应器或末端执行器：该部分连接到机械手的最后一个关节（手）或硬件，使该机械手可以移动物体，与其他设备建立连接或执行特定的任务。焊枪、喷漆枪、涂胶设备或零件处理机等均属于效应器的某种具体存在形式。

（3）执行器：执行器是机械手或操纵器的“肌肉”。控制器将信号发送到执行器，执行器移动机器人的关节和连杆完成具体的动作。常见的类型有伺服电机、气动执行器和液压执行器等。执行器由控制器进行控制。

（4）传感器：传感器用于收集有关机器人内部状态的信息或与外部环境进行交互。与人类相似的是，机器人的控制器需要知道机器人每个连接点的位置，才能知道机器人的当前状态。就如同早晨醒来时，即使没有睁开眼睛，人类仍然能够确定自己的胳膊和腿的具体状态和位置，这是因为肌腱中的中枢神经系统中的反馈传感器将信息发送给了大脑，大脑使用此信息来确定肌肉的长度，从而确定手臂、腿等的状态，机器人也是如此。集成到机器人中的传感器将每个关节或连接点的相关信息发送到确定机器人状态的控制器。与人类具有的视觉、触觉、听觉、味觉和语言相似，机器人配备不同类型的外部传感设备，如视觉系统、触觉传感器、语音合成器等，使其能够与外部环境进行交互并获取相应的信息。

（5）控制器：控制器从计算机（机器人系统的大脑）接收数据，控制执行器的具体动作，并与感觉反馈信息协调具体的动作。假设为了使机器人能够从垃圾箱中拾取某个物体，则它的第一个关节必须位于35°，如果该关节所处的位置尚未达到此幅度，控制器将向执行器（电动机、气缸或者液压伺服阀）发送信号使其运动。然后，它将通过连接到关节的反馈传感器（电位计、编码器等）测量关节角度的变化，当关节达到所需运动幅度时，信号停止。在更复杂的机器人系统中，机器人运动的速度和力度也由控制器来控制。

（6）处理器：处理器可以称为机器人的大脑。它计算机器人关节的具体运动，确定每个关节必须移动多大幅度才能到达所需的位置，并监督控制器和传感器协调动作。处理器通常是一台计算机，其工作方式与其他计算机一样，需要操作系统、程序设计、外围设备（如监视器）等。在机器人系统中，控制器和处理器可以是相对独立的单元，也可以集成为一个单元模块。

机器人的软件部分，一般来说包括三种类型的软件程序：第一种是操作处理器的操作系统；第二种是机器人软件，它根据机器人的运动方程计算每个关节的运动信息，并将该类信息发送到控制器；第三种是面向各类具体应用的指令和程序集合，这些指令和程序是为了将机器人或其外围设备执行特定任务而开发的，如组装、机器装载、物料搬运和视觉指令。

我们将对机器人算法进行组织的方法论称为机器人的软件体系结构，通常包括编程语言、工具平台及各个运行程序结合的基本原理。现代机器人最常用的软件体系结构通常是将反应式控制和基于模型的思考式控制相结合的混合式体系结构，如图 8-3 所示。

在该种软件体系结构中，反应层的明显特征是从传感器到行动紧密联系的决策循环，仅能够为机器人提供低层次的控制。执行层在反应层和思考层之间，发挥着类似传输管道的作用，它将思考层接收到的指令传输给反应层，并可以整合传感器获取的各类信息，从而能够控制机器人执行定位和联机绘制地图等任务。思考层使用模型进行决策。这些模型有的是提前设计好的，有的是根据执行层收集到的数据学习获得的。当然，不同类型的机器人软件系统可以根据不同的任务和设计环境具有不同的层次体系，例如，人机交互的用户接口层和群体机器人之间的交互层就是不同的。

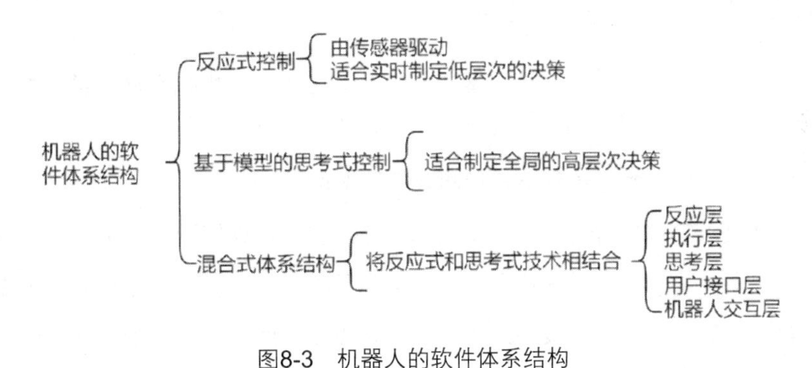

图8-3　机器人的软件体系结构

8.2　机器人的关键技术

机器人技术是一门跨学科的技术，涵盖了机械工程、电气和电子工程、计算机科学、认知科学、生物学等多门学科知识。机器人在完成预定和规划的各个任务时，在运动学、动力学、设计、驱动、传感、建模、控制、编程、决策、任务规划和学习等各个方面均涉及许多非常多有挑战性的问题，而这些问题的解决均涉及不同类型的关键技术，本书仅对其中部分关键技术做简要介绍。

8.2.1　机器人感知和估计技术

对于机器人来讲，如果能够获得外在环境的完整模型信息，完美执行相对于该模型的运动命令将变得非常简单，但实际情况并非如此。感知和估计是弥补机器人缺乏完整信息的一种手段，作用是提供有关环境状态和机器人系统状态的信息，作为控制、决策及与环境中其他代理（如人类）

进行交互的基础。感知和估计是所有机器人系统设计中一个非常重要的方面。首先，在最基础的层次上，必须估计机器人本身的状态以进行反馈控制；其次，在更高的层次上，允许传感器数据进行跨空间和跨时间的集成，以完善机器人的运动规划和控制。

感知过程的输入通常是双重的，有来自多个传感器 / 转换器的数据，还有环境的部分模型，其中包括有关机器人状态和其他外部世界实体的相关信息。在多数情况下，系统必须集成来自多个不同传感器的数据。例如，对移动机器人位置的估计可能会集成来自轴编码器、视觉、全球定位系统（GPS）的数据和惯性传感器的数据。传感器数据可直接控制机器人，也可用于估计机器人的状态，如声纳传感器、激光扫描仪和立体成像系统都可以测量其自身相对于地面的距离。

目前，感知和估计仍然是机器人研究中一个极其挑战的领域，卡尔曼滤波器等线性技术仍然是感知机器人的主要支柱，与此同时，新的应用技术也在不断发展。

8.2.2 运动规划和控制技术

在对机器人进行设计和开发时，一项基本任务是，为处于静止障碍物环境中的机器人规划一条从开始位置到目标位置的无碰撞的运动路径。虽然这一任务对于人类来讲比较简单，但对于机器人来讲，几何路径规划问题在计算上实现起来很困难。

机器人的运动可以简单划分为点到点运动问题和适应性运动问题两大类，其中点到点运动问题主要是如何将机器人或者其末端效应器运送到指定目的地；而适应性运动问题则更有挑战性，因为在解决机器人运动的同时还需要考虑机器人与障碍物之间的关系，如需要规避障碍物或者需要接触障碍物。

在描述和解决机器人运动规划问题时，通常是基于构型空间的概念（即由位置、方向和关节角度所定义的机器人状态空间），而基于构型空间的路径规划问题是寻找一条从一个构型到另一个构型的路径。路径规划问题针对机器人学中的一个基本特征，即其基于的是连续空间，如单元分解法，这种路径规划方法是将自由空间分解为个数有限的单元，每个单元都是相邻的区域。其中，自由空间的概念是机器人能够到达的构型空间的所有子空间，不能到达的构型的所有子空间称为占用空间。在单元分解法中，单个区域内的路径规划问题可以使用诸如直线运动等方式来解决，而基于单元的路径规划问题就相当于一个离散图搜索问题。还有一种常用的路径规划方法是基于抽骨架的方法，所谓的骨架指的是采用不同的方法（如 Voronoi 图或概率路径图），将自由空间缩减为一个一维的表示，从而能够对路径规划问题进行简化。

对于机器人的运动控制技术而言，不同类型机器人的运动控制需要解决的问题也不同。例如，与移动机器人、柔性机械手和带有弹性关节的机械手不同，刚性机械手的运动控制的主要挑战是动力学与控制的复杂性。机器人常用的运动控制方式有关节空间控制、任务空间控制、独立关节控制、扭矩计算控制、自适应性控制、学习（重复）控制等。

8.2.3 机器人设计及驱动技术

机器人目前的设计通常是用于特定场景并执行有限的任务。机器人设计的重点是关节数量、物理尺寸、有效载荷能力和末端执行器的运动要求，可移动骨架的配置和机器人的整体尺寸则由具体任务要求的范围、工作空间和重定向能力决定。这些设计特征会影响应用场景所需的末端执行器进行路径控制时的精度，例如，弧焊和喷漆机器人末端执行器需要平稳移动。机器人设计还需要考虑小零件装配所需的绝对定位能力、材料和包装处理所需的可重复性，以及允许基于传感器的精确实时运动的精细分辨率等因素。

机器人预期执行的任务范围是机器人系统设计中的一个关键问题。机器人应具有执行其预期任务所需的灵活性，也正是这个灵活性最终决定了机器人各组件和执行器系统的拓扑结构，几何结构、材料、传感器和电缆布线的选择都需要遵循这些基本决策。

对于机器人来讲，执行器为其提供动力。目前市场上绝大多数的机器人执行器是整体组件的形式，可以根据需要针对特定的机器人应用进行调整或修改，目前三种常用的执行器类型是电磁式、液压式和气动式。电磁式执行器是目前机器人中最常见的执行器类型，大多数机器人的机械手是以伺服电机作为其动力源。早期的工业机器人主要使用液压执行器作为其动力源，将液压动力转换为机械能，可提供非常大的推动力和高的功率重量比。气动式执行器是将能量以压缩空气的形式转换为机械能，受环境温度和湿度的影响更小，更适合在易爆易燃的环境中使用。

总之，机器人的机械设计是一个迭代过程，涉及工程、技术和特定应用场景的综合考虑评估，最终设计应反映对详细任务要求的考虑，正确识别和理解这些要求是进行机器人设计的关键。

8.2.4 机器人学习技术

未来，机器人或将成为人类社会日常生活的一个重要组成部分，在各行各业及各种应用场景中均能够提供帮助。但机器人将面临的是数千个在不断变化的环境中很少重复的不同任务，因此，很难提前对所有可能的任务和场景进行预编程，机器人需要具备自己学习的能力或在人类的帮助下进行学习的能力，它们需要自动适应随机和不断变化的环境。要实现这种高度的自主性，使未来的机器人能够感知环境并开展自主行动，机器学习将是必要的技术。

机器学习为机器人技术提供了一个框架和一套工具，用于设计复杂的行为；机器人的学习是由机器人技术背景下的多种机器学习方法组成的，通常以反馈类型、数据生成过程和数据类型为特征。同时，数据的类型将决定实际可以采用的机器人学习方法，其主要的学习方法包括感知学习、状态抽象、决策、模型学习和强化学习等。但没有某一种完美的技术能够一次性解决所有问题，而是需要根据不同的机器人类型和使用领域进行有针对性的应用，才可以取得出色的学习效果。

目前，针对机器人的学习技术尚未成熟，绝大多数在实验室完成的机器人学习算法的可行性研究结果，并不容易在实际中应用。

8.2.5 人工智能推理技术

如果机器人面对过于复杂的任务，无法提前针对所有可能的情况设定或指定合适的行为，此时就需要使用人工智能技术（包括知识表示和推理、启发式搜索和机器学习等）进行自动推理，以确定应当以怎样的方式来执行任务。在这种情况下，为了准确地执行任务，机器人需要推理它们需要执行的动作、预期效果、需要避免的副作用、在各自的情况下协作是否可执行等内容。例如，任务设定为从桌子上拿起一个物体，为此，机器人必须决定去哪里捡起物体、使用哪只手、使用哪种抓握方式、将抓手放在物体的哪个部位、施加多大的抓握力和升力、如何举起物体等。

因此，人工智能推理技术的一个重要任务是给定一个模糊的指令，推断什么是合适的动作、合适的对象、合适的动作执行顺序、合适的执行方式。

机器人应该能够进行的重要推理包括以下内容。

（1）预测（通常称为时间预测）：推断如果执行预期的行动可能会发生什么。

（2）设想：推断所有可能的事件和如果计划在假设情况下执行将产生的影响。

（3）诊断：推断是什么原因导致了计划执行中的特定事件的发生或影响的产生。

（4）查询回答：给定计划执行的一些知识前提条件（如机器人必须知道保险箱的结构才能打开它），推断满足这些知识前提条件的知识片段。

当然，为机器人配备可能与它遇到的每种情况都相关的所有知识是不切实际的，它需要某种形式的学习、概括或从可用来源查找未知知识的能力。基于当前最先进的人工智能方法和技术，仍然无法完全满足在机器人上应用人工智能推理技术的需求。因此，目前在机器人控制系统中采用的人工智能推理技术，其通用性和适应性方面仍受到很多限制。

8.2.6 机器人系统架构及编程

机器人的架构是指将机器人系统划分为子系统并说明这些子系统如何进行交互。在现有的机器人系统中，大多很难精确确定所使用的架构。事实上，单个机器人实际可能没有清晰的子系统边界，从而模糊了其架构，因此一个机器人可能会同时使用多种架构。

与此同时，机器人的架构和特定领域的应用通常有紧密的联系，一个精心构思的、干净的架构，在机器人系统的规范、执行和验证方面具有显著优势。一般来说，机器人架构通过对机器人系统的设计和实现提供有益的约束，从而能够促进机器人的开发。

在某种意义上，人们可以将机器人架构视为软件工程。然而，由于机器人系统的特殊需求，机器人架构与其他软件架构并不相同，机器人系统需要与不确定的、通常是动态的环境异步、实时地交互，此外，许多机器人系统还需要在不同的时间范围内做出响应——从毫秒反馈控制到复杂任务的几分钟或几小时。为了满足这些要求，许多机器人架构具备实时行动、控制执行器和传感器、支持并发、检测和对异常情况做出反应、处理不确定性事务及将高级规划与低级控制集成等功能。

机器人架构的一个共同特征是可以将系统分解为更简单的、很大程度上独立的几个部分，这样做的好处是可以降低整体系统的复杂性并提高整体可靠性。通常系统分解是采取分层的形式，即模块化组件本身是构建在其他模块化组件之上的。这种分层分解的架构通过抽象降低了整体系统的复杂性。系统分解可以沿着时间维度分解，可以基于空间抽象进行分解，或者基于任务抽象进行分解等，不同的应用程序需要以不同的方式进行分解。

可以使用相关的软件工具对机器人的架构进行设计，这些工具采用了函数调用库、专用的编程语言或图形编辑器等形式，为常用的控制结构提供了精心设计的功能，例如，借助消息传递、与执行器和传感器的接口以及处理并发任务等功能，可以明确对架构风格进行约束和定义，并可以隐藏底层概念的复杂性。因此，使用软件工具设计机器人系统通常更容易实现、理解、调试、验证和维护。

总之，机器人架构的目的是促进任务实施行为的并发执行。它们使系统能够控制执行器、解读传感器、处理突发事件。虽然研究人员已经开发了多种可以应用于不同场景的架构，但没有一种架构被证明是适合所有应用场景的。目前，兼具灵活性和具有同时在多个抽象级别上运行的能力的分层架构得到了越来越多的关注。

8.3 机器人的分类及应用

对于机器人的分类，不同国家有不同的标准，并且一个国家使用的机器人数量可能会受到不同标准的影响。本节分别从机器人的任务完成方式和应用领域等角度对机器人的分类和应用情况进行介绍。

8.3.1 根据机器人的任务完成方式分类

如果按照机器人的任务完成方式来分类，可分为以下几类。

（1）定序机器人：根据预定的、不变的方式来完成任务的各个连续环节的机器人称为定序机器人，这种工作方式一旦设定完成，很难进行修改。

（2）记录型机器人：人类操作员通过手动方式引导机器人完成任务，机器人记录动作流程，并根据记录的信息重复相同的动作以完成相应的任务。

（3）数控机器人：人类操作员为机器人提供相应的运动流程指导，而不是通过手动方式引导其完成任务。

（4）智能机器人：一种能够了解周围环境并能够成功完成任务的机器人，能够顺利应对任务周围环境的变化，及时做出相应的反应或调整。

8.3.2 根据机器人的应用领域分类

机器人技术的未来愿景是机器人的普遍应用。机器人行业的先驱约瑟夫·恩格尔伯格在他的著作《服务中的机器人》（*Robotics in Service*）中曾经描述，写这本书的灵感来自对机器人应用预测研究的反馈。该研究预测，到 1995 年，机器人在工厂外的应用（传统的工业机器人领域）将仅仅占总销售额的 1%。而恩格尔伯格认为这个预测是不准确的，他大胆地预测，非工业类机器人应用将成为最大的机器人应用市场。机器人技术在过去五六十年中已取得了巨大的进步，恩格尔伯格也确实正确地预见了机器人非传统应用的飞速增长，机器人正在从传统的工业领域迅速扩展到各种服务领域。

如果按照机器人的应用领域进行划分，可以分为以下几类。

（1）工业机器人。

现在的工业机器人主要植根于大批量制造的需求，通常由汽车、电子和电器行业来定义。工业机器人被视为未来制造业竞争力和经济增长的核心支柱。

机器人技术对于人类就业的影响一直饱受争议，然而，在制造业中更广泛地使用机器人确实能够显著提升生产效率。据统计，2014 年机器人的平均价格约为 46800 美元，约为 1990 年同等机器人价格的三分之一，同时，平均故障间隔有显著改善，这意味着机器人技术将使工业自动化变得更加经济实惠，并且能提供更快的投资回报。

虽然目前已经组装使用的工业机器人还远远未达到预期的数量，但未来，能够模仿人类人体工程学原理的扭矩控制轻型机器人和双臂机器人系统，将会大规模地应用在工业领域，顺利完成更加复杂和高精尖的制造任务。具备制造敏捷性、盈利能力、人体工程学和资源消耗最小化等特性的工业机器人，注定会成为未来智能工厂的核心。除了工业机器人技术的进步，全新的使用方式，如租赁、按服务付费等新的融资模式将促使更多的终端用户按需使用机器人，或让制造商以按生产付费的方式运营其生产线。

尽管机器人被认为是制造业的基石，尤其是在汽车和相关零部件组装方面，但制造业仍需有效应对不断变化的消费者行为和全球竞争力的转变。此外，高增长行业（电子、食品、物流和生命科学）和新兴制造工艺（胶合、涂层、基于激光的工艺、精密组装、纤维材料加工）将越来越依赖先进的机器人技术。未来的工业机器人，将遵循新的设计原则，以适应更广泛的应用领域和更复杂的行业需求。同时，新技术，尤其是来自信息技术或消费领域的新技术，将对未来工业机器人的设计、性能、使用和成本产生越来越大的影响。

（2）空间机器人。

在航天界，任何无人航天器都可以称为机器人。其中，空间机器人被认为是具有更完备能力的机器人，作为宇航员的助手，可以协助宇航员完成在空间轨道上的组装和服务等工作，或者作为人类探险者的替代品来对遥远行星进行探索。

设计和制造空间机器人及其相关系统时，需要着重考虑以下关键问题。

操纵性——虽然操纵性是机器人技术的一项基本技术，但在太空轨道环境中的微重力下，需要特别注意机械臂和被操作物体的运动动力学问题。

移动性——移动能力对于需要在遥远星球表面行驶的探索机器人（如漫游车等）尤为重要。这些星球的表面均处于原始状态，粗糙、崎岖程度不一，在这种条件下，探索和穿越都是难度极大的挑战。传感与感知、牵引力学、车辆动力学、控制与导航等系统或组件都必须在原始环境中进行部署。

远程操作和自主性——处于各星球工作现场的机器人与地球上操控室中的人类操作员之间会存在明显的时间延迟问题。在早期的轨道机器人远程操控中，延迟通常为几秒钟，但对于执行行星任务的机器人来说，延迟可能会长达几十分钟甚至几个小时。因此，遥控机器人技术是空间机器人技术中不可或缺的组成部分。

极端环境问题——许多与极端空间环境相关的问题对于空间机器人而言更具挑战性，如极高或极低的温度、高真空或高压、腐蚀性气体、电离辐射和微尘等。

在空间轨道环境中使用的第一个机器人机械臂是航天飞机遥控机械手系统（Shuttle Remote Manipulator System，SRMS），也称为加拿大臂。SRMS 是一种机械臂，由肩部、肘部和腕关节组成，臂长 15 米，分为上臂和下臂，共有 6 个自由度。在空载条件下，SRMS 最大平移速率可以达到 0.6 米 / 秒。SRMS 也可以由宇航员使用手动控制器和安装在机械臂上的闭路电视以相同的精度进行手动操作，其设计寿命为 10 年或 100 次任务。SRMS 于 1981 年在 STS-2 任务中成功应用，并在日后陆续执行的航天飞机飞行任务中被使用了 100 多次，主要用于完成有效载荷部署、停泊及协助人类进行舱外活动，如图 8-4 所示。STS-2 是 NASA 进行的第二次航天任务，SRMS 的成功使用开启了轨道机器人的新时代。SRMS 还参与并成功完成了哈勃太空望远镜的维修维护任务及国际空间站的建设任务。

图8-4　SRMS辅助进行舱外活动

另外一类典型的空间机器人是地表探测漫游车，其研究始于20世纪60年代中期。美国的阿波罗载人漫游车和月球无人漫游车均于20世纪70年代初在月球上成功运行。到20世纪90年代，人类对于外太空的探索扩展到了火星，1997年，“火星探路者”任务成功部署了名为Sojourner的微型漫游车，通过自主避开障碍物，安全穿越了着陆点附近的岩石场。

今天，自动驾驶机器人技术被认为是人类进行行星探索不可或缺的技术。2003年，NASA发射了两个火星探索漫游者，分别命名为精神号（Spirit）和机遇号（Opportunity），其机动性能远高于1997年的火星探路者号，并在火星恶劣环境中运行了3年多，取得了显著的成功，其样式如图8-5所示。两辆火星车在火星表面进行长途跋涉，进行实地地质学勘测和大气观测，它们都携带着相同的精密的科学仪器，发现了火星古代环境存在间歇性潮湿和宜居环境的证据。两辆火星车的实际运行时间均超出了最初设计的90天，精神号的持续时间是其原始设计的20倍，而机遇号在发射成功十多年后仍然继续运行。2015年，机遇号通过滚动的行进方式走了超过42公里的距离，打破了机器人外星旅行的记录。

远程空间操作固有的光速延迟，使得主从遥操作方法更适合在海底和核工业中应用。空间机器人无法像工业机器人一样在结构严密的环境中完成高度重复性的操作，且其硬件非常精细和昂贵，这些因素都使得空间机器人的研究和应用仍处于起步阶段。

图8-5　火星探索漫游者

（3）农（林）业机器人。

在人类历史进程中，机械化和自动化技术将农作物产量提高了几个数量级，从而使全球人口呈指数级增长，提高了人们的生活质量。然而，发展中国家人口的快速增长和收入的增加，需要越来越多的农（林）业产出。自工业革命结束以来，机器人和自动化技术对农业和林业的 3 个最重要的影响如下。

①精准农业，使用传感器精确控制何时何地施用肥料和水等

②用于大面积田间作物机械的自动导航功能，可以以人类驾驶员无法达到的精度在田间行驶

③可以用机器来收获水果和蔬菜并进行加工（如加工番茄酱和橙汁等）

农（林）业机器人研究特别具有挑战性的两个领域是果园作物和保护性种植作物。因为种植价格较高的作物需要精细耕作和大量的熟练劳动力，即便是在发达国家，人工果园作业的劳动力供应也面临巨大挑战，这给种植者带来了巨大压力。用于保护性栽培的机器人研究已有 30 多年的历史，目前主要集中在收获和化学喷洒操作上，收获型的机器人主要集中在西红柿、黄瓜、甜椒等蔬菜及水果、花卉的采摘。尽管进行了 30 多年的研究，但由于高度非结构化的工作环境、作物固有的自然变异性及不利的环境条件（如照明条件的强烈变化）等原因，用于保护栽培中植物维护操作的机器人系统尚未实现商业化。

在农业机器人应用中，一个常用的使用途径是进行杂草控制。杂草与生产作物竞争光、水和养分，如果不加以控制，可能会对作物产量产生不利影响。传统的控制方式主要是使用化学方法和机械装置进行杂草控制。与传统方法相比，机器人技术采用机械方法进行杂草控制时可以使操作精度更高，采用化学方法除草时可以减少化学物质的使用量。如图 8-6 所示的智能自主除草机是一种四轮转向、四轮驱动的操作平台，用于耕作领域的自主除草作业。该平台结合了基于双

GPS 的导航和基于计算机视觉的行跟随，四轮转向结构提供了卓越的机动性，既考虑了在作物田内进行精确操作的需要，还可以在行进到农田某一行尽头时顺利完成转弯动作。

图8-6　智能自主除草机

机器人在农（林）业领域的具体应用场景主要包括高精度播种、精准灌溉、果树种植、植物探测、作物收割或采摘、苗圃和温室中的盆栽处理、精准伐木、家畜培育养殖及屠宰和加工等，如奶牛自动喂料设备。

一般来说，农（林）业机器人需要传感、感知和智能操纵等功能的集成。受过良好训练的人类劳动力有很多方面的技能是机器人技术难以复制的，因为它始终受到具体应用场景及环境条件的限制。

（4）应用于危险环境中的机器人。

危险环境中的日常工作对于人类来说，具有极大的挑战性。这些危险可能包括极端温度、辐射、有毒烟雾和材料、爆炸危险、触电危险、太空中缺乏可呼吸的空气及深水环境下的高压等。当一种或多种危害严重到足以威胁人类生命或产生不可逆的伤害时，研发应用于此环境的机器人就显得尤其重要。研究人员一直致力于实现的一个目标是，在机器人的协助下，避免或消除人类在危险环境中工作的需要，如搜索和救援机器人可以穿越燃烧的建筑物或坍塌的隧道，成功解救被困人员。

机器人在危险环境中的潜在应用范围极其广泛，并且针对不同危险环境，解决方案也多种多样。如图 8-7 所示，在极其困难和危险的户外条件下，机器人排雷是当前最具人道主义的一个应用领域，能够降低未爆炸弹和地雷对当地居民的威胁和伤害。

图8-7　俄罗斯“天王星-6”扫雷机器人

出于人道主义的排雷，通常情况下是在地雷埋设后的数年或数十年才开始进行，埋有地雷的地区由于几乎没有人类活动，通常植被非常茂盛，土质非常潮湿。科研人员于 20 世纪 90 年代初期已经开始了该方面的研究，机器人操纵器可以更加精确地控制传感器的动作，可以很好地克服各种探地雷达等手持型传感器的局限性，远程操作、自主搜索和路径规划、3D 定位搜索技术等是用于现场排雷的主要机器人技术。

危险环境下机器人的另外一个应用领域是处理危险的核物质和生物材料，该领域对于机器人操纵和移动方面的研究和开发有极大的促进作用。机器人相关技术在危险环境中最古老的应用是远程核操作，其历史可以追溯到 20 世纪 40 年代初。近年来，围绕工业机器人开发了许多用于核应用的远程操纵系统，这些系统增加了传感器和主控制器装置，可以进一步提高远程操作的精度。使用这种机器人既可以显著节约成本，还可以稳步提高在复杂任务环境中远程操作的性能水平。研究人员预计，未来将更多地引入程序化和智能控制的概念，协助机器人在高辐射水平的大型核设施现场完成各种工作。

未来由人类远程操作的机器人将演变为混合远程机器人系统，允许在手动操作和自主操作之间无缝转换。机器学习、深度学习等人工智能技术的飞速发展和普及，使机器人通过观察或模仿来学习人类执行任务的技能正在逐渐成为现实。

（5）智能车辆。

在过去的20~25年间，智能汽车逐渐成为机器人技术在汽车驾驶领域的一个重要应用。如今，地球上有大约14.46亿辆汽车，并且预计这个数字在未来10年内会增加一倍。汽车已经成为21世纪最重要的生活必需品之一，也由此促进了机器人技术在该领域的飞速发展和活跃应用。

智能车辆被定义为一种能够在感知、推理和执行方面进行功能增强的车辆，能够实现安全车道跟随、避障、超车、跟随前方车辆、评估和避免危险情况及自动规划驾驶路线等。打造智能汽车的总体目标是让驾驶更安全、更方便、更高效。根据自主程度的不同，智能车辆可以围绕以下三个设计方法展开设计。

①以驾驶员为中心的方法：让人处于整个循环的中心，负责监督车辆各功能的执行情况

②以网络为中心的方法：车辆可以与其他车辆或基础设施共享信息

③以车辆为中心的方法：构建无人参与的全自动智能车辆

智能车辆在应用时需要做到以下几点。

①获取车辆的位置信息、运动学和动力学状态

②获取车辆周围的环境状态数据

③获取数字地图和卫星导航数据

④获取驾驶员和乘坐人员的状态数据

⑤与路边基础设施或其他车辆的通信

当然，智能车辆的开发和使用还受到操作安全性、交通、环境方面的制约，这三个挑战也是现在许多国家制定相应政策的核心考虑因素。目前各个国家都在该领域进行了深度研究和实践。如图8-8所示，这是日本本田公司的概念版自动驾驶汽车，本田公司自动驾驶汽车的设计目标是准确预测任何情况下的风险，实现平稳、自然的行驶，不会造成危险情况，并且能够远离危险。

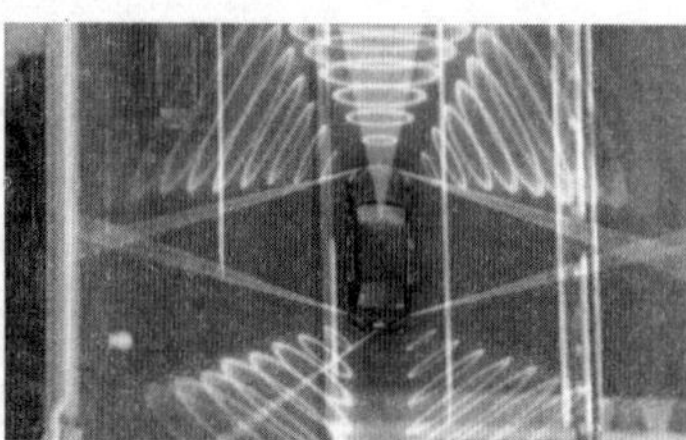

图8-8　日本本田公司的概念版自动驾驶汽车

智能车辆能够对驾驶场景进行评估并在发生危险时及时做出反应，从而可以消除高达90%的由于人为错误造成的交通事故，挽救人类生命。据世界卫生组织估计，全世界每年有120多万人死于交通事故，而受伤人数更是惊人，几乎是死亡人数的40倍。除此之外，智能车辆的使用还可以减少燃料消耗和尾气排放，增加交通容量，保持交通畅通。全自动驾驶车辆还可以为更多人群（包括老年人或体弱者）提供更高质量的出行服务，甚至减少对驾驶执照的需求。不仅如此，

智能车辆还可以广泛应用在农业、采矿、建筑、搜索和救援及其他一般危险的环境中。自动驾驶车辆可以作为人员成本不断增加问题的解决方案之一。因此，智能车辆的使用将带来许多的社会、环境和经济效益。

随着自动驾驶车辆技术和算法的不断改进和升级，公众将越来越接受和认可智能车辆融入日常生活。当前，智能车辆面临的一个主要挑战仍是安全问题，要确保人员的零伤亡，避免因车辆驾驶问题而发生交通事故。该研究领域仍存在很多问题需要进一步解决，如用户接受程度、事故责任划分和认定等。然而，这项技术的大规模应用终将在交通运输领域引发一场前所未有的革命。

（6）医疗机器人。

自 20 世纪 80 年代中期以来，医疗机器人的发展取得了令人瞩目的成就，其发展和应用范围包括脑外科、骨科、内窥镜手术、显微外科、临床部署等相关领域，并且保持指数级的增长速度持续增长。

医疗机器人具有通过以下几种方式彻底改变临床实践的巨大潜力。

①在医疗技术方面突破人类在治疗患者时的局限性

②提高干预措施的安全性、一致性和整体质量

③提高机器人辅助病人护理的效率和成本效益

④有效地利用各类型的信息，进一步改善治疗过程

机器人在医学中扮演的具体角色在某种程度上取决于不同的应用场合，一般来说，手术机器人的目标不是取代外科医生，而是提高医生治疗患者的能力。手术机器人是一种由计算机控制的手术工具因此我们经常将手术机器人称为手术助手。

从广义上讲，手术助手可以分为如下两个类别。

第一类，外科医生扩展型机器人，即机器人在外科医生的直接控制下操作手术器械，借助远程操作或手动协作控制界面来控制手术器械，这类机器人可以突破外科医生在感知和操作上存在的限制，如通过消除手部颤抖以超精度操纵手术器械，在患者体内进行高精度的手术等，更易操作并且能够尽可能地减少手术时间。外科医生扩展型机器人的一个广泛部署的例子是如图 8-9 所示的达 • 芬奇手术系统。“达 • 芬奇”机器人是当前最顶尖的手术机器人，是目前世界范围内最先进的、应用最广泛的微创外科手术系统，适合进行普外科、泌尿外科、心血管外科、胸外科、五官科、小儿外科等科室的微创手术。这是美国食品药品监督管理局（Food and Drug Administration，FDA）批准的首批机器人辅助微创手术系统之一。迄今为止，达 • 芬奇手术系统已被全美 50 个州和全球 67 个国家的外科医生用于执行超过 850 万例手术。

第二类，辅助手术支持型机器人，这类机器人通常是与外科医生一起工作，执行组织牵开、肢体定位或内窥镜固定等常规任务。这种系统的主要优点是可以减少手术室所需的人数，提高任务性能（如可以提供更稳定的内窥镜视图）和安全性（如可以消除过度的回缩力）。这类机器人

主要具备操纵杆、头部跟踪、语音识别系统及外科医生和手术器械的视觉跟踪等功能，在不给外科医生的注意力造成过度负担的前提下，为其提供手术中所需的帮助。

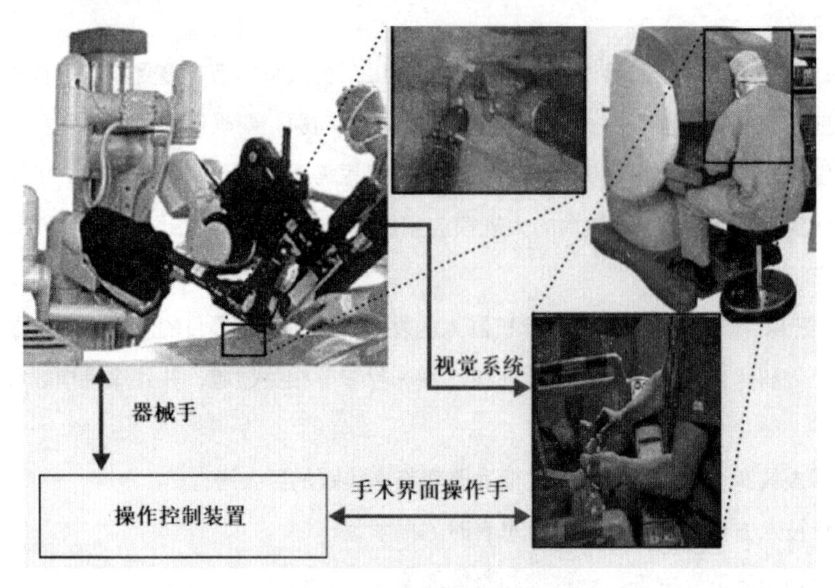

图8-9　达·芬奇手术系统

当今，机器人技术已融入了人类现代社会生活、生产的方方面面，并在各个行业发挥着不可忽视的重要作用。除了本书上文中提及的一些应用领域之外，其他诸如建筑机器人、灾难机器人、健康护理机器人、社交类机器人、教育类机器人、居家服务类机器人、人类增强型机器人、娱乐类机器人等，也是机器人家族中的重要成员。随着机器人技术的进步，未来将会出现越来越多的新领域需要机器人的参与和协助。

8.4　机器人的发展展望

机器人技术发展到今天，已经取得了很多突破性的创新和应用，对于机器人未来发展趋势的预测，不同人的关注点可能会有很大不同。例如，从事生产制造相关工作的人关注的可能是“机器人是否会抢走我们的工作”，从事长途驾驶相关工作的人的关注点可能是“自动驾驶汽车是否真的能保障驾驶员的安全”，老年人最关心的可能是“居家健康类服务机器人是否能在关键时刻及时挽救生命”。人类对于机器人的未来充满了想象和期待，我们可以从目前全球机器人市场的统计数据来预测机器人未来的发展走向。

位于德国法兰克福的国际机器人联合会每年都会发布有关行业状况的报告。最新发布的关于全球服务类机器人的报告显示，已出售的工业机器人和服务机器人的数量均呈爆炸性增长。虽然

2019 年新冠肺炎疫情暴发、贸易局势紧张等因素导致全球经济下滑，但该年度全球工业机器人的库存为 270 万台，达到了有记录以来的最高值。并且，从图 8-10、图 8-11 和图 8-12 可以看出，工业机器人的库存量、安装量和使用量都在大幅度增长。中国在 2019 年机器人安装量仍居于全球首位，目前中国已成为机器人安装和应用的主要市场。

在个人和家用服务型机器人市场中，根据国际机器人联合会的统计和预测，总销售值和销售量都将快速增长。预计到 2023 年，全球该类型机器人的销售量将达到 5530 万台，销售值达 121 亿美元，几乎是 2019 年的 2 倍。

如图 8-13 所示，根据 2018 年至 2023 年的统计和预测数据，服务机器人在专业领域应用的前三名分别是物流运输、公共环境和防御应用，并且在物流行业的应用带动了整个服务机器人产业的快递发展。

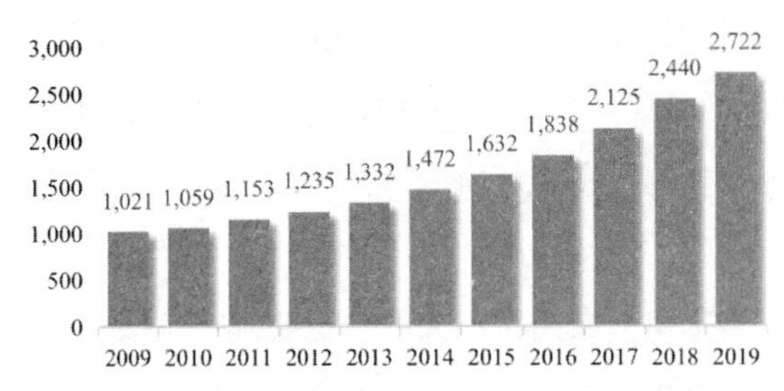

图8-10　工业机器人2009年至2019年库存量对比图（单位：千台）

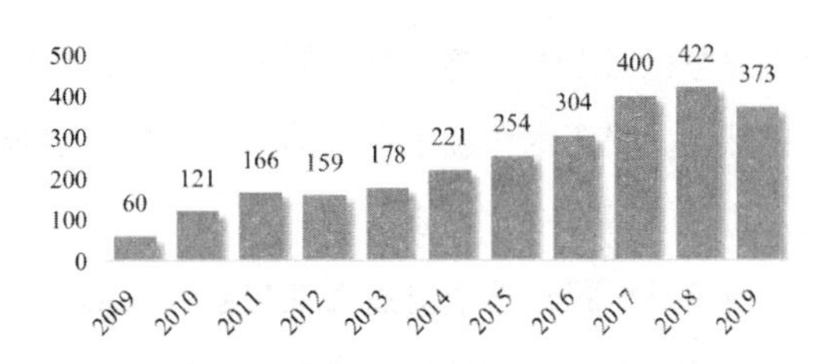

图8-11　工业机器人2009年至2019年安装量对比图（单位：千台）

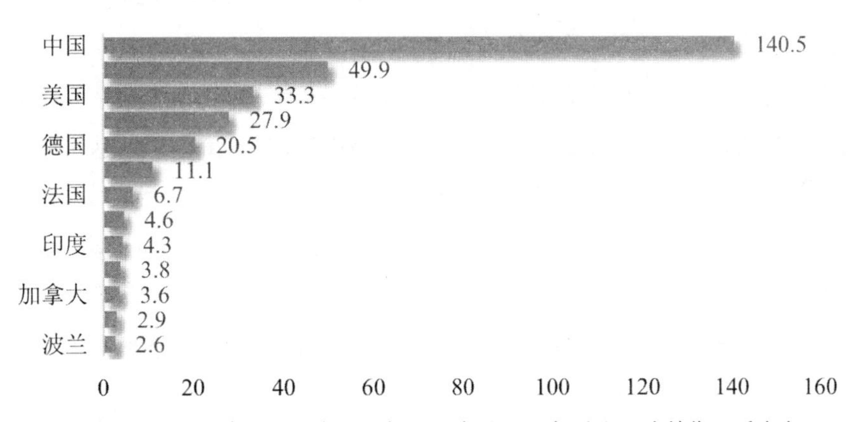

图8-12　2019年度不同国家工业机器人安装量服务对比图（单位：千台）

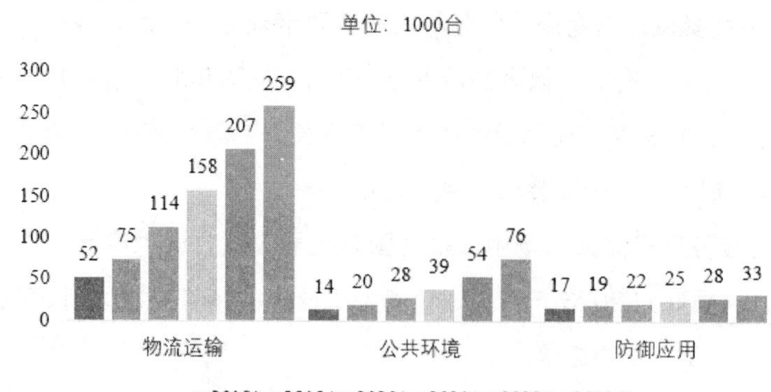

图8-13　机器人在专业领域应用的前三名

全球机器人市场的火爆，也促进了该领域初创公司的快速发展。据不完全统计，全球目前共有近 900 家服务机器人供应商，其中 700 多家是专业领域服务机器人供应商，200 多家是个人 / 家庭服务机器人供应商，而初创公司的占比几乎达到了 20%。该统计数字说明，机器人市场在未来仍然会是受资本和技术青睐的热门领域，会吸引更多的投资者、研究人员和技术人才投身到机器人研究的工作中。

目前，机器人技术仍然面临着巨大的挑战，距离实用型家用机器人的广泛普及还有很长的路要走，高成本和复杂性是迫使机器人的应用和研究局限于工厂和实验室的两个主要原因。例如，机器人组件，尤其是用于驱动轮子和机器人手臂的制动器，价格很昂贵；当我们将效应器、传感器、计算机、执行器、软件和用户界面组合到一个机器人中，并尝试使其在现实世界中准确、安全地完成具体任务时，各个环节都可能面临各种需要解决的难题。

虽然机器人的研究和应用还存在很多困难，但工业界和学术界对于机器人技术的发展前景仍然持非常乐观的态度。机器人可以完成许多枯燥的、肮脏的、危险的和高精尖的任务，随着老龄化社会的到来，尤其需要机器人来有效缓解人类的工作负担。在工业生产领域，矩阵型的生产布局模式可以使机器人进行自动工件运输。现代机器人新型材料的使用有助于减少碳排放，也更环保。人机协作应用将是对传统机器人技术的一种很好的补充，并且“即插即用”型的系统集成也使得未来的机器人部署更加容易如通过使用 OPC 统一架构来提升未来机器人的协作能力和互联互通。未来，国内外机器人市场的主要发展主要体现在以下几方面。

（1）工业机器人和服务机器人之间的界限将越来越模糊。

（2）重型建筑机械领域将实现机器人化，允许一个人同时操作多台机器人。

（3）信息交互类机器人应用不断增多，如远程呈现类或咨询类机器人。

（4）机器人在物流系统中的应用范围不断扩展，如自动导引运输车、自主移动机器人等。尤其是自主移动机器人，它们具有在不受控制的环境中以更高的理解水平进行导航的独特能力。各行业都在积极探索如何借助自主移动机器人来使供应链更快速地运转；在零售环境中的货架扫描和地板清洁等任务中，自主移动机器人也将发挥越来越重要的作用。

（5）2019 年暴发的全球范围的新冠肺炎疫情引起了人们对医疗机器人的关注，未来对医疗健康类机器人的需求将日益增多。例如，2020 年涌现了超过 30 种新型消毒类机器人，机器人在未来会迅速成为老年人护理和病人护理不可或缺的助手。

（6）边缘计算和智能物联网技术相结合，使得边缘计算及其支持的快速数据处理方式可以促进机器人领域的研究和应用。例如，医疗机器人可以快速寻找治愈多种疾病的方法，或者在数以百万计的患者档案中以大海捞针的方式，诊断和治疗一名患者的罕见疾病。自动驾驶领域借助边缘计算技术，能够在各种突发情况下避免严重的交通事故。

（7）将图像捕获和图像处理结合到一个设备中，嵌入式视觉技术将为现有的机器人产品带来一系列全新的功能。例如，在重型制造业务中，通过机器视觉技术，让包含了数百万工业机器人的工厂能够在人们周围安全地开展工作。机器视觉技术还能推动无人驾驶汽车、无人机甚至购物领域的进一步发展。

（8）协作机器人的应用将持续增长。从小型加工车间到大型航空航天公司，协作机器人的新用途不断涌现。这些机器人具有易于使用、部署快速，成本低且安全性高的特点，可以减少占地面积并降低系统集成和维护方面的投资。根据国际机器人联合会的统计数据，虽然协作机器人仅占全球当前机器人安装量的 3%，但未来可能是新机器人销售中增长最快的产品。

（9）人工智能技术的快速发展，将使机器人变得更加聪明，能够更好地感知并响应环境的变化，应对各种突发和未知的情况。人工智能机器人可以在工作中进行学习，主要借助执行器、传感器、视觉系统和高级软件平台等，在工作时从周围环境中收集、记录和分析数据，并实时做出改进。

（10）机器人即服务等商业模式降低了进入门槛，机器人在新兴市场中的应用进一步拓展，未来机器人的设计和使用会进入标准化和平台化的发展时期。

（11）商用无人机、云机器人、自愈机器人及定制机器人等也都将在未来迅速发展，能够发挥提高生产力、简化流程、降低运营成本和高投资回报率的优势。

对于我国的机器人发展，中华人民共和国工业和信息化部（简称工业和信息化部）、中华人民共和国国家发展和改革委员会（简称国家发改委）、中华人民共和国财政部（简称财政部）联合印发的《机器人产业发展规划（2016—2020 年）》中，明确指出了机器人产业发展要推进重大标志性产品率先突破部分规划内容如下。

（1）在工业机器人领域，聚焦智能生产、智能物流，攻克工业机器人关键技术，提升可操作性和可维护性，重点发展弧焊机器人、真空（洁净）机器人、全自主编程智能工业机器人、人机协作机器人、双臂机器人、重载 AGV 等 6 种标志性工业机器人产品，引导我国工业机器人向中高端发展。

（2）在服务机器人领域，重点发展消防救援机器人、手术机器人、智能型公共服务机器人、智能护理机器人 4 种标志性产品，推进专业服务机器人实现系列化，个人 / 家庭服务机器人实现商品化。

我国也将继续大力研发机器人关键零部件，强化各领域产业的创新能力，不断提升我国自主研发机器人的竞争力，为《中国制造 2025》战略服务。

目前，机器人技术已经取得了突破性的进步，在人类社会中，从制造业到医疗健康等各个行业，都发挥着重要作用和价值。未来，随着人工智能技术、计算能力、数据通信和存储能力的进步，机器人能够以更低廉的成本为人类提供更多的智能服务。

8.5 案例实训

1. 实训目的

本项目将利用百度智能对话系统定制与服务平台 UNIT，构建一个智能问答机器人系统。

2. 实训项目要求

（1）网络通信正常。

（2）环境准备：安装 Spyder 等 Python 编程环境。

（3）SDK 和账号准备：安装百度 AI 开放平台的 SDK，注册百度 AI 开放平台的账号。

3. 实训步骤

创建一个简单的智能问答机器人系统需要以下四个步骤。

（1）创建自己的机器人。

（2）为机器人配置技能。

（3）获取技能调用权限。

（4）调用机器人技能。

项目实施过程如下。

（1）创建机器人及通用技能，并获取技能ID。

打开网页，单击“进入 UNIT”选项，注册成为百度 UNIT 开发者。单击“我的机器人”→“+”按钮创建自己的机器人，并命名为“小智”。

依次单击刚刚创建的机器人“小智”→“添加技能”→“智能问答”→“已选择 1 个技能，添加至机器人”，如图 8-14 所示。记录下自己的技能 ID，比如“智能问答”的技能 ID 为“88833”。

图8-14　添加预置技能

（2）获取AK和SK用于权限鉴定。

继续单击“发布上线”→“研发 / 生产环境”→“获取 API Key/Secret Key”。在应用列表中，单击“创建应用”，则会创建一个新的应用，如图 8-15 所示。其中包含 AK 和 SK 的相关信息。

+ 创建应用

	应用名称	AppID	API Key	Secret Key	创建时间	操作
1	智能对话	17344896	m6lyqkf4VQdtQzTa0tmsYKni	****** 显示	2019-09-25 21:43:50	报表 管理 删除

图8-15　获职AK和SK

（3）编码实现。

主文件 UseMyRobot.py 用于实现问答功能，代码如下。

```
# 调用模块
import MyRobot

# 根据AK和SK生成access_token并附上自己的机器人技能ID88833
AK='m6Iyqkf4VqdtQzTa0 tmsYKni'
SK='ulPyE7dFKGuNALLP41yKC6x7oXkQQnIy'
access_token = MyRobot.getBaiduAK (AK, SK)

bot_id=' 88833'  # 机器人技能ID

# 准备问题
AskText= "你几岁啦"

# 调用机器人应答接口
Answer= MyRobot.Answer(access_token, bot_id, AskText)

# 输出问答
print ("问: " + AskText + "? ")
print("答: " + Answer)
```

UseMyRobot.py 文件中包括两个函数，第一个函数是由 AK 和 SK 获取访问权限口令 access _

token, 第二个函数是根据口令、技能 ID、问题给出回答。这两个函数的主体都可以在开发文档中获取并编写成通用模块，代码如下。

```
import requests

def  getBaiduAK (AK,SK):
# client_id为官网获取的AK, client_secret为官网获取的SK
url='https: //openapi .baidu.com/oauth/2.0/token? grant_type=client_
credentials & client_id={}&client_secret={}'.format (AK,SK)
response=requests. get{url)
access_token=response.json()['access_token']
# print {access_token)
return access_token

def Answer (access_token, bot_id, Ask):
#  url准备调用UNIT接口并附上权限签订access_token
url='https: //aip.baidubce.com/rpc/2.0/unit/bot/chat? access_to-
ken='+access_token

post_ data = '{\"bot_ session\": \"\",\"log_ id\": \"7758521\"
\"request\": {\"bernard_ level\": 1
\"client_ session\": \"{\\\"client_ results\\\": \\\"\\\"
\\\"candidate_ options\\\ []}\",  \"query\": \ " ' + Ask + '\"
\"query_ info\": {\"asr_candidates\": [] ,  \"source\": \"KEYBOARD\"
\ "type\ ": \ "TEXT\ "} , \ "updates\ ": \ "\ " ,  \ "user_ id\ ": \
"88888\ "}
\ "bot_ id\ ": '+bot_ id+',\ "version\ ": \ "2.0\ "}'
headers = {'Content_ Type': 'application /json'}
response = requests. post(url,  data=post_ data. encode('utf-8'),
headers=headers)
return response. json()['result'] ['response'] ['action_ list'] [0]
['say']
```

运行程序，调用智能问答机器人“小智”，得到对话结果，如图 8-16 所示。

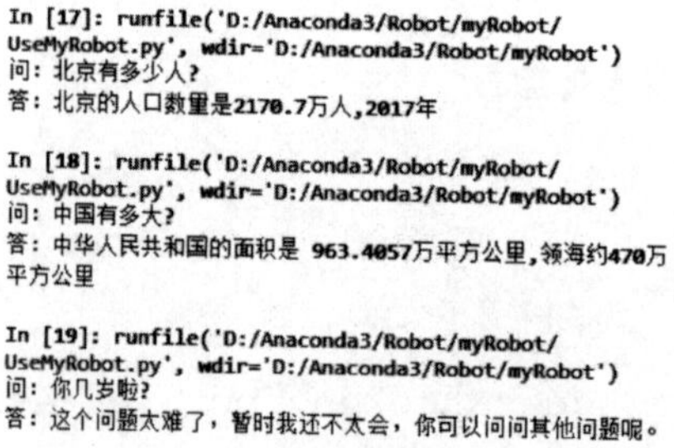

```
In [17]: runfile('D:/Anaconda3/Robot/myRobot/
UseMyRobot.py', wdir='D:/Anaconda3/Robot/myRobot')
问: 北京有多少人?
答: 北京的人口数量是2170.7万人,2017年

In [18]: runfile('D:/Anaconda3/Robot/myRobot/
UseMyRobot.py', wdir='D:/Anaconda3/Robot/myRobot')
问: 中国有多大?
答: 中华人民共和国的面积是 963.4057万平方公里,领海约470万
平方公里

In [19]: runfile('D:/Anaconda3/Robot/myRobot/
UseMyRobot.py', wdir='D:/Anaconda3/Robot/myRobot')
问: 你几岁啦?
答: 这个问题太难了，暂时我还不太会，你可以问问其他问题呢。
```

图8-16　智能问答系统对话结果

项目小结。

本项目通过百度 UNIT 平台实现了机器人问答功能。当然，目前的机器人还仅限于文本问答，并没有加入语音功能，有兴趣的读者可以加入语音识别、语音合成等功能。另外，本项目尚未使用自定义技能，读者可以自行尝试。

8.6 本章小结

本章介绍了机器人的发展历史、概念、基本组成及关键技术，还对机器人的主要分类及目前的主要应用领域进行了介绍。通过对本章内容的学习，读者可以了解机器人的发展历史、概念、分类、关键技术、应用领域，以及机器人未来的发展方向。

8.7 课后习题

1. 选择题

（1）工业机器人的应用时间最早是在（　）年代。

A. 20 世纪 50　B. 20 世纪 60　C. 20 世纪 70　D. 20 世纪 80

（2）机器人三原则是由（　）提出的。

A. 森政弘　B. 托莫维奇　C. 约瑟夫・英格伯格　D. 阿西莫夫

（3）机器人技术最早的商业应用是（　）。

A. 工业机器人　B. 军用机器人　C. 服务机器人　D. 空间机器人

（4）机器人学的英文单词是（　）。

A. machine　B. robotics　C. gear　D. auto equipment

（5）工业和信息化部、国家发改委、财政部联合印发的《机器人产业发展规划（2016—2020 年）》明确指出了机器人产业发展要推进重大标志性产品，率先突破。在十大标志性产品中，有 4 个属于服务机器人领域，其中不包括（　）。

A. 智能型公共服务机器人　B. 手术机器人　C. 人机协作机器人　D. 智能护理机器人

2. 简答题

（1）机器人的关键技术主要包括哪些？你认为哪几项技术是针对智能机器人的？为什么？

（2）请举例说明各种应用类型的机器人在日常生活中的具体应用。

（3）你认为未来的机器人是否能发展成为社会的主宰体，完全掌控人类生活的方方面面？为什么？

第 9 章

CHAPTER 9

经典智能算法Python实现

提到人工智能就一定会提到 Python，有的初学者甚至认为人工智能和 Python 是画等号的。其实 Python 是一种计算机程序设计语言，是一种动态的、面向对象的脚本语言，最开始是用于编写自动化脚本的，随着版本的不断更新和语言新功能的添加，越来越多地被用于独立的、大型项目的开发。而人工智能通俗来讲就是人为地通过嵌入式技术把程序写入机器，使其实现智能化。显然，人工智能和 Python 是两个不同的概念。本章将结合人工智能经典算法来讲解算法原理及 Python 实现。

9.1 决策的窍门——决策树

在人工智能应用中，决策树方法应用的范围非常广泛，它之所以被大量应用，是因为它的原理直观而简单，易于理解。例如，在确定电视机质量时，可以先看外观是否合格，然后观察屏幕图像，接着再听听声音，这样就是一个三级决策，每级都有“是”和“否”两个结果，画出图来是一棵简单的树，所以被称为决策树。道理很好理解，但是问题来了，换个方式决策会有更高的效率吗？如先检测电视机的屏幕图像，然后检测外观和声音会怎样？

9.1.1 如何决策最有效率

如何正确决策并使决策最有效率，可以理解为怎样划分信息，或怎样使不明确的信息更明确，再对复杂信息抽丝剥茧，使最终的结论水落石出。这个问题从没被人精确地利用数学公式表述过，直到美国著名数学家克劳德·香农提出了衡量信息清晰程度的概念——信息熵（也称为香农熵）。在信息熵的概念产生之前，人们只能说“没准儿”“可能”“靠谱”“十有八九”，而利用“信息熵”就可以用公式计算出信息的“确切”程度。信息确定，决策就会有更科学的依据。

那么什么是信息熵呢？“可能性”难道不应该用概率表达吗？信息熵和概率有关但并不相同，概率是事物（信息）某个结论的可能性，而信息熵不关心个别结果，只关心事物（信息）的明确程度。例如，某届亚洲杯足球赛预测 8 强夺冠的概率如表 9-1 所示。

表9-1　某届亚洲杯预测8强夺冠概率

中国	日本	卡塔尔	阿曼	朝鲜	韩国	阿联酋	科威特
0.225	0.025	0.15	0.065	0.185	0.2	0.125	0.025

进入 4 强后各队夺冠的预测概率如表 9-2 所示。

表9-2　某届亚洲杯预测4强夺冠概率

中国	日本	卡塔尔	阿曼
0.5	0.25	0.05	0.2

这时问题的重点并不是猜测哪个队更容易夺得冠军，而是 4 强产生的时候比在 8 强产生的时候更容易推断冠军归属。体彩公司很关心此类问题，因为要对难猜的结果设立更多的奖金。第二个问题，假设这届亚洲杯足球赛 4 强的夺冠概率为势均力敌，即 4 支队伍各有 25 % 的概率夺冠，那么体彩公司应该设立较大的奖金池还是缩小奖金池？这些决策都可以通过计算信息熵来解决。

首先，信息熵的定义如下。

$$E(X)=-\sum_{i=1}^{n} p\left(X_1\right) \log p\left(X_1\right)$$

上式看上去难懂，但可以通过实例来体会它到底描述了什么。按这个公式计算，4 强各队夺冠的预测概率按表 9-2 计算的信息熵如下。

$$-\left[0.5 \log_2(0.5)+0.25 \log_2(0.25)+0.05 \log_2(0.05)+0.2 \log_2(0.2)\right]=1.6805$$

按此公式计算 8 支队伍夺冠的信息熵为 2.707，4 支队伍的信息熵更低，这意味着对于以上数据而言，4 支队伍更易推测冠军归属（猜中的人会更多）。

对于第二个问题，4 强夺冠概率变化后，信息熵计算如下。

$$-\left[0.25 \log_2(0.25)+0.25 \log_2(0.25)+0.25 \log_2(0.25)+0.25 \log_2(0.25)\right]=2$$

从熵值升高得知推断冠军变得更难了，其困难程度甚于从 8 支队伍中推测冠军。这个结果也符合人们的认知，即势均力敌的比赛结果不好猜测，但是水平相差悬殊的比赛就容易猜出胜利者。基于越难的预测参与者越少的考虑，体彩公司可以增大奖金池，吸引参与者。从这个案例中，读者可以体会信息熵的作用，以及信息熵和概率的联系，可以得知：一个系统越有序（即信息越明确），信息熵就越低；系统越混淆，信息熵就越高。

那么人工智能领域应该如何决策呢? 根据香农的理论，决策应该使信息熵越来越小，即信息变得越来越“明朗”。以往决策的难点在于，多步决策的过程中，信息是否明朗很难确认，但应用香农的理论可以很简单地解决这个问题，决策者可在决策前计算所有决策依据（信息）的熵，然后计算所依赖决策条件对熵的影响，二者之差称为“信息增益（Gain）”，可由如下公式表达。信息增益越大，决策后的熵越低，那么依次计算各数据属性（x_i）所产生的信息增益，选信息增益最大的属性作为决策条件，由此产生的决策路径就是最佳决策路径。

$$\operatorname{Gain}(X)=H(x)-\sum_{i=1}^{n} \frac{\left|x_i\right|}{|X|} E\left(x_i\right)$$

由于数据集通常是离散的，所以“| |”运算即为相应数据条目数。

换句话更容易理解：既然信息熵描述的是信息明确性，信息越明确信息熵就越低，反之熵就越高，那么好的决策就会让熵下降得更快，而“糊涂”决策可能会使信息熵不降反升（经过决策，更不知怎么办好了）。就像小明白问小糊涂：“咱们去北京是乘火车还是乘长途客车呢? ”小糊涂回答：“骑车和坐飞机也行。”小糊涂不但没回答问题，还给出了更多选项，这个问题的熵显然上升了。

9.1.2 利用“决策树”开发一个人工智能的信用卡审批系统

AI 银行要求为其开发一套人工智能系统，当用户在线申请信用卡时，可以自动回复是否批准用户的申请。银行提供了以往的信用卡申请与审批记录，从中整理出训练数据，如表 9-3 所示。

表9-3　信用卡申请系统的训练数据

客户ID	是否拥有房产	婚姻情况	是否有未还贷款	是否被批准发放信用卡
1	否	单身	是	否
2	否	单身	否	是
3	是	单身	否	是
4	是	离婚	否	是
5	否	已婚	否	是
6	否	已婚	否	是
7	否	已婚	是	否
8	否	已婚	是	是
9	是	已婚	否	是
10	否	离婚	否	否

首先将本案例的所有数据看作一个节点，按最终发放信用卡的分类标记计算其信息熵，由于有 7 条正向记录（被批准），3 条反向记录（被拒绝），可得：

$$P_{\text{正例}} = \frac{7}{10} = 0.7,\quad P_{\text{反例}} = \frac{3}{10} = 0.3$$

$$S = -\left[0.7 \times \log_2(0.7) + 0.3 \times \log_2(0.3)\right] = 0.8813$$

观察“是否拥有房产”“婚姻状况”和“是否有未还贷款”这 3 个属性，需要逐一计算每种属性的信息熵，如先计算“是否拥有房产”属性的信息熵，可以用如表 9-4 所示的形式表达来自表 9-3 的统计信息。从表 9-4 中很容易看出，3 个拥有房产的数据样例全部被批准了信用卡申请，而无房产的 7 个数据样例中有 4 个被批准而另外 3 个未被批准。总的数据数量为 10。

表9-4　拥有房产情况与信用卡批复情况对照表

是否拥有房产	批准	拒绝
有房产	3	0
无房产	4	3

从表 9-4 中的数据计算房产属性两种情况的信息熵分别是 0 和 0.9852，那么，房产属性的信息增益是

$$\text{Gain} = 0.8813 - \left[\left(\frac{3}{10}\right) \times 0 + \left(\frac{7}{10}\right) \times 0.9852\right] = 0.1966$$

接下来考虑婚姻状况信息，可以整理出的数据如表 9-5 所示。

表9-5　婚姻状况与信用卡批复情况对照表

婚姻状况	批准	拒绝
单身	2	1
已婚	4	1
离婚	1	1

婚姻的 3 种情况的信息熵分别是 0.9183、0.7219 和 1，所以，婚姻状况的信息增益是

$$\text{Gain} = 0.8813 - \left[\left(\frac{3}{10}\right) \times 0.9183 + \left(\frac{5}{10}\right) \times 0.7219 + \left(\frac{2}{10}\right) \times 1\right] = 0.04486$$

此外，还可以算出“未还贷款”属性的信息增益是 0.1916。

这时按照信息增益最大的原则，可用“是否拥有房产”和“是否有未还贷款”作为第一次划分的依据，这里利用是否拥有房产做第一次划分的依据，结果如图 9-1 所示。将树的分支称为“子树”，将没有子树的分支称为“叶子”节点，那么通过房产属性，将所有数据分为两个子树，“有房产”子树包含数据表中的 3、4、9 这 3 个节点，“无房产”子树包含 1、2、5、6、7、8、10 这 7 个节点。

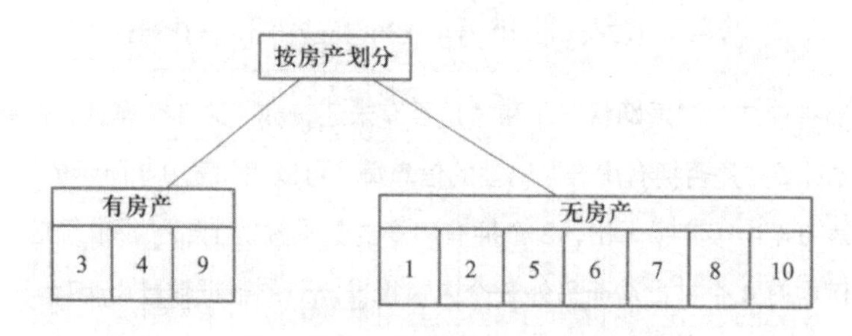

图9-1　第一次划分的结果

决策树的构建过程是一个递归的过程，所以需要确定停止条件。一种最直观的方式是保证每个叶子节点只包含同一种标记类型的记录。例如，“有房产”分支（子树）有 3、4、9 共 3 条数据，这些数据的“标记”都是“批准发放信用卡”，所以这个子树可以作为叶子节点，不需要再进行进一步划分；而“无房产”子树包含 7 条数据，需要按照“婚姻状况”和“是否有未还贷款”两个属性继续划分，划分方法是继续计算该子树 7 条数据的信息熵。

对“无房产”子树的 7 条数据而言，按照表 9-3 的数据分别整理并计算信息增益：

$$G_{\text{婚姻}} = 0.2359 \quad , \quad G_{\text{贷款}} = 0.1281$$

显然，应利用婚姻状况进行下一次划分，于是决策树又变成如图 9-2 所示的模样，这时“有房产”和“离婚”这两棵子树可以停止划分，变为“叶子”。

后面只剩“是否有未还贷款”一个属性了，决策树最终变为如图 9-3 所示的样子。这时所有的叶子都已经具有单一分类标记，所以创建决策树的过程终止。

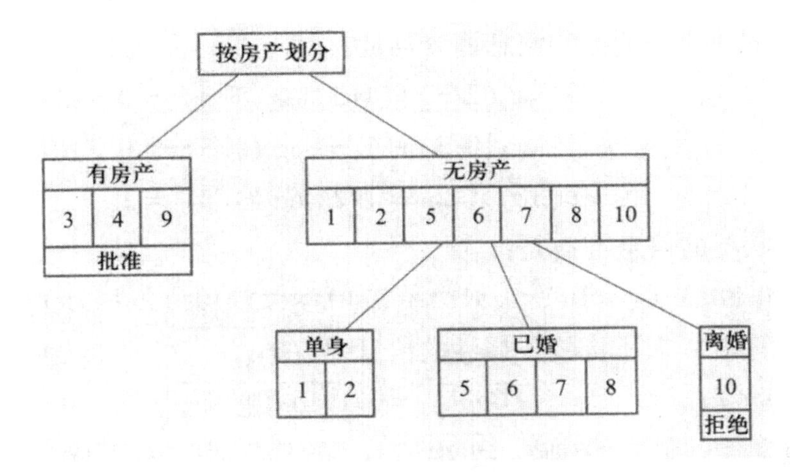

图9-2　对“无房产”数据的划分

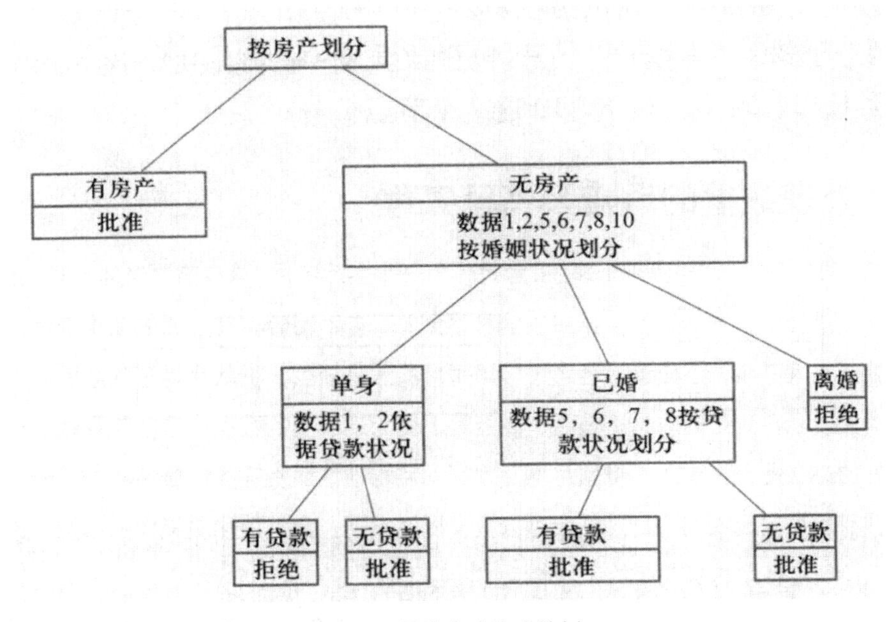

图9-3　最终完成的决策树

通过训练集的所有数据创建决策树的过程“十分完美”，所有数据都映射为决策的节点，但是这样往往会使树的节点过多，决策的过程过多地考虑了训练集的数据细节，从而导致过拟合问题。一种可行的解决方法是，如果当前节点中的记录数低于一个最小的阈值，那么就停止分割，将 $\max P(i)$ 对应的分类作为当前叶子节点的分类，这种操作被称为“剪枝”。例如，将图 9-3 中的决策树剪枝后，结果如图 9-4 所示，其中“已婚”子树经过了剪枝处理。剪枝是决策树方法中应对“过拟合”问题的有效手段。

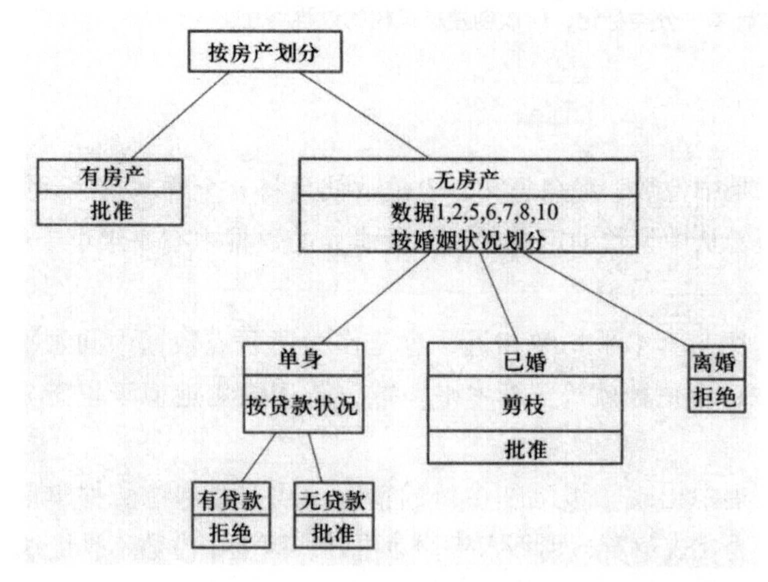

图9-4　剪枝后的决策树

读者可以用本书配套资源中的“测试集”数据文件，进一步考察该决策树的“准确率”与“召回率”。

9.1.3　处理数据的瑕疵及特征工程

9.1.2 节完成了一个审核信用卡系统，但是作为一个实际应用，总会需要处理一些“意外情况”。例如，在学习过程中，发现某条数据中的信息不全怎么办？另外，在上面的信用卡案例中，只考虑有无贷款还是太武断，还应该综合考虑申请每月收入是多少、贷款月均还款额和刚性消费等，那么数据类型就从离散型的数据（是否、高低等）变为连续型的数据，这就需要做进一步的数据处理。更好的办法是，将收入、贷款月均还款额、月均刚性消费等类似属性合并成一个更易懂的属性，如“月均可支配收入”，这样就可以减少属性类别，大大简化决策树的结构。这种变换数据以提高人工智能模型构建效率的工作称为“特征工程”。

在进行数据处理前先考虑第一个问题，数据缺失怎么办？应对“缺失”这种缺憾，只能补救，可以采用将缺失数据在该属性的不同样本概率中各记一次的方式解决。

对于将连续值转换为离散值，以及其他特征工程问题，解决的方案很多，如可以设定几个取值区间 [0，1000]、（1000，5000）、[5000，10000]，从而将从 0 到 10000 的连续值分解为 3

个离散值。

但是对于连续值的集合来说，如何划分区间更合适？这里有几个可能用于划分区间的特殊“点”需要读者了解。

首先是平均值或算术平均值，就是 n 个样本的值相加除以样本个数 n，表示样本的密度，公式如下。

$$\bar{x} = \frac{1}{n}\sum_{i=1}^{n} x_i$$

第二个概念是中位数，顾名思义，中位数就是将 n 个样本排序后，第 $\frac{n}{2}$ 上取整的位置的元素的值。从中位数的定义可知，所研究的数据中有一半小于中位数，另一半大于中位数。中位数的作用与算术平均数相近，是所研究数据中间水平的代表值。在一个等差数列中，中位数就等于算术平均数，若记录集近似于正态分布，中位数也接近算数平均数。但是在记录集中出现了极端变量值，或需要考虑数据集样本个数的情况下，用中位数作为代表值要比用算术平均数更好，因为中位数不受极端变量值的影响。一般情况下，可以考虑将不大于中位数的最大值作为离散化的划分点。

在处理数据时，还要观察数据整体的分布情况，这时就要使用“方差”和“均方差”这样衡量“数据分布特性”的数据指标。其中，方差是指每个样本值与全体样本值的平均数之差的平方值的平均数，即

$$s^2 = \frac{1}{n}\sum_{i=1}^{n}\left(x_1 - \bar{x}\right)^2$$

可以看出，方差记录的是与样本集平均值的偏离程度，可以用来衡量一批数据的波动大小（即这批数据偏离平均数的大小），并把它叫作这组数据的方差，记作 s^2。在样本容量相同的情况下，方差越大，说明数据的波动越大，越不稳定。由于方差是个平方值，与所考察的数据 x 有不同的量纲，所以也使用“标准差”的概念来衡量数据的波动性。所谓标准差，就是方差的算术平方根，即

$$s = \sqrt{s^2}$$

用标准差衡量偏差更为直观。

根据样本选取情况的不同，方差和标准差又有总体方差、总体标准差和样本方差、样本标准差的不同。如果使用的是样本的全部，那么就使用总体方差和总体标准差。但如果样本很大，只对样本的一个子集进行考察，那么应该使用样本方差和样本标准差来考察样本的波动性。所谓样本方差，只是将总体方差中取 n 个样本的平均值转变为取 n−1 个样本的平均值，即

$$s^2 = \frac{1}{n-1}\sum_{i=1}^{n}\left(x_1 - \bar{x}\right)^2$$

解决数据问题后，针对数据特点总结一下决策树算法的优势：计算复杂度不高，输出结果易于理解，可以处理样本值缺失的情况，对离散值和连续值的样本都适用。但需要注意的是，决策树最好应用于小数据集。

9.1.4 编程完成决策树的项目应用

编写程序利用决策树处理分类问题非常简单，其过程是准备数据、划分训练集和测试集、构建模型并测试、获得满意正确率等指标后用于生产。代码如下。

```
#coding: utf-8
#导入tree模型
import numpy as np
from sklearn import tree
#准备数据
of=open( 'tree3.csv','r')
x=[ ]
y=[ ]
eg=0.6
for line in of:
  li_t=line. split(',')
  y.append(int(li_t[3]))
  x.append([int( li_t[0]),int(li_t[1]),int(li_t[2])])
fd=int(len(x)*eg)
#利用训练集数据训练模型
dtc=tree. DecisionTreeClassifier()
dtc=dtc.fit(x[: fd],y[: fd])
#对测试集数据进行预测
res=dtc.predict(x[fd: ])
#计算正确率
rr=(res==y[fd: ])+0
print(''rr=%.2f%%''%(100.0*sum(rr) /len(rr)))
```

以上代码的输出结果如下。

```
rr=75.00%
```

观察以上代码能够发现，代码还是分为导入运算包、准备数据、训练模型和测试模型4个部分。

第3行导入了numpy计算工具。

第4行引入了sklearn工具中的“决策树”工具包。

第6行读入了保存在文件中的数据。接下来第7行至第13行将属性数据装入x，将标记数据装入y。对比之前的程序，本程序第9行定义了新变量eg，该变量表示将从数据集中选取60%的数据作为训练集。

第14行利用len函数计算了线性表x的长度，之后利用eg截取了指定长度后，将取整后的数字作为数据集的长度。这样，在后面的程序中可以将x[：fd]和y[：fd]作为数据集，而

x[fd：]、y[fd：] 可以作为测试集。

第 16 行和第 17 行构建了决策树模型。

第 19 行预测一下测试集，并将模型判断的结果存入 res。

第 20 行和第 21 行计算正确率并输出。首先用 res 和 y[fd：] 进行比较，得到一个布尔类型的线性表，此处若输出 res==y[fd：] 的结果，则会得到 [True True False True]，该结果不能直接进入计算，要通过“+0”将 True 转换为数字 1，Flase 转换为数字 0。这时利用 sum 函数即可得知判断正确的结果数量，该数量与总数的比值即为正确率。

本代码可以进行其他决策树的构造和应用，但是要注意按照不同的数据存储格式修改第 10 行至第 13 行代码。

9.2 亦步亦趋的刻画——线性回归

在实际应用中，还有相当一部分预测工作是针对连续值的，如预测明天的天气、下一阶段某商品的价格。

9.2.1 线性回归的实例：计算连锁店消暑饮料的送货量

连锁店的店面面积大多不大，没有大量储存货品的能力。针对连锁店来说，如果能精确计算出每天的补货量，特别是对一些季节性强的货品进行统一配送，将在节约能源和提高店面使用率上起到很好的作用。“AI 美邻”连锁店打算对夏季冷饮类货品进行精确配送，这个需求需要较好地预测第二天每个连锁店的货品销售量。冷饮这类季节性强的货品，其销售量与气温、当地常住人口、店面交通便捷程度等因素都有较大关系。为方便说明和理解，本例只考虑气温、当地常住人口和店面交通便捷程度因素。连锁店销售数据如表 9-6 所示。

表9-6　销售数据

序号	500米内公交站点数	气温/摄氏度	常住人口/万	销售量/件
1	3	40	6	50
2	5	34	5	45
3	3	21	7	36
4	3	26	6	38
5	5	7	6	25

续表

序号	500米内公交站点数	气温/摄氏度	常住人口/万	销售量/件
6	6	29	9	49
7	5	12	6	29
8	4	39	10	57
9	4	25	6	39
10	2	22	7	36
11	2	19	9	38
…	…	…	…	…
327	4	35	7	48
328	4	30	7	44
329	5	33	10	53
330	4	20	8	38
331	2	11	5	24
332	3	33	8	48
333	3	27	10	47
334	5	35	9	53
335	3	22	8	39

对这些数据，可以先画出图像，观察数据的分布情况，由于以上数据有 3 个特征和 1 个结果，不容易在常规的二维或三维图像中观察，简单起见，先只观察气温和销售量的关系。使用电子表格软件针对表 9-6 的部分数据制作散点图，并添加趋势线，如图 9-5 所示。

从图 9-5 中可以发现，数据有规律性趋势：随着气温的升高，销售量逐步增加。在电子表格中很容易对“趋势线”添加方程，如在图 9-5 中，趋势线的方程是 y=0.8414+19.319x。很明显，这是一个我们所熟悉的线性方程，表达了气温和销售量的关系，其中 x 是气温，y 是销售数量。但是在实际问题中，数据还有公交站数量和常住人口两个特征，很显然，这些特征也会影响销售量。考虑已有的线性方程，可以将车站数量和人口的影响也用乘系数的形式添加到已有方程中，方程形式如下。

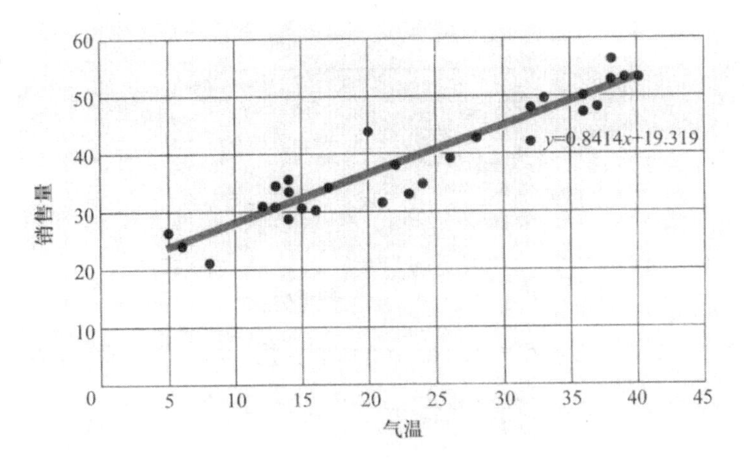

图9-5　气温与销售量的关系

$$y = k_1x_1 + k_2x_2 + k_3x_3 + b$$

其中 y 表示销售量，x_1、x_2、x_3 代表公交站点数、气温和常住人口 3 个特征，k_1、k_2、k_3 为 3 个特征的影响因子，b 为偏置量（修正量）。那么显而易见，上面方程的向量形式可以表示为

$$\boldsymbol{y}=\boldsymbol{\omega x}+b$$

在上式中，$\boldsymbol{\omega}$ 代表向量 $[k_1,k_2,k_3]^{\mathrm{T}}$，$\boldsymbol{x}$ 则代表向量 $[x_1,x_2,x_3]^{\mathrm{T}}$，很明显这是一个线性方程，对于这个模型只要用以往销售记录中的 y 和 $[x_1,x_2,x_3]$ 数据计算出 $\boldsymbol{\omega}$ 和 b 之后，就可以通过给定新的数据计算销售量了。由于上述过程建立在著名的线性方程 $\boldsymbol{y}=\boldsymbol{\omega x}+b$ 的基础上，所以这个方法被称为“线性回归”。同线性方程一样，在线性回归中，$\boldsymbol{\omega}$ 也被称为权重矩阵，b 被称为偏置值。

线性回归算法利用已有数据求得“表达式”，可以利用特征对未知结果做出“预测”，这属于“监督学习”中的“回归”方法。

9.2.2　求解模型

首先需要准备“数据”，由于数据量大，本案例采用更有效率的方法处理数据。

一般应用中，为便于程序读取，可以利用电子表格软件将训练集和测试集分别保存为不同的文件。在本例中，训练集和测试集文件都使用 CSV 格式保存。

另外，本案例的装载数据部分也使用了更高效的方法。构建求解预测销售量模型的代码如下。

```
#-*-coding:  utf-8 - *-
import numpy as np
from sklearn import linear_model as Inrmd
table = np. loadtxt( “ddcre. csv" , delimiter =",")
x=table[: ,0: 3]
y=table[: ,3]
regr = Inrmd. LinearRegression( )
```

```
regr. fit( x,y)
#查看模型
print (“W: ",regr. coef_ )
print (“b: ",regr. intercept_)
table = np. loadtxt(“ddtest. csv", delimiter="," )
T_x=table[: ,0: 3]
T_y =table[:  ,3 ]
print ( regr. score( Test_x,Test_y))
print ( regr. predict( [ [ 5,22,8]]))
```

程序一共 16 行，其中第 3 行引入 linear_model，并用 lnrmd 作为简写名称。

```
table = np. loadtxt(“ddcre. csv" ,delimiter = “, “ )
```

作为程序的输出，它向屏幕输出了以下内容。

```
w:   [0.9012 0.7998 1.8962]
b:  3. 5408
```

w 和 b 就是求得的模型的关键参数。

为了验证模型是否正确，需要进行模型测试，观察预测销售量模型在测试集数据上的表现。代码如下。

```
table =np.loadtxt(“ddtest. csv", delimiter=",")
T_x = table [: ,0: 3 ]
T_y=table[: ,3]
print(regr. score (Test_x,Test_y)
```

这时程序输出 0.98，在回归类预测中，该数据越接近 1，表示预测的优度越好，它被称为 R^2 分数，也称为决定系数。求出的模型的决定系数越高，说明模型的响应越好，若在测试集上求出的决定系数较低，则为“欠拟合”（训练过程不充分）。

这时可以将公交站点情况、气温、常住人口等数据输入模型，即可得到预测的销量，代码只有 1 行。

```
print(regr. predict( [ [5,22,8] ] ))
```

得出的结论类似 [40. 81164493]，即在气温为 22℃、附近有 5 个公交站点、常住人口为 8 万的时候，销售量大约是 41 件。

利用这样的模型，连锁店就可以决定第二天的送货量了。

9.2.3 表达拟合结果和趋势

选择算法前，希望看到数据的分布情况；完成回归后，更希望直观地看到预测的趋势，这些都需要通过绘图解决。

平面图像通常只能表达两个量之间的关系，这种平面图称为“二维图像”，通常只能表达一个特征与结果间的关系。可以试着扩展一下表示效果，如绘制散点图时，用一个轴表达气温特征，另一个轴表达人口特征，然后用点的颜色灰度表达销售量，用点的大小和形状表达公交站的数量。代码如下。

```
import numpy as np
import matplotlib. pyplot as plt
table=np. loadtxt("fig31.csv", delimiter=",")
cm=plt. cm. get_cmap('Greys')
plt. scatter(table [:  ,1 ],table [ :  ,2],c = table [: ,3 ],
 s=table[ : ,0] *10,cmap=cm)
plt. show( )
```

代码的运行结果如图 9-6 所示。

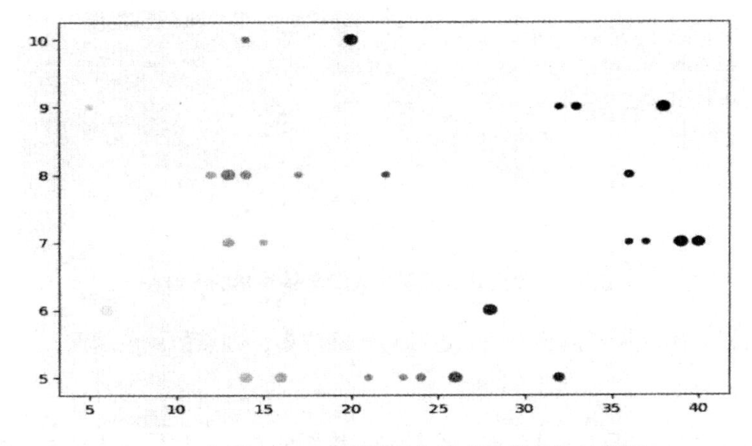

图9-6　气温、人口、销售量与公交站数量的关系图

第 3 行用 numpy 的 loadtxt 函数获取数据后，第 4 行先用 cm=plt. cm. get_cmap（'Greys'）产生灰度表，然后第 5 行用语句 plt. scatter（table[：, 1]，table[：, 2]，c=table[：, 3]，s=table[：, 0]*10, cmap=cm）直接绘图。

本程序在使用 scatter 函数时，将数据集的第 1 列和第 2 列数据（气温和人口）分别映射到了 x 轴和 y 轴，c 参数可以单独使用，也可以和 cmap 参数联合使用。如果 cmap 参数先指定一种颜色系，则 c 列表内的数字代表该颜色系内的颜色，c=table[：, 3] 就是将数据集的数量与灰度对应。s 参数是指定点标记的绘制直径，本程序利用 s= table[：, 0] 将车站数目映射到其中，由于数值较小不易观察，所以这里将直径放大 10 倍显示。

还可以尝试用一个三维坐标表达表 9-6 中的车站数量、气温和人口 3 个特征，用点的颜色灰度表达销售量。代码如下。

```
import numpy as np
import matplotlib. pyplot as plt
from mpl_toolkits. mplot3d import Axes3D
table=np. loadtxt( “fig31. csv” ,delimiter=",")
```

```
fig=plt. figure ( )
ax=Axes3D(fig)
cm=plt. cm. get_cmap('Greys')
ax.scatter(table [:  ,0],table [: ,1],table[: ,2],
c=table [:  ,3 ],cmap=cm)
plt. show ( )
```

该代码可以得到如图 9-7 所示的三维图像。

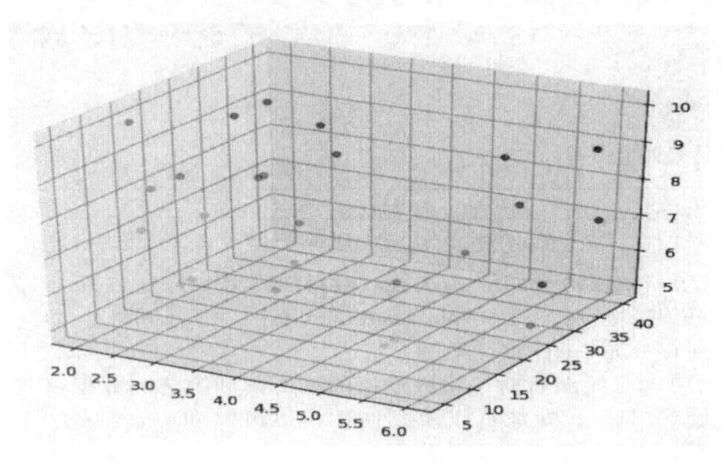

图9-7　公交站、气温、人口与销售量的三维图

从该图像可以看出，人口越多、气温越高、车站越多，则点的颜色越深，三维图像比二维要直观一些。

代码中利用 ax=Axes3D（fig）创建一个绘制三维图的对象，然后用语句 ax.scatter（table[：, 0]，table[：, 1]，table[：, 2]，c=table[：, 3]，cmap=cm）绘制三维图。

前 3 个参数分别是三维图的 x、y、z 轴的列表，分别映射了车站、气温和人口数据，然后用供货数量来指定灰度，还是使用 c 和 cmap 参数。

大家应该已经发现一个规律，即图像维度越高，能够表达的特征数量越多，图像越直观。

9.2.4　模型可用性的度量

对回归算法，优良程度由预测值和测试集数据的偏差表达。常用的测量连续值预测偏差的方法共有 4 种，其中只考察预测值与真实值的指标有以下 3 种。

（1）均方误差（Mean Squared Error，MSE）公式如下。

$$\mathrm{MSE}=\frac{1}{m}\sum_{i=1}^{m}\left(y_i-\hat{y}\right)^2$$

其中，y_i 是测试集上的预留真实结果，$\hat{y}_i$ 是模型的预测值。读者可以看到均方误差与方差一致。

（2）均方根误差（Root Mean Squared Error，RMSE）公式如下。

$$\mathrm{RMSE}=\sqrt{\frac{1}{m}\sum_{i=1}^{m}\left(y_1-\hat{y}_i\right)^2}$$

可以看出，RMSE 是 MSE 的算术平方根，而且它与标准差一致。

（3）平均绝对误差（Mean Absolute Error，MAE），公式如下。

$$\mathrm{MAE}=\frac{1}{m}\sum_{i-1}^{m}\left|y_i-\hat{y}_i\right|$$

整体误差程度的测量不能出现因误差的“正负”值相互抵消而减少误差数值“总和”的情况，所以前面的 MSE、RMSE 两个指标利用平方运算去掉正负号，而 MAE 直接使用绝对值运算去除正负号。从这点考虑，前 3 个指标都只考虑测试集的预留真实结果 y_i 和模型的预测值 $\hat{y}_i$ 之间的差，显而易见，这 3 个指标越大，误差越大，但是由于这 3 个指标不足以说明总体误差趋势，于是又引入了 R-Squared 和 Adjusted R-Squared 衡量指标。

R-Squared 公式如下。

$$R^2=1-\sum_{i=1}^{m}\frac{\left(y_i-\hat{y}\right)^2}{\left(y_i-\bar{y}_i\right)^2}$$

一般来说，R-Squared 越大，表示模型拟合效果越好。R^2 反映的是拟合程度大概有多准。因为随着样本数量的增加，R^2 必然增加，无法真正定量说明准确程度，只能大概定量。于是，可以对 R^2 再加工一下，升级成为 Adjusted R-Squared 公式。

$$\tilde{R}^2=1-\frac{(n-1)\left(1-R^2\right)}{(n-p-1)}$$

其中，n 是样本数量，p 是特征数量。Adjusted R-Squared 抵消样本数量对 R-Squared 的影响，取值范围还是 ln，且越大越好。

如果需要更精确的衡量，可使用以下代码。

```
Ar=1-((n-1)* (1-r2_score(y_test,y_predict)))/( n-p-1)
```

其中，y_test 是测试样本集，y_predict 是算法的预测结果集。

9.2.5 线性回归的扩展

线性回归可以有多种变形以适应其他情况，如可以将线性回归发展成非线性回归。首先用 ln 函数，公式如下。

$$\ln(y)=\omega x+b$$

这时就出现了对数回归，如图 9-8 所示。如果预测值和特征值的关系是非线性的，就可以尝试使用其他非线性的回归方法。

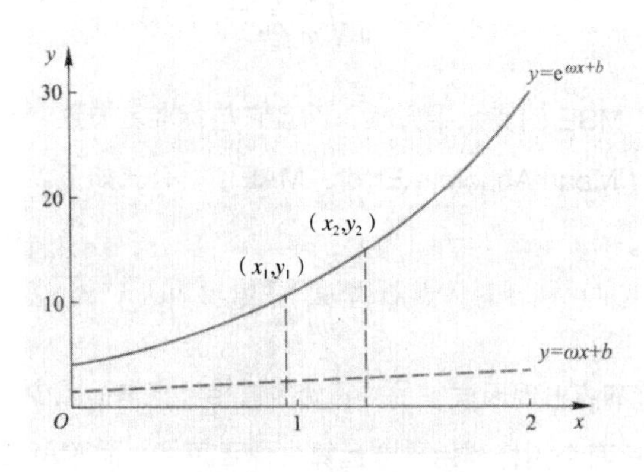

图9-8　对数回归图像

对数回归经过变形还可以成为分类算法，其原理是复合使用 sigmoid 函数。

如图 9-9 所示，图像中实线的函数图像为 sigmoid 函数，它是阶跃函数（如图 9-9 所示虚线）的替代方案。考察阶跃函数可以发现，当 x 变化时，y 值只有 0 和 1 两种情况，那么阶跃函数实际上可以用作分类，但是由于阶跃函数是非连续的，使用不方便，所以通常使用连续的 sigmoid 函数替代阶跃函数。

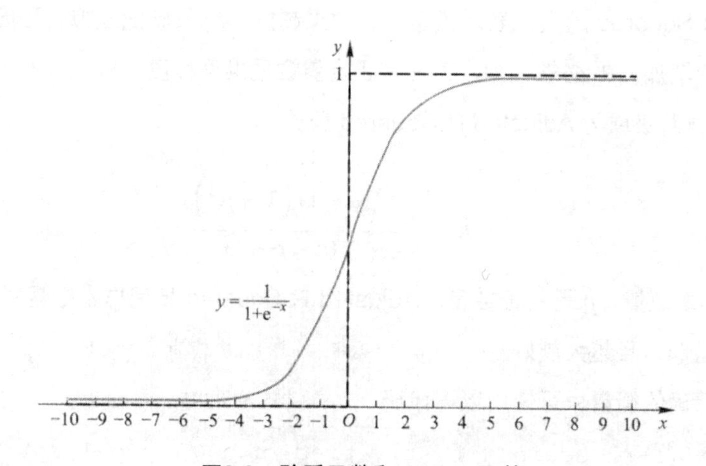

图9-9　阶跃函数和sigmoid函数

sigmoid 函数的原型如下。

$$y=\frac{1}{1+e^{-z}}$$

考虑到 $z=\omega x+b$，带入公式中，可推导得出如下公式。

$$\ln\frac{1}{1-y}=\omega x+b$$

若将 y 视为样本 x 作为正例的可能性，$1-y$ 即为取得反例的可能性，两者的比值 $\frac{y}{1-y}$ 称为几率，考虑有 ln 运算，因此也称为对数几率回归，但是这个回归的用途是分类。这时回顾一下，可以发现该公式的关键还是求 ω 和 b 对数概率回归也是线性回归一个用途非常广泛的变形。

9.3 楚河汉界的划分——支持向量机

9.3.1 划分边界的一般规律

最简单的二分类问题可以看作是分类问题的基本问题。二分类问题最直观的理解是，在二维图像中将坐标系中的数据点用一条直线划分为两部分，如图 9-10 所示；如果数据是三维表达，那么可以在三维世界里用平面将这些数据分为两部分（这个平面是抽象的），如图 9-11 所示。

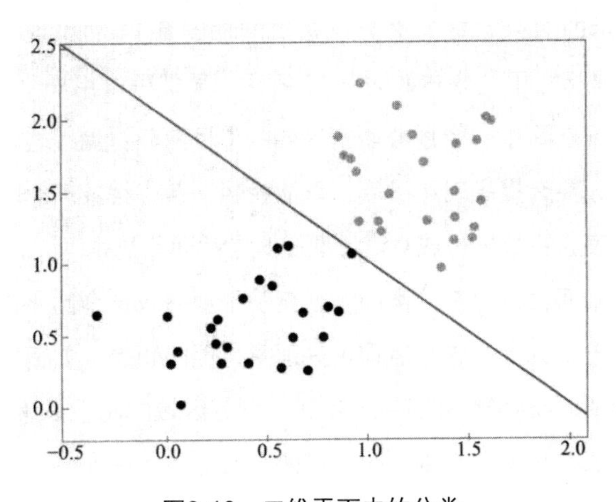

图9-10　二维平面中的分类

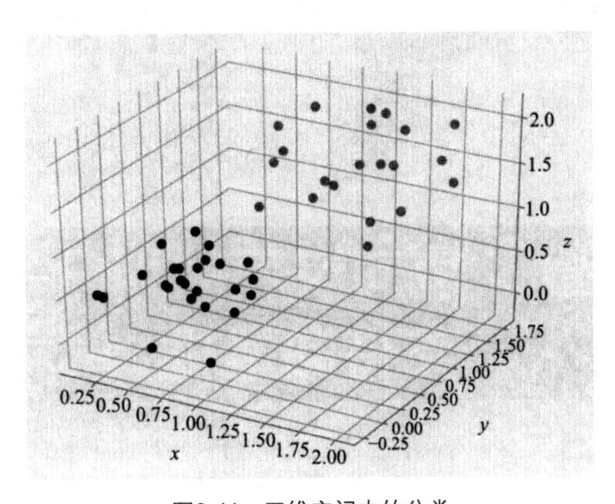

图9-11　三维空间中的分类

对明显不能“平直”分隔的数据也有解决的办法，如图 9-12 所示，如果更换坐标性质，放弃原来直角坐标系的观察角度，考察转动的角度和数据分布的半径，那么图 9-12 就变成了如图 9-13 所示的模样，很明显，又可以平直地分割了。

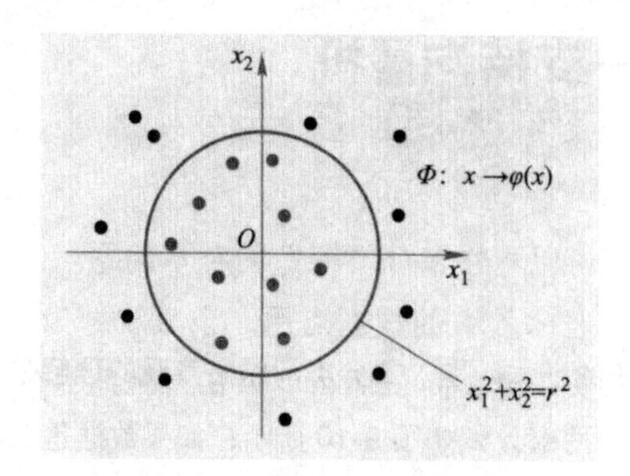

图9-12　数据不能平直分割

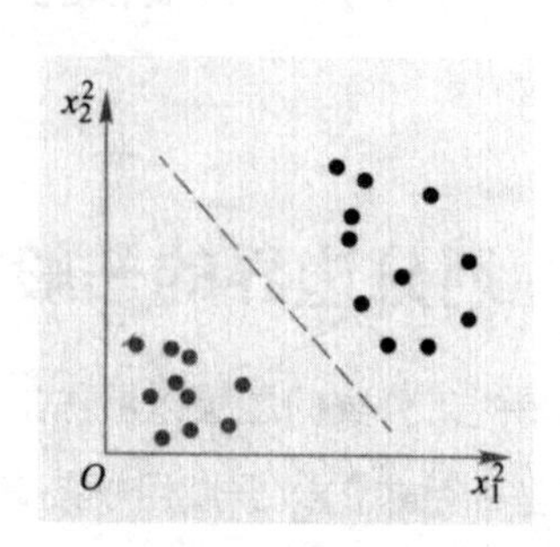

图9-13　观察角度变换后可平直分割

那么如图 9-14 所示的混杂数据怎么办？如果增加图 9-14 的维度，如构造一个特征 z，使 $z=xy$，那么数据在三维坐标系里的分布如图 9-15 所示，显然可以用一个平面将两部分分开。

所以，对二维和三维空间中的待划分类别的数据（目前只讨论线性可分）而言，要么改变观察角度（变换坐标系），要么提高表达维度，总能找到一条直线或一个平面将其划分成两部分，这个道理对用更多维度表达的数据也成立。考虑多维空间通用的情况，并与二、三维空间相统一，把这个分割统一称为超平面，由此二分类问题就直观了：寻找一个超平面将空间分成两部分，每个子空间的区域就代表一个分类。这个道理很好理解，但问题是，如何找到超平面并确认它是最优的？例如，如图 9-16 所示的虚线和实线，用哪个划分区域的超平面（直线）比较好呢？

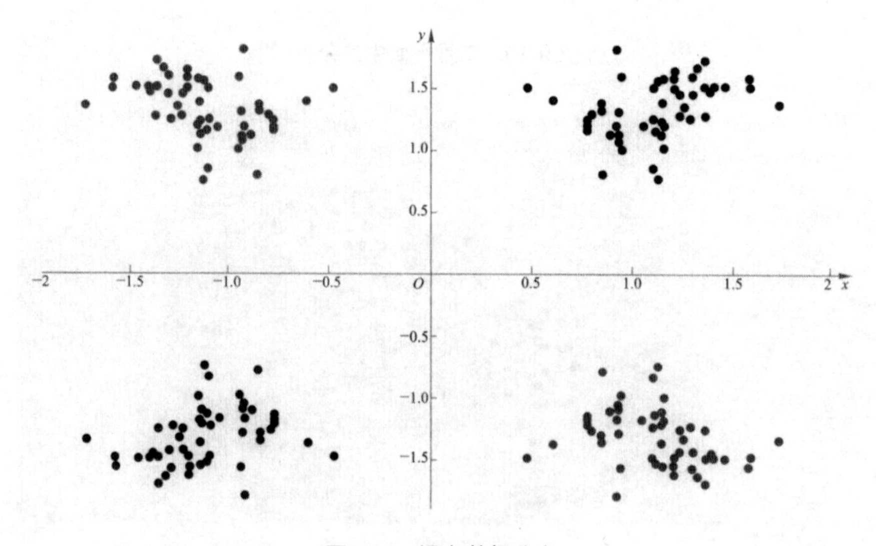

图9-14　混杂数据分布

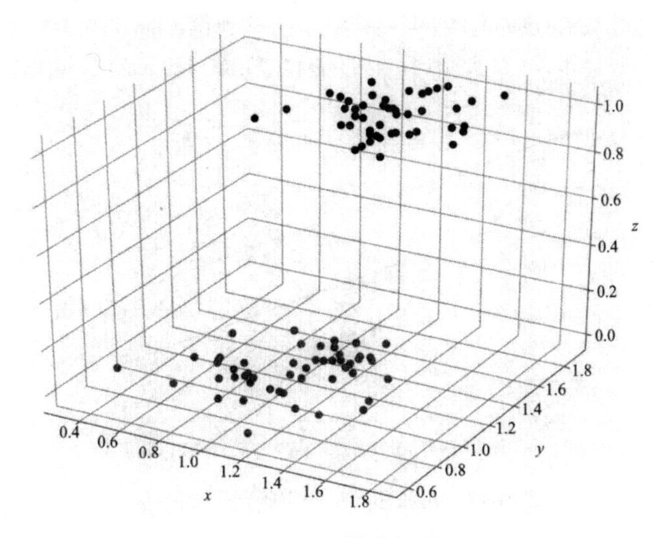

图9-15　三维坐标系

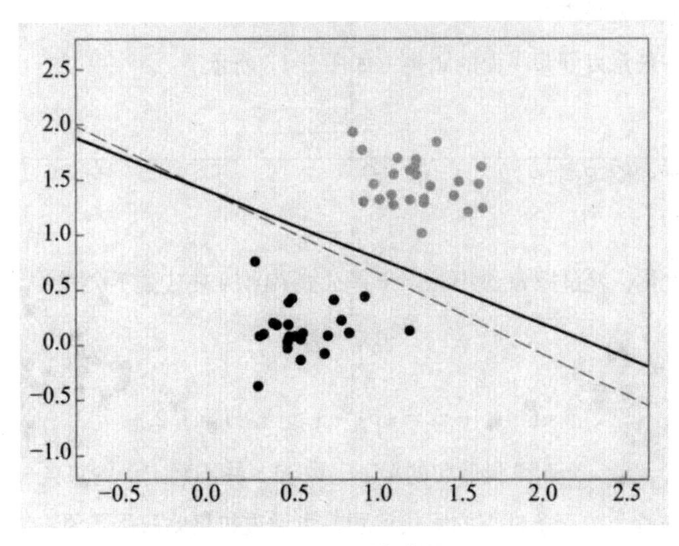

图9-16　如何选择超平面

直观来看，实线的划分比较好。与虚线相比，实线在划分的边缘有更均衡的冗余，容错性会好一些。那么，又该如何找到拥有最佳冗余的直线呢？可以通过如图 9-17 所示的分隔线研究。

先设计一个模型，考虑二维平面中的直线方程 $y=kx+b$，由此推广到多维空间的超平面。由于可以通过线性变换得到想要的结果，那么可以针对图 9-17 扩展到超平面。设 $\omega x+b=yl$，这里将 yl 作为分类的标记，为了计算方便，二分类的正类设为“1”，负类设为“−1”，$\omega x+b=0$ 作为“超平面”，x 是数据集的属性。该方程的含义是通过线性计算使属性值与分类标记建立联系，这样只要确定了 ω 和 b，将属性数据代入方程计算结果，若结果小于等于 −1 则属于“负类”，若结果大于等于 1 则属于“正类”，正好在正负边界上的数据点被称作“支持向量”。

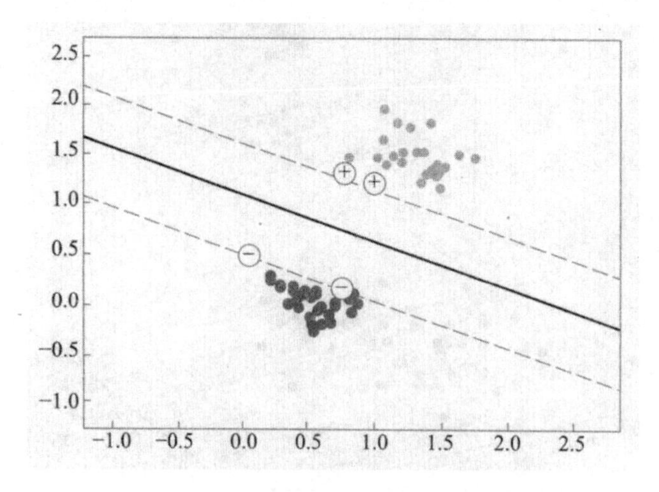

图9-17　⊕和⊖标记的点确定了分隔线

好的分类模型，应该使“1”平面与“-1”平面之间的距离足够大，这样可以使容错性更高，而构建这个模型的关键就是求和。

首先，求空间中任意点到超平面的距离（如图 9-17 所示）：

$$r = \frac{|\omega x + b|}{\omega}$$

支持向量到超平面的距离：

$$r = \frac{1}{\omega}$$

如果想把 r 最大化，就是把 ω 最小化。于是公式 (9-18) 变成如下公式：

$$\min_{\omega,b} \frac{1}{2}\omega^2$$

$$\text{s.t.} \quad y_i\left(\omega x_i = +b\right) - 1 \gg 0, \quad i = 1, 2, \cdots, n$$

这时要找到一个 $f(x)=\omega x+b$ 得到最大的距离，ω 和 b 并不确定，约束条件是一个范围而不是固定值，此类问题被称为约束条件下的优化问题，可通过拉格朗日乘子法将约束条件联立方程解出，之后用拉格朗日乘子 a 表达 ω 和 b。

由于对数据集的所有点都存在相应的 a，所以必须检出正确的 a，这时考虑 KKT 约束条件，发现只有 $\omega x+b=1$ 平面上的点的 a 因子满足条件，其他点并不满足，这在直观认识上也是成立的。例如，图 9-17 中只有“⊕”和“⊖”标记的“分界面”点起了决定性作用，而其他点并没有作用，这些点被称为支持向量。利用 KKT 约束条件就可以在数据集中筛选出这些支持向量。

在实际应用中，当然存在如图 9-18 所示的少数数据发生“交错”或“越界”的情况，导致无法明确分割平面，这时可以引入“松弛变量”。“松弛变量”是对理想分割平面的距离引入修正项，使模型可以调节对越界数据的容忍程度。

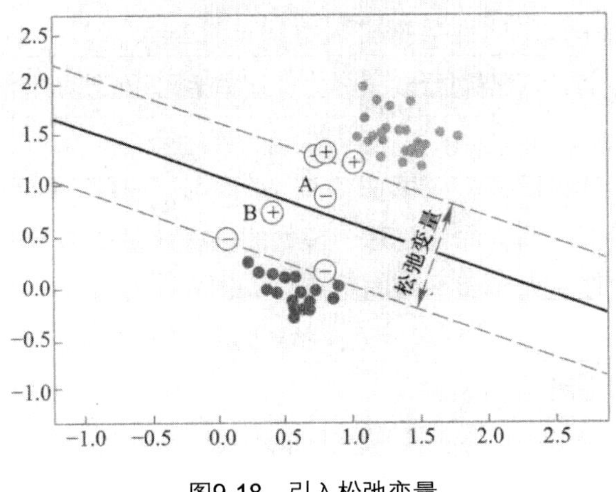

图9-18　引入松弛变量

由此获得和之后，就可以得到判别类别的公式：

$$y = \omega x + b$$

这时对该判别式而言，可以代入数据特征值计算，若 y 小于等于 −1 则判定数据为负例，而大于等于 1 则为正例。这种由训练集求出判别函数表达式直接计算分类的分类方法称为判别式法。判别式法在模型生成后，判断预期时不再需要训练集参与，而之前介绍的决策树和贝叶斯算法即使完成了模型，依然需要利用训练集的数据进行每一次预测，此类需要训练集参与的方法称为“生成式法”。显然，判别式法在预测过程中需要的计算量更小，所以更适用于解决特征属性较多的“中等规模”数据的问题，而生成式法适用于“中小规模”数据的问题。

再考虑多维度的情况。图 9-17 中“⊕”和“⊖”标记的“分界面”点可以看作多维度空间中分隔面的“支持点”，而该点的坐标就是一个向量，故此方法被称为支持向量机。

支持向量机的判别式求解过程较为复杂，幸运的是，在算法库中这个复杂的过程被集成为一个专用的算法函数方便用户调用。下面将通过利用学生平时成绩预测期末考评结果的案例来介绍支持向量机的优势。

9.3.2　找出考试的通关秘籍

对学生来说通过考试至关重要，考试的成绩与平时的学习情况息息相关。为了掌握学生情况，小王老师记录了过往学生的出勤成绩、作业平均成绩及期末成绩，如表 9-7 所示。

表9-7　学生出勤成绩、作业平均成绩与期末成绩记录表

序号	出勤成绩	作业平均成绩	期末成绩
1	85	83	72

续表

序号	出勤成绩	作业平均成绩	期末成绩
2	56	37	41
3	91	87	90
4	87	94	92
5	96	91	98
6	38	47	55
7	78	100	91
8	95	100	90
9	87	77	63
10	52	61	45
11	36	55	44
12	62	51	42
13	87	96	82
14	100	84	90
15	87	75	68
16	40	51	40
17	78	79	78
18	65	55	41
19	91	75	78
20	49	58	58
21	79	77	69
22	59	64	50
23	85	89	86
24	38	46	53
25	61	60	53
26	37	53	45
27	86	100	93

续表

序号	出勤成绩	作业平均成绩	期末成绩
28	81	99	91
29	95	95	76
30	35	51	48

小王老师想建立一个模型，用于预测学生是否能够通过考试，从而提示学生改善学习方法，获得满意的成绩。

将表 9-7 中数据划分为训练数据和测试数据，抽取了各个分数段的成绩用于进行测试，这里直接使用代码完成和的计算。

首先利用数据集中的特征 x 和标志 y 训练一个支持向量机模型，由于支持向量机是二分类算法，所以在训练之前，需要将标记二值化。考察是否及格的过程非常简单，只需要将大于等于 60 的数据标注为 1，将小于 60 的数据标注为 -1 即可，随后开始建模。代码如下。

```
# coding: utf-8
#导入tree模型
import numpy as np
from sklearn. svm import SVC

#准备数据
of=open('svm_score. csv','r')
x=[ ]
y=[ ]

for line in of:
li_t=line. split(',')
#用60分二值化标记数据
  if (int(li_t[-1]))>=60:
     y.append(1)
else:
      y.append( -1)
  x. append([float(li_t[0]),float( li_t[1])])
#关闭文件
of.close( )
#确定训练数据的边界
fd=int(len(x)*0.8)
#构造支持向量机模型

M_svm=SVC(kernel="linear")
M_svm. fit(x[: fd],y[: fd])
#预测
res=M_svm. predict(x[fd: ])
#计算正确率
```

```
    ar=(res==y[fd: ]) +0
    print( “Ar=%. 2f%%" %  (100. 0 * sum(ar)/len(ar)) )
     w=M_svm. coef
     b=M_svm.intercept_
     print (w)
     print (b)
```

其中第 4 行代码引用了支持向量算法，第 14~17 行代码完成了对标记数据的二值化，使用 1 和 -1 表达是否及格。

第 20 行引入了一个新概念——关闭文件，即使用文件后及时关闭可以减少系统负担并提高文件读写的安全性。第 22 行通过比例设定数据集的边界，这里选取了 80% 的数据。第 25 行和第 26 行设置了支持向量机模型，并利用数据集完成了训练。这里，sklearn 库的支持向量机算法屏蔽了细节，允许用户直接调用 fit 函数，利用特征向量和对应的标志向量训练模型。若开发者一定要得到和的具体数值，可以通过下面两行代码实现。

```
w=M_svm. coef_
b=M_svm. intercept_
```

本代码的输出如下。

```
Ar=100.00%
```

结果说明在测试集上获得了很高的正确率。

为了更直观地表达结果，输入 w、b 的值如下。

```
[[0.06976629 0.0465134]]
[-8.09306117]
```

w 为 [0.06976629 0.0465134], b 为−8.09306117。

由此，可以得到判断期末成绩的具体判别式为

$$y=0.0698\times \text{出勤成绩}+0.0465\times \text{平时成绩}-8.0931$$

若结果小于等于 -1 则判定为不及格，而大于等于 1 则为及格。为了便于计算，使用电子表格对测试集数据进行验算演示，注意如图 9-19 所示的结果和输入栏显示的公式。可以看出，判别式获得了相同的结果。

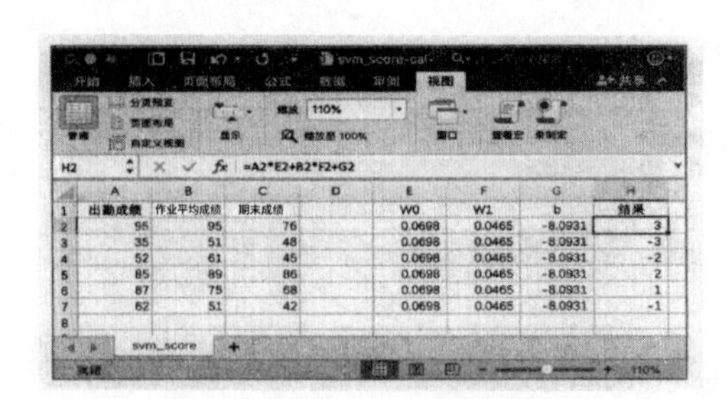

	A	B	C	D	E	F	G	H
1	出勤成绩	作业平均成绩	期末成绩		W0	W1	b	结果
2	95	95	76		0.0698	0.0465	-8.0931	3
3	35	51	48		0.0698	0.0465	-8.0931	-3
4	52	61	45		0.0698	0.0465	-8.0931	-2
5	85	89	86		0.0698	0.0465	-8.0931	2
6	87	75	68		0.0698	0.0465	-8.0931	1
7	62	51	42		0.0698	0.0465	-8.0931	-1

图9-19　对测试集进行验算演示

9.3.3 用核函数处理非线性可分的数据

我们一直认为数据是线性可分的，但是前文中如图 9-14 所示的数据显然不能做到线性可分，而如果加一个转换函数 $x=x_2$，那么图 9-14 中的数据如图 9-15 所示，又成为线性可分的数据。

这种将数据进行某种转换的方法称为核函数方法。应用核函数方法之后，是否还存在最佳分割平面（支持向量）？关于这点存在严格的数学证明，本书不涉及这方面的内容，只说明最终的结论：即使用核函数方法，支持向量机仍旧成立，而且对于某些情况，可使用核函数将线性不可分的数据映射到更高或其他维度使之线性可分。

常见的核函数有线性核函数、多项式核函数和高斯核函数。

线性核函数是最简单的核函数，它直接计算两个输入特征向量的内积，简单高效，结果是一个最简洁的线性分割超平面，但是这种方法只能得到线性分割面，只适用于线性可分的数据集。

多项式核函数将多项式作为特征映射函数，通过构造的多项式函数可以拟合出复杂的分割超平面。多项式的阶数越高，分割超平面就越复杂，模型在训练集上的正确率会越高。但是多项式的阶数不宜过高，一是会带来过拟合的风险，二是过高的阶数会大幅增加求解过程中的计算量。

高斯核函数公式如下。

$$\exp\left(-\frac{\| x_i - x_j \|^2}{2\sigma^2}\right)$$

作为映射函数，其优势是可以把特征映射到多维，计算量适中，参数也比较好选择。高斯核函数进一步简化会产生几个变种，如指数核函数和拉普拉斯核函数，如表 9-8 所示。相对于高斯核函数，指数核函数将向量模的平方变为向量的模，而拉普拉斯核函数只是进一步降低了参数的敏感性。

表9-8 核函数的选择

核函数类型	典型形式	优势	计算量
线性核函数	$x_i x_j$	适合分类边界为直线的情况	低
多项式核函数	$(x_i x_j)^d$	随着d的增大，分类边界逐步复杂	随着多项式阶数的提高逐步增高
高斯核函数	$\exp\left(-\frac{\| x_i - x_j \|^2}{2\sigma^2}\right)$	适合复杂分类边界的求解	高

以上核函数的组合也是核函数，如已有核函数的线性组合或相乘，所形成的组合也是核函数。

核函数及核函数的组合，为支持向量机的应用提供了大量的扩展方法，当一种划分手段不理想时，可以应用核函数或核函数的组合获得更为理想的划分方案。

选择核函数的一般原则是依据数据量。当数据量很大的时候，可以选择复杂一点的模型，因为大数据量可以降低复杂模型引起的过拟合风险；如果数据量较小，则应该首先考虑选择简单的线性核函数，若发现欠拟合，再逐步增加多项式核函数纠正欠拟合。

更进一步，也可以根据样本量 m 和特征量 n 的比例尝试使用不同的核函数，其规律如图 9-20 所示。

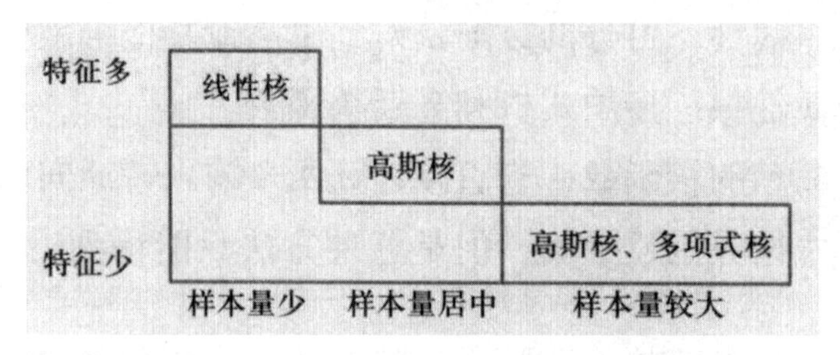

图9-20　通过特征量和样本数量选取不同核函数

针对编程而言，并没有复杂的设置，在 9.3.2 节的代码的第 25 行分别选用以下 kernel 参数即可。

线性核函数：kernel='linear'。

多项式核函数：kernel='poly'。

高斯核函数：kernel='rbf'，rbf 指“径向基函数”，由于高斯核函数是最常用的一种径向基函数，故在此由 rbf 指代。

9.3.4　数据可视化

本章应用了许多图表，对说明问题起到了辅助理解的作用。另外，在使用人工智能算法的时候，如果能够利用数据可视化手段表达数据的分布，会对方法选择和效果评估起到积极的作用。下面介绍几种常用的编程绘图方法。

1. sin正弦函数绘制

这里采用 Matplotlib 模块来实现数据可视化，用 pip install matplotlib 命令安装该模块，先绘制一个 sin 函数图形。

```
from pylab import*
import numpy as np
X=np.linspace(-np. pi,np.pi,256,endpoint=True)
S=np. sin(X)
```

```
#产生绘图数据X和S，为x轴和y轴一一对应的数据
plot(X,S)
#以默认的形式绘制数据,plot第1个参数为x轴坐标数据,第2个参数为y轴坐标数据
show( )
```

运行结果如图 9-21 所示。

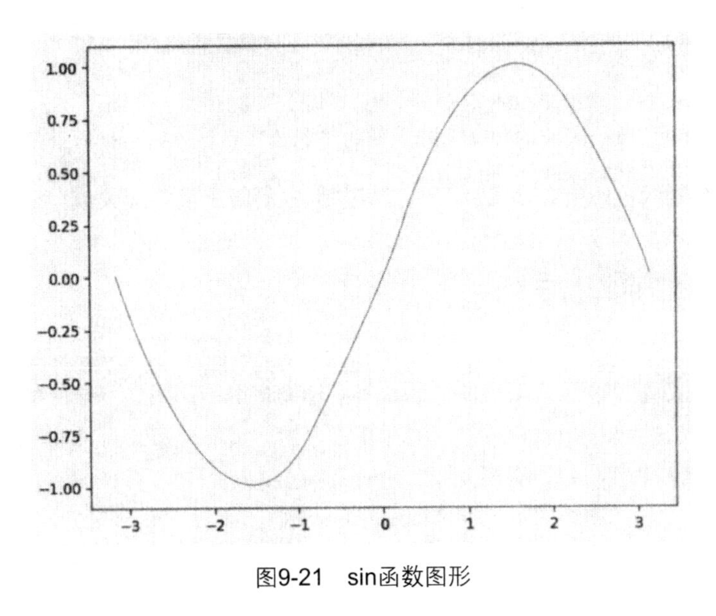

图9-21　sin函数图形

plot(X, S)为画图函数, X 为 x 轴坐标数组, S 为对应的 y 轴坐标数组, 用默认的方法画出图形, 后面会详细说明修改默认值的方法。

show 函数用于把前面用 plot 函数绘制的图像显示到屏幕上。

2. 实例化默认值

上面的例子中采用了默认值，显示的结果是正确的，但是不符合对我们 sin 函数的常规印象，所以接下来对它进行修改。

（1）改变颜色和线宽。

```
from pylab import*
import numpy as np
X=np.linspace(-np. pi,np,pi,256,endpoint=True)
S=np. sin(X)
plot(X,S, color="green", linewidth=2.5,linestyle="-")
#定义颜色为绿色，线宽为2.5，线型为实线
show( )
```

程序运行结果如图 9-22 所示。

plot(x，y，format_string，**kwargs)，其中 x 和 y 是对应的 x 轴和 y 轴的数组或列表，format_string 主要是绘图的颜色、线型等参数，主要有 color 颜色、linewidth 线宽、linestyle 线

型等内容，颜色和线型的内容也可以采用简写的方式，后面会有举例。

（2）设定限值。

x 轴和 y 轴限值有点紧，若要留出一些空间，需扩大限值范围，代码如下。

```
from pylab import *
import numpy as np
X=np.linspace(-np. pi, np. pi, 256,endpoint=True)
S=np.sin(X)
plot(X,S,color="green",linewidth=2.5,linestyle="-")
xlim(X.min( )*1.2,X.max( )*1.2)
ylim(S.min  ( )*1.2,S.max( )*1.2)
#xlim限制x轴的最小值和最大值，ylim限制y轴的最小值和最大值
show( )
```

程序运行结果如图 9-23 所示。

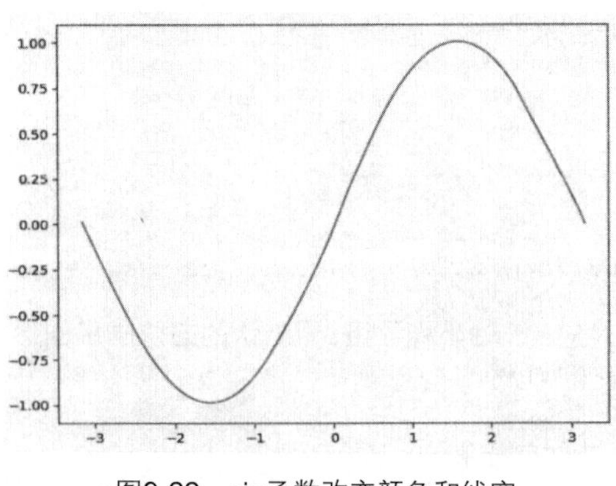

图9-22　sin函数改变颜色和线宽

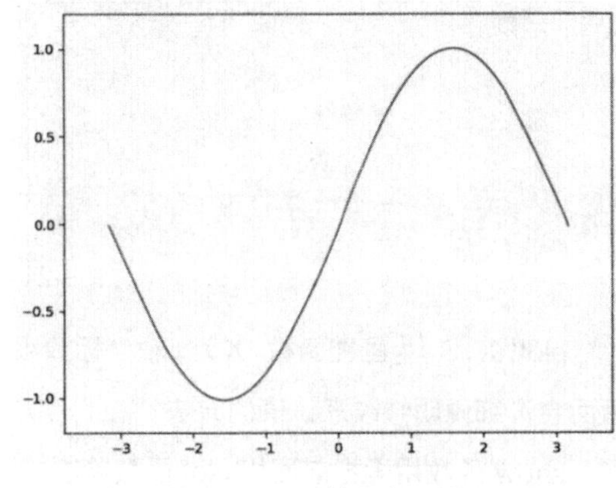

图9-23　sin函数设定限值

xlim 和 ylim 限定脊柱（一条线段上有一系列的凸起，很像脊柱）离所绘图形的距离，xlim 这里限定为 x 轴数列里的最小值再乘以 1.2，等于 −1.2π，最大值为 1.2π；同理，ylim 也限制为 y 轴的最大值和最小值的 1.2 倍。这样不至于使整幅图显得局促。

（3）设置坐标刻度和坐标标签。

当前绘制的图像不能看出 sin 函数和 cos 函数的极值位置，所以代码改变如下。

```
from pylab import*
import numpy as np
X=np.linspace(-np. pi,np.pi,256,endpoint=True)
S=np. sin(X)
plot(X,S,color="green",  linewidth=2.5,linestyle="-")
xlim(X.min()*1.2,X. max( )*1.2)
ylim(S.min( )*1.2,S. max( )*1.2)
xticks([-np.pi,-np.pi/2,0,np.pi/2,np. pi],[r'$-\pi$',r'$-\
pi/2$',r'$0$',r'$+\pi/2$',r'$+\pi$'])
yticks([-1,0,+1],[r'$-1$',r'$0$',r'$+1$'])
#xticks和yticks定义x轴和y轴坐标刻度和标签，第1个参数为刻度，第2个参数为标签
```

```
    show( )
```

运行结果如图 9-24 所示。

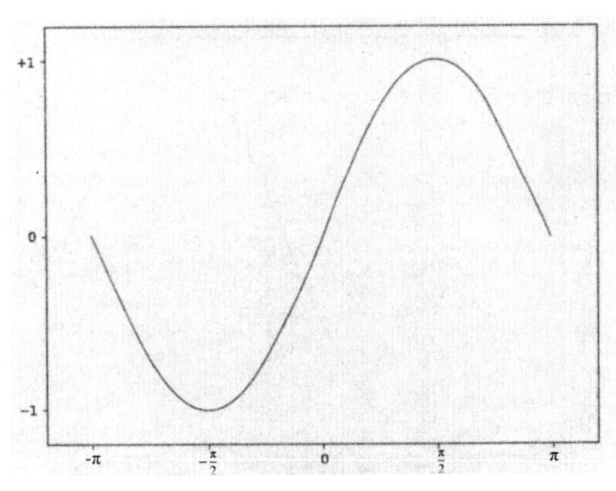

图9-24　sin函数设置坐标刻度和标签

默认情况下，绘制出的坐标刻度都是默认的 0、1、2 等数字，如果要显示为其他刻度，就需要用到 xticks 函数和 yticks 函数，两个函数用法一样。

xticks（[-np.pi,-np.pi/2,0,np.pi/2,np.pi],[r'$-\pi$',r'$ -\pi/2$',r'$0$',r'$+\pi/2$',r'$+\pi$']），第 1 个参数是列表，内容是刻度值；第 2 个参数也是列表，对应的是刻度值要显示的内容。

（4）移动脊柱。

坐标轴线和上面的记号连在一起就形成了脊柱，它记录了数据区域的范围。它们可以放在任意位置，不过一般都放在图的四边。

实际上每幅图有 4 条脊柱（上、下、左、右），为了将脊柱放在图的中间，必须将其中的两条（上和右）设置为无色，然后调整剩下的两条到合适的位置——数据空间的 0 点代码如下。

```
    from pylab import *
    import numpy as np
    X=np.linspace(-np.pi,np.pi,256,endpoint=True)
    S=np.sin(X)
    plot(X,S,color="green",linewidth=2.5,linestyle= “-" )
    xlim(X. min( )*1.2,X.max( )*1.2)
    ylim(S. min( )*1.2,S.max( )*1.2)
    xticks([-np.pi,-np.pi/2,0,np.pi/2,np.pi],[r'$-\pi$',r'$-\
pi/2$',r'$0$',r'$+\pi/2$',r'$+\pi$'])
    yticks([-1,0,+1],[r'$-1$',r'$0$',r'$+1$'])
    ax=gca( )
    ax.spines['right'].set_color('none')
    ax.spines['top'].set_color('none')
    #设置右侧脊柱和顶部脊柱为无色
    ax.xaxis.set_ticks_position ('bottom')
```

```
    ax.spines['bottom'].set_position(('data',0))
    ax.yaxis.set_ticks_position('Ieft')
    ax.spines['left'].set_position(('data',0))
    #设置底部脊柱和左侧脊柱的位置为数据0点
    show( )
```

运行结果如图 9-25 所示。

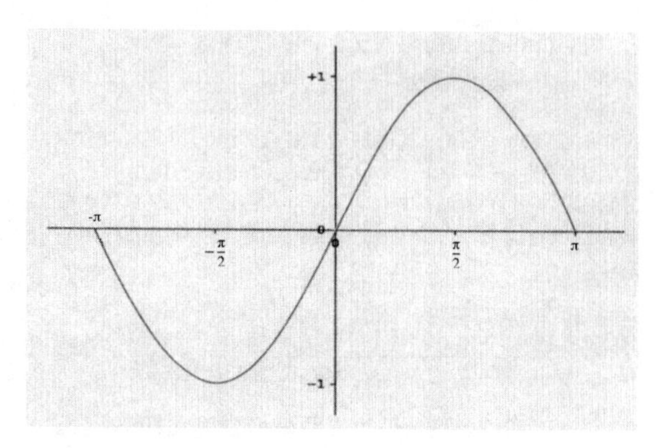

图9-25 sin函数移动脊柱

Matplotlib 函数绘制的图形也都有 4 个脊柱，如果要显示成如图 9-25 所示的图形，程序里采用 ax. spines['right'].set_color ('none') 把右侧脊柱的颜色设成无色，用 ax. spines['top'].set_color('none') 把上部脊柱的颜色设成无色。

ax.xaxis.set_ticks_position('bottom') 设置刻度显示的位置。ax. spines['bottom'].set_position(('data',0)) 把底部脊柱移动到数据的 0 值，同理设置左侧脊柱到数据的 0 值，结果就变成图 9-25 所示的四象限图。

（5）注释要点和添加图例。

在图 9-25 的左上角添加一个图例，并用 annotate 函数注释一些有趣的点，代码如下。

```
    from pylab import *
    import numpy as np
    X=np.linspace(-np.pi,np.pi,256,endpoint=True)
    S=np. sin(X)
    plot (X,S,color="red",linewidth=2.5,linestyle="-",label="Sine" )
    legend(loc="upper left" )
    xlim(X.min( ) * 1.2,X.max( ) * 1.2)
    ylim(S.min( ) * 1.2,S.max( ) * 1.2)
   xticks([-np.pi,-np.p1/2,0,np.pi/2,np.pi],[r'$-\pi$,r'$-\
pi/2$',r'$0$',r'$+\pi/2$',r'$+\pi$'])
    yticks([-1,0,+1],[r'$-1$',r'$0$',r'$+1$'])
    ax=gca( )
    ax.spines['right']. set_color('none')
    ax.spines['top']. set_color('none')
    ax.xaxis. set_ticks_position('bottom')
    ax.spines['bottom'].set_position(('data',0))
```

```
    ax.yaxis.set_ticks_position('Ieft')
    ax.spines['Ieft'].set_position(('data',0))
    t=2*np.pi/3
    plot([t,t],[0,np.sin(t)],color='red',linewidth=2.5,line-
style=''--'')
    scatter([t,],[np.sin(t),],50,color='red')
    annotate(r'$ \sin(\frac{2\pi}{3})=\frac{\sqrt{3}}{2}$',
           xy=(t,np.sin(t)),xycoords='data',
        xytext=(+10,+30), textcoords='offset points',
        fontsize=16,
        arrowprops=dict(arrowstyle=''->'',connection-
style=''arc3,rad=.2"))
    #绘制特殊的点，用annotate函数，第1个参数为显示的内容，xy参数为箭头尖端坐标，
xytext参数为文字最左边的起始坐标，xycoords为坐标系，arrowprops为箭头类型
    show()
```

程序运行结果如图 9-26 所示。

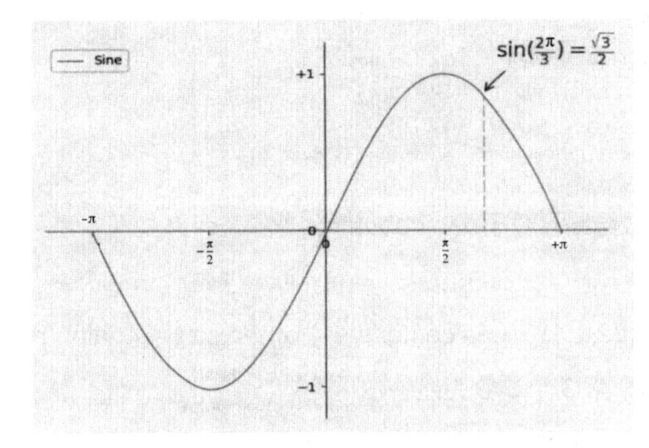

图9-26　sin函数注释要点和添加图例

plot 函数又加了一个 label 参数，该参数是图例内容，它和 legend(loc="upper left")配合使用，表示把图例“Sine”显示在图的左上角。

plot([t,t],[0,np. sin(t)],color='red',linewidth=2.5,linestyle="--"), 用虚线的方式在 x 轴为 $\frac{2\pi}{3}$ 处绘制一条红色的垂直虚线。

scatter([t,],[np.sin(t),],50,color='red') 在 sin $\frac{2\pi}{3}$ 处绘制一个点，后面会详细说明 scatter 绘制散点图的用法，代码如下。

```
    annotate (r'$\sin(\frac{2\pi}{3})=\frac{\sqrt{3}}{2}$'
    xy=(t,np.sin(t))
    xycoords='data'
    xytext=(+10,+30)
    textcoords='offset points'
    fontsize= 16
```

arrowprops=dict(arrowstyle="->",connectionstyle="arc3,rad=.2"))，该函数用来绘制标注，第 1 个参数是绘制的内容，xy 参数为箭头尖端坐标，xytext 参数为文字最左边起始坐标，xycoords 为坐标系，arrowprops 为箭头类型。

3. 图的布局

首先尝试一下图的布局。从以下代码就能明白 subplot 函数中 3 个参数的含义：（2,1,1）的意思是图的分布是 2 行 1 列，而本次绘制占用第一个位置，效果如图 9-27 所示。

```
    from pylab import*
    subplot(2,1,1)
    #产生2行1列的子图,先设置第1个子图
    xticks([ ]),yticks([ ])
    text(0.5,0.5,'subplot(2,1,1)', ha='center',va='center',size=24,
alpha=.5)
    subplot(2,1,2)
    #设置第2个子图
    xticks([ ]),yticks([ ])
    text(0.5,0.5,'subplot( 2,1,2)',ha='center',va='cen-
ter',size=24,alpha=.5)
    show( )
```

这里用 subplot 函数绘制参数子图，subplot(2,2,1) 表示产生两行两列的 4 个子图，现在对第 1 个子图操作。

text(0.5,0.5,'subplot(2,1,1)', ha='center',va='center',size=24, alpha=.5)，该函数用于绘制文本，前 2 个参数为坐标，第 3 个参数为绘制的内容。

与此相似，以下代码是制作 1 行 2 列的图，效果如图 9-28 所示。

```
    from pylab import*
    subplot( 1,2,1)
    #产生一行两列的子图，设置第1个子图，第1个参数为多少行，第2个参数为多少列，第3
个为当前子图
    xticks([ ]),yticks([ ])
    text(0.5,0.5,'subplot(1,2,1)',ha='center', va='ceter',size=24,al-
pha=.5)
    subplot( 1,2,2)
    xticks([]),yticks([])
    text(0.5,0.5,'subplot( 1,2,2)',ha= 'center',va='center',size=24,
alpha=.5)
    show( )
```

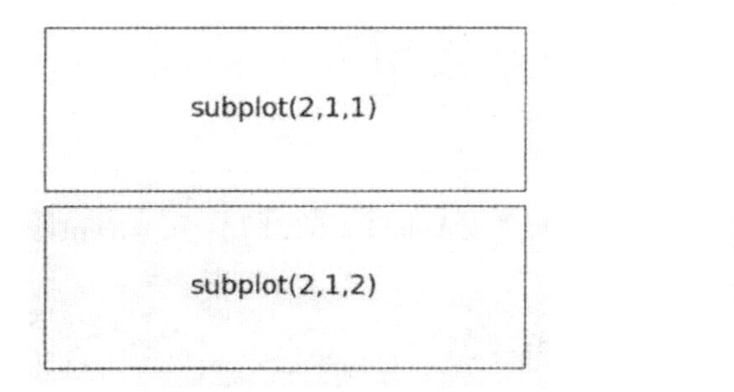

图9-27　2行1列的子图

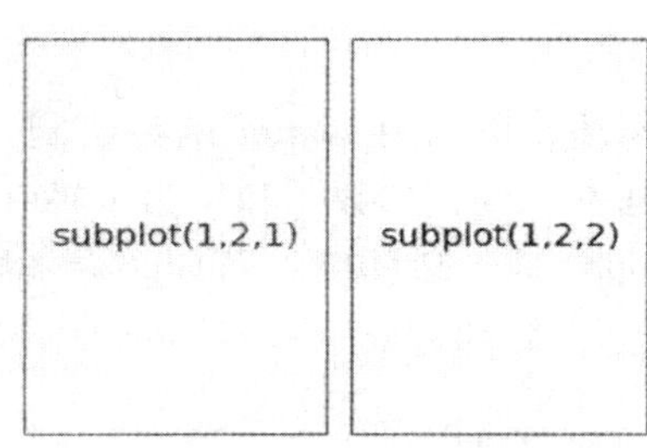

图9-28　1行2列的子图

4. 坐标轴

坐标轴和子图功能类似，不过它可以放在图像的任意位置。如果希望在一幅图中绘制一个小图，就可以用这个功能。

```
    from pylab import *
    axes( [0.1,0.1,.8,.8] )
    xticks( [ ] ) , yticks( [ ] )
    text( 0.6,0.6,'axes ([ 0.1,0.1,.8,.8])',ha='center',va='center',
size=20,alpha=.5)
    xticks( [ ] ) , yticks( [ ] )
    text(0.5,0.5,'axes([ 0.2,0.2,. 3,.3])',ha='center',va='cen-
ter',size=16,alpha=.5)
    show( )
```

效果如图 9-29 所示。

5. 散点图

散点图是最常见的数据分布图，可以用 scatter 函数绘制。该函数需要引用 matplotlib 库，与绘图函数的调用形式基本一致，X 和 Y 为 x 轴和 y 轴的坐标向量参数，s 和 c 为形状大小参数和颜色参数，alpha 表达透明度，若 alpha=1 则表示完全不透明。

```
    import numpy as np
    import matplotlib. pyplot as plt
    import time
    np.random.seed(int(time.time ( )))
    n = 128
    X = np.random. normal(0,1,n)
    Y = np.random. normal(0,1,n)
    T = np. arctan2(Y,X)
    #产生绘制数据,T为颜色
    plt.scatter(X,Y,s=75,c=T,alpha=.5)
    plt.xlim(-1.5,1.5),plt.xticks([ ])
    plt.ylim(-1.5,1.5),plt.yticks([ ])
    plt.show()
```

散点图效果如图 9-30 所示。

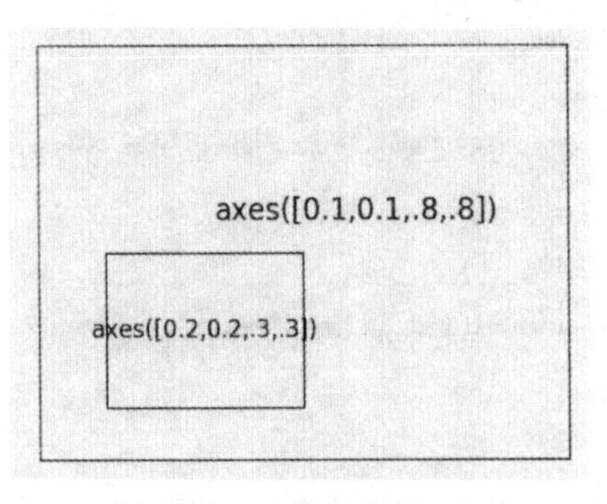

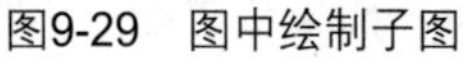
图9-29　图中绘制子图

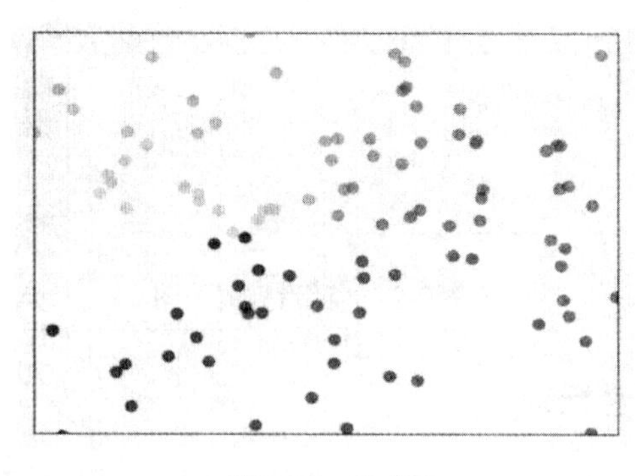

图9-30　散点图

plt.scatter(X,Y,s= 75,c=T,alpha=.5)，scatter 函数用于绘制点，X 和 Y 为要绘制点的对应数列，s 为形状大小，c 为颜色列表，alpha 值在 0 到 1 之间，默认是 None。

6. 折线图

折线图也是一种常用的绘图方法。下面的代码在第 4~7 行建立了 6 个随机的点坐标，其中 x 轴和 y 轴的坐标分别保存在名为 x 和 y 的 numpy 数组中，然后在第 8~12 行用 5 种不同的线型绘制了 5 条首尾相接的直线。plot 函数的主要参数是 x 轴和 y 轴、轴坐标向量和线型，线型的说明见本章“知识拓展”模块。利用 plot 函数绘图时可以传入一个完整向量，plot 函数会自动逐点连接，第 13 行和第 14 行利用子图演示了该方法。另外，代码中给出了两个子图的不同使用方法，这种对比演示了在绘图方法上，subplot 函数与 pyplot 函数具有同样的绘图性能。

```
import numpy as np
import matplotlib. pyplot as plt
import time
np.random.seed (int(time.time( )))
N=6
x=np.random.rand (N)
y=np.random.rand (N)
plt. subplot(1,2,1). plot(x[0: 2],y[0: 2],"b--")
plt. subplot(1,2,1). plot(x[1: 3],y[1: 3 ],"go--")
plt. subplot(1,2,1). plot(x[2: 4],y[2: 4],"r-")
plt. subplot( 1,2,1). plot(x[3: 5],y[ 3: 5],"cd-.")
plt. subplot( 1,2,1). plot(x[4: 6],y[4: 6],"m: ")
plt_s2=plt.subplot(1,2,2)
plt_s2.plot( x,y,"b-")
#在两个子图内各自绘图
plt. show( )
```

代码运行结果如图 9-31 所示。

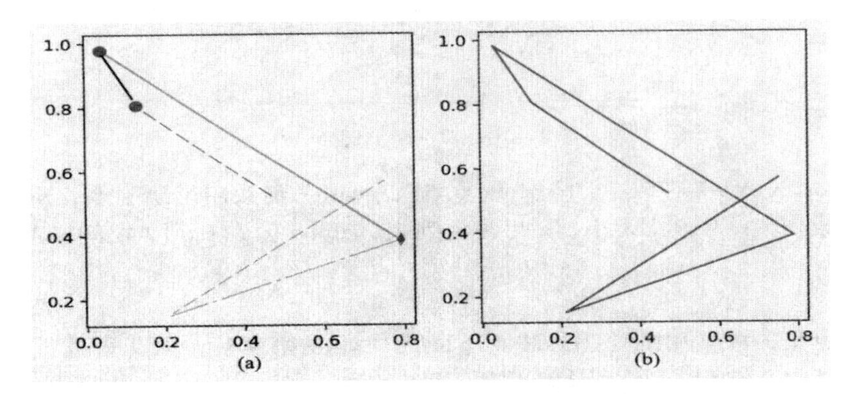

图9-31　嵌入子图的plot函数绘图结果

plt.subplot(1,2,1). plot(x[0:2],y[0:2],"b--") 表示在 1 行 2 列的子图里操作第 1 个子图，并绘制一条线，线的颜色和线型采用了简写的方式，“b--”表示蓝色虚线，详细的简写方式见本章“知识拓展”模块。

7. Bar图

Bar 图适用于对比一簇数据，在 bar 函数的调用过程中使用 facecolor、edgecolor 设置条块的颜色，其值按 R（红）、G（绿）、B（蓝）分量的十六进制数拼接而成。text 函数可以在指定的位置输出字符串，同时可以使用 rotation 设置文字角度，使用 ha（水平）和 va（垂直）设置对齐风格。绘制 Bar 图的代码如下。

```
 import numpy as np
 import matplotlib. pyplot as plt
 n=12
 X=np. arange(n)
 Y1=(1-X/float(n))*np.random.uniform(0.5,1.0,n)
 Y2=(1-X/float(n))*np.random.uniform(0.5,1.0,n)
 plt.axes([0.025,0.025,0.95,0.95])
 plt. bar(X,+Y1,facecolor='#9999ff',edgecolor='white')
 plt. bar(X,-Y2,facecolor='#ff9999',edgecolor='white')
for x,y in zip(X,Y1):
   plt.text( x+0.4,y+0.05,'%.2f'%y,ha='center',va='bottom')
 #在柱状图的顶部绘制文本，前两个参数为坐标，第3个参数为显示数值
 for x,y in zip(X,Y2):
   plt. text(x+0.4,-y -0.05,'%.2f'%y,ha='center',va='top')
 plt. xlim(-.5,n),plt.xticks([ ])
 plt. ylim(-1.25,+1.25),plt.yticks([ ])
 plt.show( )
```

代码运行结果如图 9-32 所示。

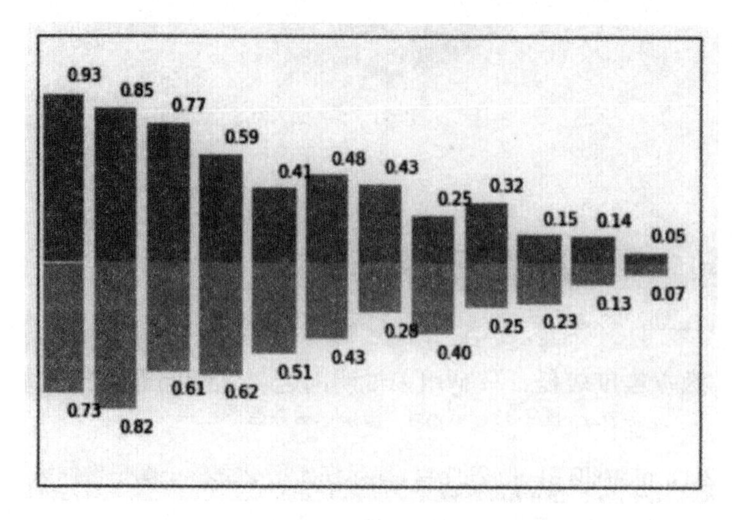

图9-32　Bar图

8. Pie图

若要显示数据的比例，首选 Pie 图。绘制 Pie 图的代码如下。

```
    import numpy as np
    import matplotlib. pyplot as plt
    n=20
    Z=np. ones( n)
    Z[-1]*= 2
    plt. axes ([ 0.025,0.025,0.95,0.95 ] )
    plt. pie(Z,explode =Z*.05,colors= ['%f' % (i/float(n)) for i in
range(n)])
    plt. gca ( ) . set_aspect ('equal')
    plt. xticks( [ ] ) , plt. yticks( [ ] )
    plt. show( )
```

代码运行结果如图 9-33 所示。

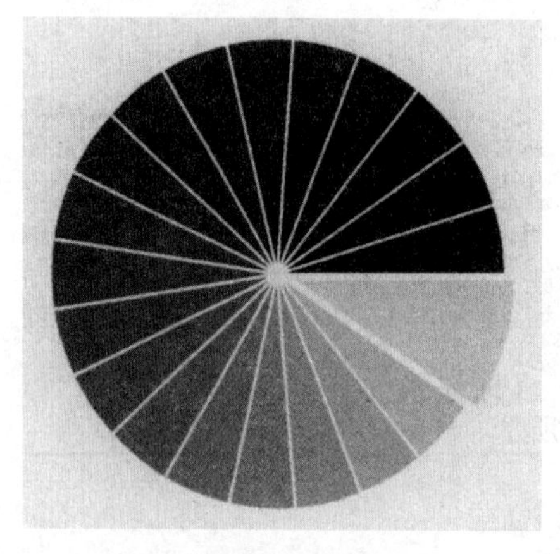

图9-33　Pie图

⊙ 知识拓展 ⊙

常用线型和标记

使用 matplotlib 库绘制数据图形，还需要了解如表 9-9 所示的线型和标记。

表9-9 常用线型和标记

符号	描述	显示
-	实线	
--	破折线	
-.	点划线	
:	虚线	
.	点	
,	像素	
o	圆	
^	正三角形	
v	下三角形	
<	左三角形	
>	右三角形	
s	四方形	
+	加号	
x	交叉	
D	钻石	
d	菱形	

续表

符号	描述	显示
1	下三脚	Y Y Y Y Y Y Y Y Y Y
2	上三脚	⅄ ⅄ ⅄ ⅄ ⅄ ⅄ ⅄ ⅄ ⅄ ⅄
3	左三脚	≺ ≺ ≺ ≺ ≺ ≺ ≺ ≺ ≺ -
4	右三脚	⅄ ⅄ ⅄ ⅄ ⅄ ⅄ ⅄ ⅄ ⅄ ⅄
h	六边形	⬢ ⬢ ⬢ ⬢ ⬢ ⬢ ⬢ ⬢ ⬢ ⬢
H	旋转后的六边形	⬣ ⬣ ⬣ ⬣ ⬣ ⬣ ⬣ ⬣ ⬣ ⬣
p	五角形	⬟ ⬟ ⬟ ⬟ ⬟ ⬟ ⬟ ⬟ ⬟ ⬟
|	垂线	| | | | | | | | | |
-	水平线	— — — — — — — — — -

另外，绘图中常用的颜色标记有 'b'：蓝色；'g'：绿色；'r'：红色；'c'：青色；'m'：紫色；'y'：黄色；'k'：黑色；'w'，白色。

9.3.5 支持向量机的项目应用

本章案例使用的数据维度较低，实际问题要比这复杂得多。观察如下模型训练代码。

```
from sklearn. svm import SVC
clf=SVC( )
clf. fit(X, y)
```

代码中并不需要考虑特征的维度，就可以进行训练。但是如读者所见，支持向量机只支持二分类，如何在实践中完成多分类任务？这里常用以下两种方法。

1. 一对多的方法（OAA）

这是使用最广泛的多分类支持向量机，这种分类方法每次确认 n 个分类中的 1 个类别，重复 n 次后确认所有分类。具体方法是将 n 个分类分为“ni”与“非 ni”两部分，重复 n 次后，理想情况下某数据被某个类别接受，而其他类别没有被接受，这样这个数据就属于这个类别，而某数据被多个类别接受或所有类别都不接受，则将其定为不确定类别。

2. 一对一的方法（OAO）

这种方法在 n 个分类中任选两种 ni、nk，这样一共可以组成 $\frac{n(n-1)}{2}$ 个不同的二分类支持向量机。当数据归属 i 分类时，增加数据的 i 分类积分，如 i=i+1；同理，数据归属 k 分类时也增加 k 分类的积分。最后观察数据在各个分类的积分，取最高积分作为数据的分类。但是，这个方法在类别较多的场景将带来较大的计算开销。

9.4 本章小结

决策树也是一个用于分类的监督学习算法，该算法的依据是信息熵，信息熵可以理解为对信息不确定性的度量，熵越高，信息的不确定性越高。在做决策时，应当尽量降低信息整体的熵值，使得信息的确定性增加，所以在构建决策树的过程中，将优先利用信息增益高的信息构建分支。

用回归算法可以预测连续值，考察线性回归的各种扩展算法，可以发现线性回归和各种扩展算法能够胜任很多工作，甚至包括分类工作。回归算法的优良程度应该由预测值和测试集数据的偏差表达。常用的测量连续值预测偏差的方法有 MSE、RMSE、MAE 和 R^2 共 4 种，回归算法中可用 R^2 及其变形指标来度量回归算法的优度，R^2 及其变形指标的取值范围都是 [0，1]，其值越大，优度越好。

多维特征的数据可以表达为多维空间中以特征向量作为坐标向量的“点”，对这些进行数据分类，相当于寻找一个超平面，将空间中的点分为两个部分，距离超平面最近的点称为支持向量。从理论考虑，只要维度足够，总能寻找到一个超平面完成类别的分割。因此，支持向量机被视为一个优秀的分类器，具有良好的学习能力。

9.5 课后习题

（1）计划用表 9-10 中的数据构造算法判断垃圾邮件，请画出决策树。

（2）编程求表 9-11 中所有样本数据的算数平均数、中位数及标准方差。

3）若表 9-11 中的数据是某数据集中的一部分，求其标准方差。

（4）表 9-12 中的数据是某产品价格随原材料和市场需求的变化而波动的数据记录，针对其数据，使用拟合算法，预测该产品的价格。

表9-10　垃圾邮件判断数据表

数据ID	shop、advitising等“关键词”数量	是否为群发邮件	发信地址是否属于“地址簿”收录地址	发信地址是否为已知的电商地址
1	0	是	是	是
2	0	是	否	是
3	5	否	否	是
4	7	是	否	是
5	1	否	否	是
6	2	是	否	是
7	1	是	是	否
8	2	是	是	是
9	6	是	否	是
10	0	否	否	否

表9-11　样本数据表

−1.24	4.77	−2.70	0.16	−1.14	5.43	5.04
−4.93	1.12	0.94	1.54	5.90	0.08	5.36
−2.44	−3.22	−2.10	4.78	−4.91	−4.85	−4.33
0.77	5.60	−4.01	2.33	5.65	−1.14	−0.66
1.29	2.44	4.45	2.47	−4.38	5.24	5.04
−0.09	5.51	−4.55	3.32	−1.13	3.13	−3.27
0.00	−1.06	0.76	−2.73	2.93	−3.72	−2.24
−0.92	1.82	1.17	−4.28	1.64	−0.61	5.83

（表 9-12　产品价格波动数据统计表

原材料价格（元/吨）	市场缺货数量（万件）	每件（1000支）产品历史价格（元）
2000	20	3524
1500	23	2777.6
2200	20	3824
1600	28	2933.6
2100	28	3683.6

续表

原材料价格（元/吨）	市场缺货数量（万件）	每件（1000支）产品历史价格（元）
2000	29	3534.8
1500	15	2768
2000	24	3528.8
2100	27	3682.4
1900	20	3374
1900	32	3388.4
1700	23	3077.6
1700	25	3080
2200	28	?
2100	21	?

（5）绘制第（3）题的数据分布图和趋势图。

（6）请实践本章的所有绘图例程。

（7）请画出 cos 函数，X 取值范围为 $-\pi$ 到 π，并移动脊柱，显示 4 个象限的内容，标注出$\sin(\frac{\pi}{2})$的值。

（8）请绘制出一幅具有 100 个随机值的直方图。

第 10 章

CHAPTER 10

展望

人工智能经过 60 多年的发展，已演进为可以模拟、拓展和增强人类智能的学科分支，在图形图像、自然语言处理、机器人、自动驾驶等相关领域均取得了重要突破，并产生了众多的新兴行业。近年来，在算法、算力、数据和应用场景等因素的共同驱动下，以深度学习为代表的人工智能技术得到了飞速发展，使得人工智能成为与人类日常生活息息相关的一项技术，各个国家均加强了对其的战略规划和投资。目前，人工智能已成为很多国家提升综合竞争力的主要技术手段之一，其相关产业蓬勃发展。但与此同时，人工智能引发的社会学问题已引起了各个国家的重视，因此，面对未来人工智能带来的各种挑战，我们应当更加理性地分析人工智能的发展需求和局限性，合理设定人工智能发展目标，建立公平和有效的人工智能治理体系，确保人工智能健康可持续发展。

10.1 人工智能的发展趋势

自人工智能学科诞生以来，人工智能技术持续蓬勃发展，已经与人类的日常生活密不可分，且未来将在各个领域呈现出飞速发展的趋势。

10.1.1 人工智能的发展方向

2017 年，来自牛津大学人类未来研究所、耶鲁大学及美国加州大学伯克利分校的研究人员，共同发布了一项关于人工智能何时会超越人类表现的调查结果，该调查是针对机器学习研究人员进行的一项大型调查研究。该调查报告的结果显示：未来十年，人工智能技术将在许多领域中超越人类。研究人员预测，2024 年，人工智能技术有能力撰写高中作文；2027 年，自动驾驶卡车将不再需要人类作为司机；2031 年，人工智能销售员将在零售领域超越人类；2049 年，某本畅销书的作家可能是一个非人类的人工智能写手；2053 年，人工智能医疗设备将能够成为一名合格的外科医生。并且研究人员认为，未来 45 年内，人工智能有 50% 的机会在所有任务中胜过人类；在未来 120 年内，将可以实现所有人类工作的自动化。

经过 60 多年的研究和发展，人工智能已经在感知、自动推理 / 规划、认知系统、机器学习、自然语言处理、机器人和相关领域取得了重要突破，催生了众多的新兴行业，如语音辅助智能手机、垃圾邮件过滤、图像识别、互联网金融交易、智能物流、语言翻译、自动驾驶等，也为精准医学、教育、公共安全等领域带来巨大的益处，极大地影响和改变了我们的生活、工作、学习方式。2011 年至今，以深度神经网络为代表的人工智能技术飞速发展，使得人工智能与越来越多的应用领域和场景相融合。未来，人工智能又将呈现怎样的发展趋势呢?

（1）目前各个国家都加强了对人工智能的战略规划和投资，人工智能已成为很多国家提升综合竞争力和维护国家安全的重大战略。美国是发展人工智能产业最早的国家，早在 1998 年就发布了《下一代互联网研究法案》(*Next Generation Internet Research Act of 1998*) 等相关政策。2016 年 10 月，美国国家科学技术委员会发布了《国家人工智能研究和发展战略计划》（简称战略计划），并在 2019 年再次发布了该战略计划的更新版。该战略计划是美国在人工智能技术快速发展的情况下，对其进行投资和建设的指导性规划，以确保继续推动该领域最前沿的发展。为了维持美国人工智能计划在全球的领导地位，2019 年美国总统签署了 13859 号行政命令，再次强调了要在年度预算和规划中优先考虑人工智能领域的研发投资。2020 年，美国发布了《美国人工智能倡议首年年度报告》，对美国在人工智能研发投资方面的主要进展进行了总结。

2018 年 4 月，欧盟委员会计划 2018—2020 年在人工智能领域投资 240 亿美元。英国政府在2013年提出的八项伟大科技计划中就包含人工智能产业，并提出要将人工智能列入国家战略产业计划。2017年，法国提出《法国人工智能战略》，致力于将法国建设成世界排名前五的人工智能国家，并成为欧洲人工智能研究的领军者，在该战略计划中，法国将作为主要协调国，建议欧盟发起未来新兴技术“人工智能”旗舰计划，计划资助额为10亿欧元，鼓励投资人工智能领域新创企业，计划在5年内投资10家企业，每家资助2500万欧元。德国政府也于2010年在《德国高技术战略2020——思想·创新·增长》中首次提出人工智能的发展战略，并在陆续发布的一系列政策中强调了人工智能产业对于德国制造业未来的影响。日本发布的《日本再兴战略》中已提到该国的人工智能产业发展问题，并且在2018年6月连续发布两个政策——《综合创新战略》和《未来投资战略2018：向“社会5.0”“数据驱动型社会”变革》，都将人工智能产业写进战略纲要，重点推动物联网建设和人工智能的应用。

我国人工智能技术近年来的发展势头非常迅猛，自2015年7月发布《国务院关于积极推进“互联网+”行动的指导意见》以来，陆续发布了诸如《中华人民共和国国民经济与社会发展第十三个五年规划纲要》《机器人产业发展规划（2016—2020年）》《国家创新驱动发展战略纲要》《“互联网+”人工智能三年行动实施方案》《“十三五”国家科技创新规划》《新一代人工智能发展规划》《促进新一代人工智能产业发展三年行动计划（2018—2020年）》《高等学校人工智能创新行动计划》等一系列的政策和文件，将人工智能产业写入了国家发展规划纲要，提出要以新一代人工智能技术的产业化和集成应用为重点，推进人工智能和制造业深度融合，加快制造强国和网络强国建设，引导高校瞄准世界科技前沿，进一步提升高校在人工智能领域的科技创新、人才培养和服务国家需求的能力。2019年，人工智能第三年出现在政府工作报告中，同年8月，中华人民共和国科技部发布《国家新一代人工智能创新发展试验区建设工作指引》，要求有序开展国家新一代人工智能创新发展试验区建设，充分发挥地方主体作用，在体制机制、政策法规等方面先行先试，形成促进人工智能与经济社会发展深度融合的新路径，推动新一代人工智能健康发展。2020年7月，中国国家标准化管理委员会、中共中央网络安全和信息化委员会办公室、国家发改委、科技部、工业和信息化部联合印发了《国家新一代人工智能标准体系建设指南》，以加强人工智能领域的标准化顶层设计，推动人工智能产业技术研发和标准制定，促进产业健康可持续发展。

（2）从狭义人工智能向通用人工智能发展。狭义的人工智能指的是在特定的、定义明确的领域中执行单个任务，如IBM Watson和DeepMind的AlphaGo等；通用人工智能也被称为“强人工智能”。相比之下，通用人工智能的长期目标是创造出能够在广泛的认知领域（包括学习、语言、知觉、推理、创造力和规划）中表现出人类智力的灵活性和多功能性的系统。2016年10月，美国国家科学技术委员会发布的《国家人工智能研究和发展战略计划》，提出在美国的人工智能中长期发展策略中要着重研究通用人工智能。微软、特斯拉等产业巨头参与投资的一家人工智能研究和部署公司 OpenAI，其公司使命是确保通用人工智能在大多数具有经济价值的工作中能够超越人类，造福全人类。

（3）人工智能的发展经历了表示计算到感知智能两个阶段，下一个阶段的核心是认知。算力、算法、数据和应用场景构成了未来人工智能发展的四大要素。2020 年 6 月发布的《中国新一代人工智能科技产业发展报告 • 2020》显示，随着核心产业部门的发展和人工智能核心技术的成熟，人工智能与传统产业的融合不仅能够带动融合产业部门的发展，还将进一步丰富和完善核心产业部门的知识积累、数据生态、算法和算力优势。这四大要素的协同发展，将成为人工智能科技产业健康发展的关键机制。

（4）人工智能产业将继续蓬勃发展。随着人工智能技术的进一步成熟和普及，各国政府和产业界的投入也将大幅增长，全球人工智能发展规模将在未来 10 年进入飞速增长期。2018 年麦肯锡公司的研究报告预测，到 2030 年，人工智能新增经济规模将达到 13 万亿美元。2020 年麦肯锡关于人工智能的调查报告显示，各行业正在使用人工智能作为创造价值的工具，这种价值越来越多地以收入的形式展现。50% 参与调查报告的受访者表示，其公司至少在一项业务职能中采用了人工智能，部分行业的税前利润的 20% 或更多归因于人工智能技术的应用，并且越来越多的企业将计划在人工智能上进行更多投资，以应对全球新冠肺炎疫情大流行对经济的冲击。

（5）人工智能的社会学问题已引起了各个国家的重视。人工智能的道德伦理和安全问题不单单是社会规则问题，同时也是技术研发的议题之一，制定人工智能法律法规，规避可能的风险，将伦理法律和意识形态内化于技术路线是未来的主要发展方向。2017 年 9 月，联合国区域间犯罪和司法研究所在海牙成立第一个联合国人工智能和机器人中心，致力于从犯罪、司法和安全的角度促进对人类人工智能和机器人技术的理解，最终目标是消除未来的技术暴力和犯罪。美国在《国家人工智能研究和发展战略计划》中提出，要在人工智能的设计上进一步推进公平性、透明度和责任机制，研究人员必须努力开发与现有法律、社会规范和道德伦理一致或相符的算法和架构，建立符合伦理的人工智能。国家新一代人工智能治理专业委员会于 2019 年 6 月发布了《新一代人工智能治理原则——发展负责任的人工智能》，提出了人工智能治理的框架和行动指南，强调了和谐友好、公平公正、包容共享、尊重隐私、安全可控、共担责任、开放协作、敏捷治理等原则，确保人工智能安全可控，推动我国经济、社会及生态可持续发展，共建人类命运共同体。

（6）根据清华大学发布的《人工智能发展报告 2011—2020》，人工智能未来重点发展的技术方向主要包括强化学习、神经形态硬件、知识图谱、智能机器人、可解释性 AI、数字伦理、知识指导的自然语言处理等。

10.1.2 人工智能的发展态势

目前，我国人工智能总体发展态势良好，国家高度重视并大力支持人工智能的发展。

2017 年 7 月，国务院发布了《新一代人工智能发展规划》，把新一代人工智能的发展摆在国家战略高度，描绘了我国面向 2030 年的人工智能发展路线图，以北京市、上海市、广东省、江苏省和浙江省为代表的人工智能发展前沿地区先后出台了相应的政策，创建和支持新型研发机构积极开展人工智能领域关键技术的研发和产业化，推进人工智能科技产业的繁荣稳定发展。中国智能经济创新生态持续表现出高度开放性的同时，自主创新能力也在持续提升。一方面，政产学研用的协同创新不断化解人工智能科技产业发展中的技术和人才制约；另一方面，人工智能和实体经济的深度融合发展使得科技创新不仅仅依赖人工智能的技术进步，还依赖传统产业的互补性技术创新和专用性知识积累。同时，通过数字化和智能化赋能，推动智能科技与经济社会的全面融合，有助于新技术、新产品、新业态和新模式的产生和发展。

根据清华大学发布的《人工智能发展报告 2011—2020》，我国已经成为世界上人工智能投资和融资最多的国家，自然语言处理、芯片技术、机器学习、信息检索与挖掘等十多个人工智能子领域的科研产出水平都居于世界前列，在多媒体与物联网领域的论文产出量超过美国，位居全球第一。过去 10 年，全球人工智能专利申请量为 521264，中国专利申请量为 389571，位居世界第一，是排名第二的美国专利申请量的 8.2 倍。

2021 年 6 月，国际数据公司发布了《中国人工智能软件及应用市场研究报告・2020》，报告显示，中国人工智能产业化应用在过去 5 年间已经取得了显著的成效，中国人工智能软件市场规模在 2020 年达到 230.9 亿元人民币。从市场角度来看，未来行业用户对于人工智能价值的认知及人工智能落地的方法与实践将日趋成熟，将使市场规模平稳而迅速地增长。

人工智能在全球呈现出不可阻挡的飞速发展势头。谷歌、苹果、微软和亚马逊等科技巨头花费数十亿美元来研发人工智能相关的产品和服务，各个国家的大学将人工智能作为其相应专业课程中更加重要的部分，各行业和传统企业在人工智能上的投资也与日俱增。

据斯坦福大学人工智能研究院发布《人工智能指数 2021 年度报告》，药物设计与发现领域的人工智能投资有大幅度的增加，"药物、癌症、分子、药物发现 "在 2020 年获得的私人人工智能投资金额已超过了 138 亿美元，是 2019 年投资金额的 4.5 倍。人工智能的技术性能进一步提高，其相应的应用系统已经能够生成标准足够高、质量足够好的文字、音频和图像合成结果，对于其中的部分结果，人类已经很难分辨出哪些由人工智能合成。

2021 年 3 月，信息技术产业委员会（Information Technology Industry Council，ITI）发布了最新的全球人工智能政策建议，以指导各国政府如何处理人工智能。这些建议在 5 个关键领域提供了全球适用的人工智能政策建议，具体包括以下内容。

（1）增加对人工智能的研发投资，并优先考虑公共部门采购基于人工智能的技术。

（2）提高公众信任和理解，促进有意义的、可解释的人工智能系统的开发。

（3）制定相应的监管方法。就如何以一种侧重于有效应对特定危害并同时允许技术进步的方式来监管人工智能提出了一系列建议。

（4）确保人工智能系统的安全性和隐私性，并提出考虑隐私、网络安全和人工智能如何相互作用的建议，以确保用户可以相信他们的个人数据得到了适当的保护和处理。

（5）促进持续的全球参与，这是确保人工智能技术尽可能保持一致性和互操作性的关键。

未来的人工智能技术需要体现人的认知力和创造力，成为人类认识世界、改造世界的新切入点，成为先进社会重要的经济来源。当然，任何事物的发展有高潮必有低谷，在人工智能技术获得快速发展的同时，同样会暴露出一系列问题。在任意现实环境中实现机器的自主性和通用智能，仍需要长期的理论和技术积累。人工智能在工业制造、交通物流、医疗健康等传统领域的渗透仍然需要一个长期的过程。为此，在充分考虑人工智能技术的局限性的同时，需要理性地分析社会和行业发展需求，在加强基础技术研究的过程中，建立科技创新风险的社会分摊机制，形成基础研究、应用开发和规模生产之间的良性循环，以便合理选择其发展道路和制定相应发展目标。此外，如何抑制超级平台的垄断和消除算法歧视，建立公平有效的人工智能治理体系，也是各个国家政府、产业界和学术界需要共同面对的问题。

10.2　人工智能发展面临的问题和挑战

作为新一轮科技革命和产业变革的重要驱动力，各个国家已经将人工智能的发展上升为国家战略问题，并将在未来对人类社会产生巨大的影响。然而，人工智能的发展仍面临诸多现实的问题，如安全、个人隐私、社会伦理、公平公正等。为了让人工智能技术更好地服务于全球经济社会发展，在发挥好人工智能的科技带领作用的同时，也要加强人工智能相关法律、伦理等方面的研究。只有处理好机器与人的新型关系，才能真正让技术造福于人类。

10.2.1　人工智能对安全性的挑战

目前人工智能已进入高速发展的新阶段，颠覆性地改造和革新了传统的生活方式和生产方式，在极大地促进人类社会进步的同时，也带来了多方面的风险和安全问题。人工智能安全风险是指在人工智能的开发、测试、应用等阶段，利用其各环节存在的漏洞，引发人工智能安全事件或对相关方造成负面影响。人工智能发展过程中面临的安全性挑战主要体现在以下几方面。

1. 系统和算法的安全性

算法模型是所有人工智能系统的核心，而模型训练和运行的基础是数据，数据的质量和数量是决定整个系统准确性和可靠性的关键因素。如果在模型训练和构建过程中所使用的数据无法与实际应用环境兼容，会导致实际应用效果与预期设计不符，对系统的可靠性产生潜在威胁。

除了数据因素之外，算法的设计和开发人员的认知水平、开发能力、测试完整性等因素也会对算法的质量和最终运行效果产生直接影响，可能会引入额外的或加剧现有的漏洞和威胁。而因人为因素导致算法产生某种主观偏见或歧视，如果用在金融、医疗、军事、犯罪评估等场合，则会严重危害个人权益，对整个社会产生恶劣影响。

目前，以深度学习为代表的人工智能技术广泛使用，在解决很多复杂问题时取得了良好的效果。但面对数量庞大的模型参数，人们对人工智能系统的可解释性和透明性仍存在很多疑问，无法对结果进行标注和解释的系统是无法让人放心使用的。

总之，在广泛使用人工智能系统之前，首先需要确保系统能够以受控的方式安全可靠地完善相应的功能。在许多情况下，由于人工智能系统是在复杂且不确定的环境下进行部署，存在大量未经测试的非常规状态，并且系统的性能也会受到与人类交互过程的影响。因此，人工智能系统本身的安全性是需要着重考虑的问题，要注意增强人工智能系统的可解释性、可验证性和可确认性，以保障系统安全。

2. 数据安全

人工智能技术的不断发展和成熟，需要海量的数据和知识来对模型进行训练。数据是任何成功的人工智能项目的关键要素，而且是最核心的要素。人工智能算法从已有的数据中学习，提供的数据越好，最终的算法质量就会越高。

人工智能时代，对数据安全的挑战主要表现在以下几方面。

（1）数据的孤立性。人工智能无法在数据孤立的环境中开展高质量的服务。只有当所有相关数据都可用时，即使某些数据来自从未直接接触过的应用场景，人工智能也有可能发现意想不到的新模式、新问题和新机会。

（2）数据匮乏。人工智能对于数据的需求是巨大的，有些应用场合要使用人工智能技术，但相应的数据却十分匮乏，会导致相关功能无法正常开展。

（3）非有效数据。这与数据匮乏问题刚好相反，有些应用领域的数据规模非常大，但可靠、有效和准确的数据太少，杂乱无章并且传播太广的非有效数据，会导致人工智能系统无法基于该数据产生可靠、安全的结果。

（4）垃圾数据。在智能时代，如果人工智能系统使用的是垃圾数据，则产生的也将会是无效结果。

因此，建立在大数据、云平台、互联网、深度学习等基础上的人工智能技术，会面临数据盗用、信息泄露和个人隐私受到侵害等风险。个人信息如果被泄露并被非法利用，会严重影响人类对人工智能技术的信赖。总之，在人工智能时代，重视数据的数量和质量非常重要。

3. 基础设施安全

人工智能的开发、应用和部署依赖软件开发平台、计算平台、智能传感器等软硬件设备的支持，而开源人工智能软件、框架、数据集、工具库、智能芯片和硬件设备等仍存在一些安全漏洞而可能会被攻击，给人工智能的应用带来威胁。

4. 应用安全

随着智能机器人和新技术的大规模使用，对于受教育程度较低的人群，人工智能的普及会使其在未来劳动力市场的竞争力大幅下降，人工智能将取代和改造某些传统的劳动就业岗位，这种岗位替代将对人类就业安全产生不可忽视的影响，可能会加剧社会的分化和不平等现象。

此外，人工智能技术本身具有强大的数据收集、分析及信息生成能力和模仿能力，可以生成和仿造很多东西，甚至包括人类无法辨别真伪的图像和音视频等内容。因此，随之产生的虚假信息和欺诈信息不仅会侵蚀社会的诚信体系，还会对国家的政治安全、经济安全和社会稳定带来负面影响。

5. 人工智能滥用

人工智能的发展对数字安全的影响有利也有弊。一方面，人工智能技术可用于分析攻击者及其恶意活动，然后设计用于与恶意攻击相抗衡的安全解决方案；另一方面，使用人工智能开发的新技术（如语音模仿、图片生成、字迹模仿、聊天机器人等）可能出于恶意目的而被滥用，除了破坏社会伦理道德之外，还会加速新技术在法律法规约束之外的滥用。例如，人工智能可能被用于欺诈、传播违法或不良信息、破解密码、攻击和篡改个人数字账户或金融账户的相关信息。

此外，人工智能本身也可能对整个人类社会造成威胁和伤害。例如，各类人工智能武器和装备，是继火药和核武器之后人类战争领域的第三次技术革命。如果人工智能被赋予伤害、破坏或欺骗人类的自主能力，后果难以想象。

总之，从数据采集、算法开发、系统部署和应用，到系统日常使用和更新、使用环境和使用技巧等各个方面，都需要考虑人工智能的安全问题。在充分利用人工智能技术的同时，也要通过制定和完善相关的法律法规、人工智能各行业安全标准等方式来积极应对各种新的威胁和安全隐患。

10.2.2 人工智能对社会伦理的挑战

人工智能的进步正在以更快的速度和更高的水平对人类社会产生巨大的影响，由人工智能引发的对于社会伦理的挑战也越来越受到学术界和工业界的重视。例如，病患家属如何面对和接受人工智能医疗机器人开展的治疗和手术？居家服务类机器人在不得不结束长时间的服务之后，人类如何处理对人工智能的情感依赖问题？面对诸如此类的社会伦理方面的问题和挑战，如何发展或改进现有的伦理学体系，既要让人工智能更好地为人类服务，又要限制其消极影响，是人工智能发展所面临的重大挑战。

斯坦福大学人工智能研究院发布的《人工智能指数 2021 年度报告》显示，人工智能伦理仍缺乏相应的基准和共识，虽然某些团体已经在人工智能伦理领域制定了一系列定性或规范性规则，但是该领域仍普遍缺乏可用于衡量或评估社会讨论与技术发展之间关系的标准。

清华大学发布的《人工智能发展报告 2011—2020》指出，人工智能发展面临的伦理挑战主要来自以下方面。

（1）人们对智能化容易产生过度依赖。人类在享受便捷化智能生活的同时，容易过分信任或依赖新生技术，对于技术推送和过滤的信息的真实性很难分辨，容易失去自主判断力和独立决策能力。

（2）情感技术和类脑智能技术的不断创新和融合，增强型神经技术的使用，在脑机智能连接的基础上，跳过人体本身的正常感知系统，可能会对人的体能和心智产生无法预知的影响。

（3）人工智能算法的偏见。人工智能系统是以大数据和深度学习为基础的，数据因素、算法因素及人为因素等会导致其计算结果存在一定的偏见和非中立性，并由此产生歧视和负面影响，由于其更具隐蔽，所以更难发现和根除。目前，有的人工智能系统已经出现了种族歧视和性别偏见，这种偏见来源于智能系统在学习时吸收的人类文化中的一些固有观念，并非来自机器本身。有偏见的智能算法会导致各种各样的问题，如基于智能算法的自动智能决策可能会违反人类的道德习惯，甚至违反法律规范。

人工智能引发的社会伦理问题受到越来越多的关注和重视。2017 年，美国的生命未来研究所主持达成了 23 条人工智能原则，近 4000 名各界专家签署支持这些原则，在业界引起了较大反响。时任美国总统特朗普于 2019 年 2 月签署了一项行政命令，正式启动“美国人工智能计划”，这其中就包括了对人工智能道德标准的要求，指导“可靠、稳健、可信、安全、可移植和可互操作的人工智能系统”的开发。美国国防部下属的国防创新委员会也推出了《人工智能伦理道德标准》，公布了人工智能五大伦理原则：负责、公平、可追踪、可靠和可控。

欧盟委员会人工智能高级专家组提出了一个框架，确保在开发、推广或应用人工智能的过程中，研发者能尊重人类的基本权利、社会道德及价值观。牛津大学成立了人工智能伦理研究所，并委任了由 7 位哲学家组成的首个学术研究团队。

我国在 2017 年国务院印发的《新一代人工智能发展规划》中已明确指出要制定促进人工智能发展的伦理规范，切实加强人工智能相关伦理和社会问题的研究，建立有针对性的伦理道德框架，保障人工智能健康发展；开展人工智能行为科学和伦理等问题的研究，建立伦理道德多层次判断结构及人机协作的伦理框架；制定人工智能产品研发设计人员的道德规范和行为守则，加强对人工智能潜在危害的评估，构建人工智能复杂场景下突发事件的解决方案。

目前，阿西洛马人工智能原则和国际电气电子工程师协会倡议的人工智能伦理标准，是两个有较广泛国内外影响力的人工智能理论共识。其中，阿西洛马人工智能原则倡导的伦理和价值原则包括安全性、透明性、与人类价值观保持一致、保护隐私、尊重自由、分享利益、共同繁荣、非颠覆及禁止人工智能装备竞赛等。国际电气电子工程师协会发布了多份关于人工智能伦理标准的文件，引起国际社会对于伦理标准的重视。

全球各国和各行业都非常重视人工智能带来的伦理和社会影响，希望在发展和应用人工智能新技术的过程中，既能造福于人类，也能充分评估其可能带来的负面影响，确保人工智能安全、有序、可靠、可控发展。

10.2.3 人工智能对劳动力市场的挑战

每一次的科技革命都会带来新一轮的工作革命，人工智能的兴起也将不可避免地对传统行业、劳动力市场和企业发展带来新一轮的冲击。预计到 2025 年，全球企业对人工智能的采用率将达到 86%。人工智能技术在各个领域取得的最新进展和突破，为企业提供了前所未有的机会，例如，生产效率极大提高，满足消费者个性化的消费需求，大规模数据分析对未来市场的精准预测等。与此同时，生产效率的提高也引发了新的现实问题，即传统劳动力就业市场的结构被打破，与人工智能相关的新兴岗位崭露头角的同时，大量的传统劳动力将被新技术所取代，某些行业甚至会消失。

未来，机器人将会更多地代替人工服务和操作，这很可能会导致大量的流程工作、服务工作和中层管理环节“消失”，只有新型的劳动力才能适应智能时代。美国斯坦福大学的杰瑞·卡普兰教授在其撰写的《人人都应该知道的人工智能》一书中提到：牛津大学开展的一项调查报告显示，在美国劳工统计局划分的 702 种职业中，其中 47% 的职业在未来 10 年或 20 年内将有很高的风险被自动化所取代，而在中国，可能被人工智能所取代的职业比例或将超过 70%。因此，人工智能带来的工作效率和生产率提高的同时，也给未来的劳动力市场带来了巨大的挑战。一些劳动密集型行业的失业率会因人工智能的广泛应用而迅速提高，甚至如教师、律师、医生等智慧密集型职业，也要面临工作方式的转变和工作技能的提高。

人工智能带来的失业问题连发达国家也无法置身事外。麦肯锡全球研究院 2017 年的一项调查报告显示，基于当前人工智能的发展程度，全球46个国家中有近乎一半（49%）的带薪工作岗位存在不同程度自动化的潜力。在美国，住宿与餐饮业、制造业、农业、交通运输与仓储业、零售业这五个行业的自动化潜力分别为73%、60%、58%、57%和53%。未来，人工智能对劳动力市场的挑战和影响主要体现在以下几方面。

（1）进一步改变就业类型。根据相关统计数据，50%的公司认为，自动化将导致其全职员工人数大幅减少。与此同时，超过四分之一的企业预计人工智能带来的自动化会创造新的就业岗位。

（2）工作任务中的人机边界将发生重大转变。相关统计数据表明，2018年，在12个行业的总工作时间中，平均有71%是由人类执行的，到2023年，这一平均值预计将下降为58%。此外，预计到2023年，机器和算法对特定工作任务的贡献度平均增加57%，大多数工作中62%的数据处理及信息搜索和传输任务将由机器执行，而今天这一比例仅为46%。对于那些迄今为止仍然以人为本的工作任务，如沟通和互动（占比23%）、协调、发展、管理和建议（占比20%），以及推理和决策（占比18%），也将逐步实现自动化。人工智能在工作任务绩效中所占份额的扩大将主要表现在推理和决策、管理、寻找和接收与工作相关的信息等方面。

（3）工作技能的不稳定性将不断增长。由于人工智能技术对传统商业模式的不断冲击，以及人类和机器之间不断变化的任务分工，使得各行业的从业知识结构更新换代节奏加快，未来就业的不确定性显著增加。

（4）新技能学习的必要性大幅提高。预计未来3年内，不少于54%的从业人员将需要接受大量的再培训和技能提升。其中，约35%预计需要长达6个月的额外培训，而10%将需要一年以上的额外新技能培训。未来技能需求将继续增长，各工作岗位对于设计、编程等新技能的需求将会急剧上升。

由于科学技术飞速发展所带来的新职业、新岗位的变化越来越难以精准预测，就业的不确定性与风险性并存，这对就业人员的综合能力，特别是不断学习与适应新环境的能力提出了更高的要求。人工智能影响下的传统劳动力市场将向技术密集型、知识密集型、高科技等方向加速流动，以适应科技水平和技术环境的发展变化。未来人工智能技术将会不同程度地替代人的体力劳动、脑力劳动，智力劳动将成为重要的就业门槛。不仅如此，未来社会对劳动力创新能力的要求会越来越高，对人才所应当具备的技能要求也更多元化，这对劳动者的价值观结构、综合素质、创新能力等都提出了更高的要求。

10.2.4 人工智能与法律

现如今，人工智能在工业、医疗、金融、交通、社交等领域和场景均得到了应用，极大地提高了生产效率，为人类社会提供了前所未有的便利的同时，也带来了一些法律层面的问题，如自动驾驶领域已经发生了数起交通事故，现有的相关法律法规难以对事故责任进行认定和解释。因此，面对风险与挑战并存的人工智能技术，如何制定和完善相应的法律法规，是目前亟待各国、各行业组织和个人积极探讨的问题。

2017 年，联合国在荷兰建立了人工智能和机器人中心，与联合国区域间犯罪和司法研究所共同处理与犯罪相关的人工智能和机器人带来的安全影响和风险。

欧盟于 2018 年 5 月正式生效的《通用数据保护条例》是一部关于隐私和数据保护的法规，是数十年来在数据隐私保护立法方面最重要的一次变革，对所有欧盟成员国具有直接法律影响。2020 年 2 月，欧盟发布了人工智能白皮书《人工智能——走向卓越与信任的欧洲路径》，主要目标是建造以人为本的可信赖的、安全的人工智能，以确保欧洲成为全球数字化转型的领导者。该报告主要围绕“卓越生态系统”和“信任生态系统”两个方面阐述欧洲的人工智能监管路径。从该报告中可以看出，随着人工智能技术的飞速发展，普通民众在与技术相关的责任认定和权力维护方面的困难越来越多，欧盟在人工智能立法方面也面临诸多问题，法律法规的适用范围有限，难以有效适用与人工智能软件和服务相关的领域。并且，随着智能系统的功能更新，其更新后的责任立法还存在空白，人工智能产品供应链中不同运营者之间的责任分配尚不明确。因此，打造可信赖与安全的人工智能监管框架已成为当务之急。此外，欧盟还积极推进相关的人工智能立法提案，旨在明确数字服务提供者应承担的责任，进一步约束和遏制各种大型网络应用平台的恶性竞争行为。

美国也陆续出台了一系列相关的法案，讨论如何监管和规范人工智能的使用。例如，美国的加利福尼亚州在 2019 年 7 月正式生效的《增加在线透明度法案》，是规范人工智能的法律的先驱。该法案旨在打击在数字平台上运行的恶意自动程序，要求机器人在线与人类交流或互动时需要首先明确告知其身份。有研究学者将其称为继艾萨克·阿西莫夫提出的机器人三原则之后的第四条原则：机器人不能伪装成人类。美国伊利诺伊州于 2021 年 1 月正式生效了《人工智能视频面试法案》，该法案适用于所有使用人工智能工具分析伊利诺伊州职位申请人视频面试的雇主，要求雇主在面试前通知求职者，人工智能可能会被用于分析他们的视频面试并考虑求职者是否适合该职位，解释人工智能在评估申请人时的工作原理。除此之外，该法规还规定雇主不得分享求职者的视频，除非是与为评估求职者是否适合某个职位而需要具备专业知识或技术的人分享，法律还赋予申请人要求删除其视频的权利。如果申请人向雇主发送删除其视频的请求，雇主必须删除该视频（包括电子备份），删除必须在收到删除请求后 30 天内完成。

在医疗健康方面，尽管在全球新冠肺炎大流行期间，有专家提出有关的法规可能会限制企业使用人工智能技术来应对新冠病毒带来的业务挑战，例如，对面部识别技术和个人健康数据的使用限制可能会影响使用人工智能技术对病毒传播的追踪。但与个人健康数据相关的立法仍然是人工智能监管的重要阵地。美国出台的《2020 国家生物识别信息隐私法案》是目前最全面的法案，该法案规定在收集或披露生物特征数据（包括眼部扫描、指纹、声纹和面部指纹）之前，必须获得个人的同意，同时禁止未经书面同意购买、出售、租赁、交易和保留生物识别数据。

我国非常重视人工智能的监管和治理问题。2019 年 2 月，我国科技部成立了国家新一代人工智能治理专业委员会，同年6月发布了《新一代人工智能治理原则——发展负责任的人工智能》，强调要保障个人的知情权和选择权、隐私和公平，在个人信息的收集、存储、处理、使用等环节设置边界，建立规范，以保障社会安全、尊重人类权益，避免误用，禁止滥用、恶用。2019 年 10 月，全国信息安全标准化技术委员会发布了《人工智能安全标准化白皮书（2019 版）》，针对面临的安全和风险挑战，提出了人工智能安全标准框架和标准化工作建议。2021 年 1 月发布的《法治中国建设规划（2020—2025 年）》文件中明确要求，加强信息技术领域立法，此外，我国相关部门在无人机、自动驾驶、互联网金融等领域也分别出台了相应的规范性文件。

当然，制定在任何情况下都适用的法律，并不像想象中那么简单，因为在某些特殊情况下的可能合法的违规行为，并不容易提前预知，例如，当您的自动驾驶汽车在您生命危急的紧急情况下将您送往医院时，您是希望它耐心等待红绿灯，还是允许它能够超速驾驶? 我们赖以生存的行为规则和道德规范并不是凭空产生的，是否需要打破常规取决于由此带来的结果是否足以反证其存在的合理性和合法性。人类虽然可以设计出可以根据情况随时修改规则的智能设备，但核心问题是这些修改又应该遵循什么原则呢? 因此，制定明确的、可实施的道德理论和法律法规来指导、约束与人工智能技术相关的行为对我们来说至关重要。

未来，随着人工智能与人类社会各行业的深度融合，法律法规的制定将与人工智能技术的发展速度逐渐匹配，全球人工智能的监管也将引起全社会的广泛关注。

10.2.5 人工智能时代的数字不平等

数字不平等的概念最早是在 1997 年提出的，数字不平等的内涵，不同学者有不同的研究和解释。在人工智能时代，可以将其解释为不同国家、地区、组织和个人在数字化信息通信技术接入和使用及发展智慧型社会时，面对数字化、信息化、自动化、智能化的资源研究、开发、应用时形成的综合信息差距，其反映的核心问题是多阶层的智能社会隐藏的信息不平等现象。这种信息不平等现象使得智慧型社会的结构变得更加复杂，而各种人工智能技术因其复杂性较高、掌握难度较大，普通社会大众不能从根本上掌握它，也就不能平等地享受到人工智能发展给整个人类社会带来的便利。

国际电信联盟发布的《衡量数字化发展：2020 年事实与数字》报告显示，全球有超过一半的人口在使用互联网。此外，全球的新冠肺炎大流行期间，数字不平等问题进一步凸显，例如，众多来自低收入国家和农村地区的学龄儿童因为在家中无法上网而面临教育中断的风险。发达国家与发展中国家、城市与农村、不同群体之间的数字基础设施建设的差距在持续扩大，如何确保人工智能成果惠及所有人，已成为全球各个国家和组织关注的焦点问题。

伴随着人工智能技术的不断进步，数字不平等现象将直接影响包括就业、教育、社交、文化活动在内的各种社会参与性活动，加剧社会不平等现象，涌现大量的“数字贫困地区”和“数字穷人”，导致更加严重的贫富差距。如果不遏制这一趋势，数字不平等会阻碍全球的可持续发展和全球数字化的顺利转型，进一步引发社会矛盾，危害社会秩序，加剧社会阶层的进一步分化，甚至有可能引发整个人类社会的持续动荡。

10.3 人工智能时代的新思考

以人工智能技术为代表的数字生活在增强人类能力的同时，也扰乱了千百年来人类的固有生活方式。大数据驱动的智能系统既提供了以前无法想象的机会，也出现了前所未有的威胁。

美国皮尤研究中心于 2019 年年底和 2020 年年初进行了一项调查研究，该次调查的主题是全球人工智能和工作自动化对于未来社会的影响。其中，有 53%（几乎一半）的受访者表示，人工智能的发展，或使用旨在模仿人类行为的计算机系统，对社会来说是一件好事，而 33% 的受访者表示这是一件坏事。48% 的受访者表示，使用机器人将人类现有的工作自动化是一件好事，而 42% 的人表示它对社会产生了负面影响。由此可以看出，无论是专家学者还是普通百姓，大家对于人工智能的未来发展和走向仍存在很多争论。

10.3.1 人工智能时代的新经济增长

未来，人工智能作为一个强有力的杠杆，将成为促进全球经济增长的有力武器，成为未来经济的主要增长点之一。与蒸汽机、电力和互联网在人类社会历史进程中的影响类似，人工智能将更加迅速和直接地融入人类社会经济生活中的每一个环节。

目前，人工智能对于社会经济发展的推动是通过几种不同的方式：第一，通过智能化和自动化为新经济发展提供新型技术劳动力；第二，极大提升现有劳动力的生产效率和资本的运转速度，据估计，人工智能技术未来可能使律师的工作效率提升 500 倍，同时使诉讼成本下降 99%；第三，技术普及会带来行业规模经济效应，人工智能的一个独特优势在于，它能够整合不同行业，尤其是对传统工业部门的技术与设备进行革命性的改造，使其功能、成本和利润进一步优化。

未来社会的各行业对于人工智能的投入将呈现爆炸式增长的势头，例如，人工智能芯片的主要制造商英伟达的股票价格于 2014—2017 年间增长了 7 倍。此外，在行业方面，人工智能将对金融服务业、零售业和医疗健康产业产生颠覆性的促进作用；而在区域方面，普华永道咨询公司曾预测，到 2030 年，受人工智能影响，经济收益最大的地区将是中国和北美地区，而非洲、大洋洲与亚洲不发达地区和拉美地区的获益较小。根据埃森哲对中国及全球 12 个发达经济体的研究，到 2035 年，人工智能将帮助各国显著扭转经济增速近年来的下滑趋势，其中中国经济增长率有望上升至 7.9%，增长额高达 7.1 万亿美元。此外，根据麦肯锡咨询公司的预测，人工智能将每年为中国经济增长贡献 0.8 至 1.4 个百分点。

然而，人工智能虽然能够给全球带来极大的经济收益，但并不能掩盖人类相对获益差距将持续扩大的现实，它极有可能产生的结果是“我们的社会可能会变得很富有，但是大多数人却没有过得更好”。

面对这个问题，我们应该承认的是，人工智能和相关技术已经在许多领域取得了超人的表现，我们仍然可以更好地利用这种力量让世界变得更美好，如消除全球贫困、大规模减少疾病并为地球上所有人提供更好的教育等。与此同时，未来社会我们需要做的是在各个层面积极开展工作，以确保新技术能够符合人类的价值观，在促进新经济增长的同时，建立起面向技术发展的新经济结构和新经济体系。

10.3.2 人工智能时代的新型教育模式

近年来，人工智能技术支持的各种教育工具和平台，因其在提高教育质量和改善传统教学方法方面具备的巨大潜力而备受关注。在教育领域，人工智能嵌入在许多技术创新中，这些创新以各种方式提供了学习辅助、分析、建议和诊断工具。虽然在许多情况下，人工智能在教育方面的应用程度仍处于起步阶段，然而，未来人工智能将在课堂教学、风险预测、成绩评估等层面，给传统教学方式和学习方式带来深刻的变革，其主要体现在以下几方面。

1. 个性化学习

人工智能的出现会使未来出现更多人们负担得起的个性化学习方案，帮助教师根据每个学生的具体情况进行个性化教育。个性化教育旨在根据学生的个性化需求和个人特点进行定制学习。在教学方面，人工智能技术可以识别不同学生的学习能力和水平，并选择合适的教学材料和教学方法，综合分析个别学生的相关数据以对下一步的学习过程给出正确的建议。此外，人工智能系统还可以帮助学习者按照自己的节奏掌握知识，并为教师提供各种前瞻性的建议和改进措施，找到解决教学问题的突破口。因此，人工智能在未来能够为开展个性化学习开辟新的发展空间。

2. 包容性教育

为学生提供更具包容性的教育一直是大多数国家在教育领域面临的持续挑战，这个问题对于相对贫困的国家和地区来讲更为严峻。包容性教育的发展目标是要确保所有人（包括残疾人）获得平等的教育机会和教育资源。人工智能技术在包容性教育方面具有得天独厚的优势和有效性，特别是对于有视觉或听觉障碍、社交技能（语言和沟通）障碍的学生。例如，基于人工智能技术的各种可穿戴设备可以帮助视障学生识别文字、阅读书籍、完成作业；增强现实和虚拟现实技术（AR/VR）结合智能机器人可以支持有健康障碍和心理健康问题的学生积极参与学习和交流；患有自闭症的学生可以通过与虚拟角色和数字对象互动来提高社交技能。

3. 改善现有的教育方式

人工智能算法可以用于开展教育趋势预测和构建诊断模型，以支持各级教育机构或不同地区和国家的教育系统做出前瞻性的决策。例如，辍学是全球性的棘手问题，人工智能技术能够收集越来越丰富的数据资料，并基于该数据对辍学率和风险进行预测和分析，及时给出相应的建议，以有效降低辍学率，提高全民教育水平。另外，学习水平的标准化评估也是教育领域的一个重要议题。未来的评估标准将面向劳动力市场转型和社会转型，侧重培养学生的问题解决能力、协作能力和社交技能等。人工智能技术能够随时存储和跟踪学生的学习进度、知识掌握程度和日常表现，可以结合语音识别技术、嵌入式情景反馈技术等评估学生的思考方式和学习情况。当然，基于人工智能的评估方法在非常规环境中使用时仍会面临一些阻力并会带来新的技术困难，是否能够保证测试方法的公平性和可靠性，是许多学生、家长和政策制定者最关心的问题，也是人工智能技术进步的同时给人类带来的社会性挑战之一。

总之，在教育领域，人工智能技术需要能够在合理的范围内发挥作用，也要求使用智能平台和系统的管理人员能够采用公平的操作方式。人们对于人工智能技术在教育领域的信任程度将伴随着算法的透明度和可解释性的提高而逐步提高。

10.3.3 人工智能时代的新型劳动力市场

人工智能技术的发展和应用对全球劳动力市场会产生前所未有的巨大影响主要表现在以下几方面。

（1）就业前景乐观。据调查，近三年内，新兴职业的就业份额将从 16% 增加到 27%，而下降职位的就业份额将从目前的 31% 降到 21%。接受调查的企业中，总共有超过 1500 万工人，根据预测，该企业将减少 98 万个就业岗位，但同时会增加 174 万个新型工作岗位。未来，7500 万个工作岗位可能会被机器取代，而 1.33 亿个新的工作角色可能会出现。虽然我们需要谨慎看待这些估计及其背后的假设，但通过这组预测数据可以看出，必须实施相应的战略措施和解决方案，以促进传统劳动力向新的工作角色过渡。

（2）将会出现新兴的岗位需求，带来更多的就业机会。未来人工智能将催生很多新的就业机会和岗位，如数据分析师、电子商务和社交媒体专家等，这些职位非常依赖新技术的熟练掌握。2019 年，国家相关部门发布了 13 个新职业信息，这些职业主要集中在高新技术领域，与人工智能有着相当紧密的关系，如人工智能工程技术人员、大数据工程技术人员、云计算工程技术人员、无人机驾驶员、工业机器人系统操作员、工业机器人系统运维员等。此外，对各种新兴技术专家角色的需求正在加速增长，如人工智能和机器学习专家、大数据专家、流程自动化专家、信息安全分析专家、用户体验和人机交互设计专家、区块链专家等。新型职业的出现，既是人工智能时代传统劳动力岗位发展的新机遇，同时也带动了对新专业人才的需求，甚至出现个别智能技术领域的人才供不应求的现象。据估算，到 2025 年，新一代信息技术产业领域、电力装备领域、高档数控机床和机器人领域、节能与新能源汽车领域的人才缺口将分别达到 900 万、450 万、400 万、103 万。

（3）针对不同目标，设计相关的新技能专业培训课程。首先，信息技术知识的扩展面向的不仅是直接参与人工智能辅助生产过程的员工，还包括相关组织的各级参与者，所有人都需要参加新技能的提升培训。其次，积极创造一种意识环境，以促进人工智能在各个行业的顺利引入，可以降低工人对失业的恐惧。

总之，新的社会分工体系正在产生并快速形成，与人工智能相匹配的人才需求也日益增长。简单地拒绝接受新技术带来的变革并一味强调技术的负面影响，并不是一个明智的选择，应当鼓励年轻人追求更具创造性和战略性的新岗位，使他们掌握人工智能技术，以便在未来社会应对新挑战。

10.3.4 降低人工智能带来的负面影响

英国理论物理学家、宇宙学家及作家斯蒂芬·霍金曾表示：成功创造出有效的人工智能可能是人类文明史上最大的事件，也可能是最坏的事件。

面对人工智能可能带来的各种负面问题，我们可以从以下几方面着手，尽量降低人工智能带来的负面影响。

（1）为智能系统的开发和测试建立相应的专业和工程标准。人工智能的相关研究人员和开发人员应当在一定的范围内开展相应的工作，并且需要遵守相应的道德伦理准则，一旦越过伦理底线，应当有相应的紧急预案，以减轻相应的损害。

（2）成立相应的国际标准机构、治理机构和监管机构，防止人工智能失控导致的恶劣事件发生。推进不同层级的人工智能立法，制定和完善相应的法律和道德规范，以帮助各组织和各行业在部署人工智能时采取正确的保护措施，引导人工智能健康发展。对于人工智能应用技术相对成熟、产品即将进入市场的应用领域，一方面可以在现行法律中做出指引性规定，为之后法律的制定奠定基础；另一方面，可尝试进行更为具体的地方性、试验性的立法，为人工智能相关立法提供经验。

（3）建立相关的人工智能安全考核机制。制定并执行国际考核标准，有助于避免使用有缺陷或有偏见的人工智能程序和设备，例如，机器人律师需要通过律师资格考试，自动驾驶汽车需要通过道路安全驾驶考试，外科手术机器人需要通过医师资格考试。

（4）关注人工智能伦理问题，保护人类的自由和尊严。人类所开发的人工智能系统必须是可解释的；必须考虑所有人的需求，使每个人都能受益；设计和部署人工智能系统的人必须承担相应责任，不能存有歧视偏见；要尊重用户的隐私。

未来，人类对于人工智能的整体要求会超越单纯的道德要求，并逐步扩展到复杂的社会要求。例如，我们希望智能机器人能够具有自主意识，在遵守排队乘车秩序的同时，还能学会给有需要的乘客让座。在下一代人工智能系统推出和广泛应用之前，必须确保它们能够尊重人类的社会习俗。

10.4 本章小结

本章介绍了人工智能未来的发展方向和发展态势，使读者能正确认识和理解当前人工智能面临的各种问题，了解对于人工智能未来发展和走向的新观点和新看法。

10.5 课后习题

开放性思考题

（1）应当如何看待人工智能算法存在的歧视和偏见问题？你在使用人工智能系统或平台的过程中是否遇到过相关问题？

（2）在人工智能时代应当采取什么方法保护个人隐私数据？

（3）在审理与人工智能相关的犯罪案件时，如果没有适用的法律法规，应当怎么处理？

（4）大学毕业生应当做怎样的准备以适应未来的新型劳动力市场？

（5）假设你在网上找了大量乐曲数据，用人工智能算法训练出一个作曲机器人，这个作曲机器人的创作中出现了知名作曲家某段熟悉的旋律，它是否侵权？这个机器人创作的歌曲，著作权是属于它还是属于你？

附录

讯飞开放平台介绍

讯飞开放平台作为开放的智能交互技术服务平台，致力于为开发者打造一站式智能人机交互解决方案。用户可通过互联网、移动互联网，使用任何设备，在任何时间、任何地点，随时随地享受讯飞开放平台提供的听、说、读、写等全方位的人工智能服务。目前，该平台以“云 + 端”的形式提供语音合成、语音识别、语音唤醒、语义理解、人脸识别等多项服务。国内外企业、中小创业团队和个人开发者，均可在讯飞开放平台直接体验先进的语音技术，让产品具备“能听、会说、会思考、会预测”的能力。

讯飞开放平台获取 API 接口或下载 SDK 的方法如下。

进入控制台对应的服务管理页之后，就可以通过下载 SDK 或者获取 API 接口，接入人工智能服务进行测试了。

如果你的应用需要以 SDK 的方式接入（包括 Android、iOS、Linux 等），可以单击讯飞开放平台官网的“服务与支持”菜单的“SDK 下载”按钮，直接下载相应的 SDK，单击“文档中心”按钮可以查阅开发文档，如附图 1 所示。

附图1　讯飞开放平台

讯飞语音 SDK 支持多种能力的打包组合，若有需要，可前往聚合 SDK 下载页下载组合 SDK。在聚合 SDK 下载页，选择好应用和平台，即可下载多功能组合的 SDK 包，如附图 2 所示。

附图2　SDK下载界面

如果你的应用需要以 API 方式接入，可以通过服务管理页 API 版块查看具体的调用接口，并通过“文档”按钮查阅开发文档，如附图 3 所示。

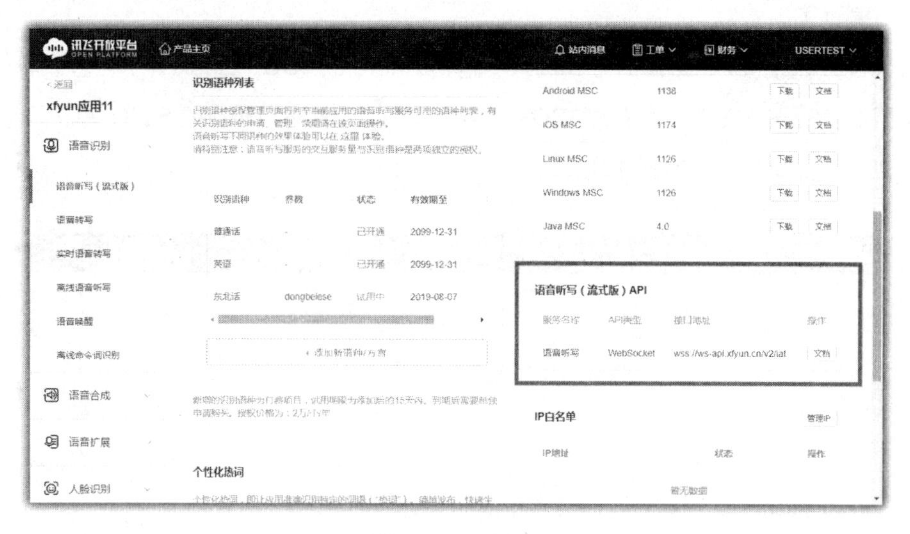

附图3　API界面